計算で惑わされない
図形分野を通して学ぶ

Tsuyoshi Sakai
酒井 健 著

線形代数入門

Linear Algebra

日本評論社

◆はじめに

本書は，線形代数の図形面とくに高校で学ぶ図形分野とのつながりを重視して編集された線形代数の入門書です．

方程式 $x^2+y^2=1$ は座標平面上の円を表わします．このことは数学Ⅱ『図形と方程式』のところで学びました．それでは，未知数も方程式もたくさんあるような連立１次方程式はどのような図形を表わすのでしょうか．この問題についてこの本では，第３章にはじまり高校で学んだことを復習・発展させながら，第５章で答がわかるようになっています．

本書では，他方，計算面の負担の軽減をつよく意識しました．ふつう読者にまかされるような計算もくわしく説明しました．そういう計算にも，ちょっとした仕かけがあったりするからです．また，たとえば「行列の乗法」についていうと，はじめに「行列とベクトルの積」を十分練習してから，行列どうしの積にすすむようにしました(第１章§3-4，第２章§3)．

このような本書が，うまく機能して，線形代数を学ぶ読者のお役に立てることを願っています．

最後に，出版していただいた日本評論社に深く感謝いたします．とくに，編集部の大賀雅美さんなしには，この本はなかったと思います．あらためて深く感謝いたします．

2019 年 1 月　著者

◆目次

第1章 2次の行列

§1 ◆ 縦ベクトル・直線の方程式

はじめの約束：以下「数」といったら実数のことです．

この本では，座標とベクトルに関する記号の使い方が高校のときと少し違います．その説明から始めます．

座標平面上の点Aの座標が(a_1, a_2)であるとします．このとき高校では$\mathrm{A}(a_1, a_2)$と表わし，点Aのことを，点(a_1, a_2)ともいいました．この本では，$\mathrm{A}(a_1, a_2)$を使わず，Aと(a_1, a_2)をイコールで結んで

$$\mathrm{A} = (a_1, a_2)$$

とかくことにします．

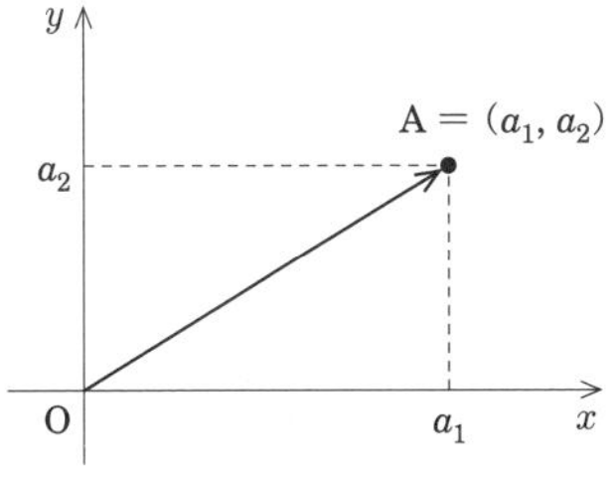

また，ベクトルについては次のように表わしました．

$$\vec{a} = \overrightarrow{\mathrm{OA}} = (a_1, a_2).$$

この本においては，次のように，成分を**縦**に並べて$\begin{bmatrix} \quad \end{bmatrix}$で囲み，$\vec{a}$（矢印）の代りに，$\boldsymbol{a}$（太字）を使います（$\vec{a}$もけっこう使います）：

$$\mathrm{A}=(a_1, a_2) \quad \text{のとき} \quad \boldsymbol{a}=\overrightarrow{\mathrm{OA}}=\begin{bmatrix} a_1 \\ a_2 \end{bmatrix}.$$

ベクトルに関する計算規則は，横のものを縦にするだけで，高校でやったのと同様です．

$$\begin{bmatrix} a_1 \\ a_2 \end{bmatrix}+\begin{bmatrix} b_1 \\ b_2 \end{bmatrix}=\begin{bmatrix} a_1+b_1 \\ a_2+b_2 \end{bmatrix}, \qquad t\begin{bmatrix} a_1 \\ a_2 \end{bmatrix}=\begin{bmatrix} ta_1 \\ ta_2 \end{bmatrix}.$$

ゼロベクトル $\vec{0}$，基本ベクトル $\vec{e}_1, \vec{e}_2$ は，それぞれ $\mathbf{0}, \boldsymbol{e}_1, \boldsymbol{e}_2$ と表わすことになります：

$$\mathbf{0}=\begin{bmatrix} 0 \\ 0 \end{bmatrix}, \qquad \boldsymbol{e}_1=\begin{bmatrix} 1 \\ 0 \end{bmatrix}, \qquad \boldsymbol{e}_2=\begin{bmatrix} 0 \\ 1 \end{bmatrix}.$$

さらに，ベクトルの長さ(大きさ)を表わす記号も，少しちがいます．ベクトル $\boldsymbol{a}=\begin{bmatrix} a_1 \\ a_2 \end{bmatrix}$ の長さを，$\|\boldsymbol{a}\|$ という記号で表わします：

$$\|\boldsymbol{a}\|=\sqrt{a_1^2+a_2^2}.$$

また，$\boldsymbol{u}=\begin{bmatrix} u_1 \\ u_2 \end{bmatrix}$，$\boldsymbol{v}=\begin{bmatrix} v_1 \\ v_2 \end{bmatrix}$ に対して，$\boldsymbol{u}$ と $\boldsymbol{v}$ の内積を $(\boldsymbol{u}, \boldsymbol{v})$ で表わします：

$$(\boldsymbol{u},\boldsymbol{v})=u_1v_1+u_2v_2.$$

$(\boldsymbol{u},\boldsymbol{v})=0$ のとき，$\boldsymbol{u}$ と $\boldsymbol{v}$ は垂直でした：$\boldsymbol{u}\perp\boldsymbol{v}$.

例　a, b を定数として，a と b のうちの少なくとも一方は 0 でないとします．このことを，「$(a, b)\neq(0,0)$」という式で表わしたりします．そこで，$\boldsymbol{u}=\begin{bmatrix} a \\ b \end{bmatrix}$，$\boldsymbol{v}=\begin{bmatrix} -b \\ a \end{bmatrix}$ とおくと，$(a, b)\neq(0,0)$ より，$\boldsymbol{u}$ と $\boldsymbol{v}$ はどちらもゼロベクトルでない：$\boldsymbol{u}\neq\mathbf{0}$，$\boldsymbol{v}\neq\mathbf{0}$．そして，内積を計算すると

$$(\boldsymbol{u}, \boldsymbol{v})=a\times(-b)+b\times a=0.$$

よって，$\boldsymbol{u}$ と $\boldsymbol{v}$ は垂直です：$\boldsymbol{u}\perp\boldsymbol{v}$．また，$\boldsymbol{u}$ の長さと $\boldsymbol{v}$ の長さは同じです：$\|\boldsymbol{u}\|=\|\boldsymbol{v}\|=\sqrt{a^2+b^2}$.

直線の方程式

ここでは，高校式の記号 $\vec{u}$ を使うことにします．

(1)　ベクトル方程式

座標平面上の定点 $\mathrm{P}_0=(x_0, y_0)$ と $\vec{0}$ でない定ベクトル $\vec{u}$ に対して，点 P_0 を通り，$\vec{u}$ に平行な直線を L とします．直線 L 上の一般の点を $\mathrm{P}=(x, y)$ とすると，$\overrightarrow{\mathrm{P}_0\mathrm{P}}=t\vec{u}$ とおけるので，この t を媒介変数として，直線 L は次のようなベクトル方程式で表わされるのでした．

$$\overrightarrow{\mathrm{OP}}=\overrightarrow{\mathrm{OP}_0}+\overrightarrow{\mathrm{P}_0\mathrm{P}}=\overrightarrow{\mathrm{OP}_0}+t\vec{u}.$$

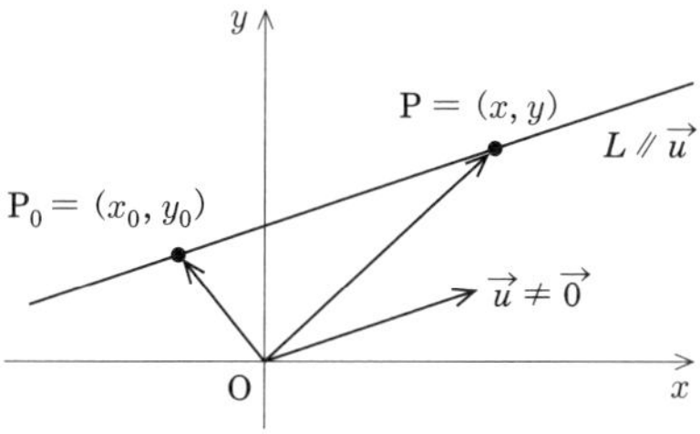

これを成分でかくと次のようになります．

$$\begin{bmatrix} x \\ y \end{bmatrix}=\begin{bmatrix} x_0 \\ y_0 \end{bmatrix}+t\vec{u}.$$

(2)　法線ベクトル

与えられた直線に垂直なベクトルのことを，この直線の**法線ベクトル**とよぶのでした．

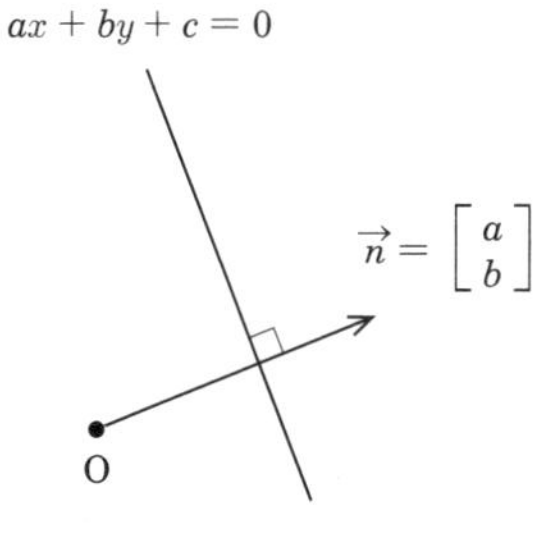

例　a, b, c を定数として，a と b のうち，少なくとも一方は 0 でないとします：$(a, b)\neq(0, 0)$．このとき，$\vec{n}=\begin{bmatrix} a \\ b \end{bmatrix}$ は，直線 $ax+by+c=0$ の法線ベクトルである．このことも高校で学びました．

§2 ◆ 行列

「行列」というのは，たとえば$\begin{bmatrix} 1 & 2 & 3 \\ 4 & 5 & 6 \end{bmatrix}$とか$\begin{bmatrix} 1 & 2 \\ 3 & 4 \end{bmatrix}$のように，いくつかの数を縦・横に並べて$\begin{bmatrix} & \end{bmatrix}$で囲んだもののことです．ただし，$\begin{bmatrix} 1 & 2 & 3 \\ 4 & 5 & 6 \end{bmatrix}$は 2×3 行列，$\begin{bmatrix} 1 & 2 \\ 3 & 4 \end{bmatrix}$は 2×2 行列というように，縦・横に何個ずつ並んでいるかがわかるように「型式」をつけてよびます．

このあとは，「2×2 行列」について，くわしく説明していきます．

2×2行列

あらためて：2×2 **行列**とは，2×2＝4 個の数を正方形の形に並べて$\begin{bmatrix} & \end{bmatrix}$で囲んだもののことです：

$$A=\begin{bmatrix} a & b \\ c & d \end{bmatrix} \qquad \left(\begin{array}{c} \\ 1 \\ 2 \end{array}\begin{array}{c} \begin{array}{cc} 1 & 2 \end{array} \\ \begin{bmatrix} a & b \\ c & d \end{bmatrix} \end{array}\right)$$

行列をひと文字で表わすときには，だいたいは上のように，アルファベットの大文字を使います．$\begin{bmatrix} & \end{bmatrix}$のなかに並んでいる数のことを，行列の**成分**といいます．そして，どの位置にあるかを明示するために，a を(1,1) 成分，b を(1,2) 成分，c を(2,1) 成分，d を(2,2) 成分とよびます(上式の右側)．

以下この章のおわりまで，行列といったら，2×2 行列のことです．それから，章のタイトルの「2 次の行列」というのは，2×2 行列のことです．

行列のイコール，和，差，定数倍

$A=\begin{bmatrix} a & b \\ c & d \end{bmatrix}$，$A'=\begin{bmatrix} a' & b' \\ c' & d' \end{bmatrix}$について，次のように約束します．

$$A=A' \Longleftrightarrow a=a',\ b=b',\ c=c',\ d=d'.$$

$$A+A'=\begin{bmatrix} a+a' & b+b' \\ c+c' & d+d' \end{bmatrix}, \qquad A-A'=\begin{bmatrix} a-a' & b-b' \\ c-c' & d-d' \end{bmatrix}.$$

例 $\begin{bmatrix} 1 & x \\ y & 4 \end{bmatrix} = \begin{bmatrix} a & 2 \\ 3 & b \end{bmatrix} \Longleftrightarrow a=1,\ x=2,\ y=3,\ b=4.$

例 $\begin{bmatrix} -1 & 2 \\ 0 & -1 \end{bmatrix} + \begin{bmatrix} 1 & 2 \\ 2 & 4 \end{bmatrix} = \begin{bmatrix} (-1)+1 & 2+2 \\ 0+2 & (-1)+4 \end{bmatrix} = \begin{bmatrix} 0 & 4 \\ 2 & 3 \end{bmatrix}.$

また，t 倍を次のように約束します．

$$t\begin{bmatrix} a & b \\ c & d \end{bmatrix} = \begin{bmatrix} ta & tb \\ tc & td \end{bmatrix}.$$

例 $3\begin{bmatrix} 1 & 2 \\ 3 & 4 \end{bmatrix} = \begin{bmatrix} 3 & 6 \\ 9 & 12 \end{bmatrix}.$

$A+A'=A'+A$ が成り立つことは明らかでしょう．

ゼロ行列

すべての成分が 0 であるような行列のことを**ゼロ行列**とよんで，O で表わします：$O=\begin{bmatrix} 0 & 0 \\ 0 & 0 \end{bmatrix}$. そうすると，$A+O=A$，$A+(-1)A=O$ が成り立ちます．実際，

$$\begin{bmatrix} a & b \\ c & d \end{bmatrix} + \begin{bmatrix} 0 & 0 \\ 0 & 0 \end{bmatrix} = \begin{bmatrix} a+0 & b+0 \\ c+0 & d+0 \end{bmatrix} = \begin{bmatrix} a & b \\ c & d \end{bmatrix},$$

$$\begin{aligned} \begin{bmatrix} a & b \\ c & d \end{bmatrix} + (-1)\begin{bmatrix} a & b \\ c & d \end{bmatrix} &= \begin{bmatrix} a & b \\ c & d \end{bmatrix} + \begin{bmatrix} -a & -b \\ -c & -d \end{bmatrix} \\ &= \begin{bmatrix} a+(-a) & b+(-b) \\ c+(-c) & d+(-d) \end{bmatrix} = \begin{bmatrix} 0 & 0 \\ 0 & 0 \end{bmatrix}. \end{aligned}$$

また，$(-1)A$ を $-A$ とも表わします：$-A=\begin{bmatrix} -a & -b \\ -c & -d \end{bmatrix}.$

§3 ◆ 行列と縦ベクトルの積

「行列」×「縦ベクトル」を次のように定めます：

$$\begin{bmatrix} a & b \\ c & d \end{bmatrix}\begin{bmatrix} x \\ y \end{bmatrix} = \begin{bmatrix} ax+by \\ cx+dy \end{bmatrix}.$$

$$\left(\begin{array}{l} \begin{bmatrix} a & b \end{bmatrix}\begin{bmatrix} x \\ y \end{bmatrix} \longrightarrow ax+by, \qquad \begin{bmatrix} c & d \end{bmatrix}\begin{bmatrix} x \\ y \end{bmatrix} \longrightarrow cx+dy \\ \text{というように，「内積」のような計算をしています} \end{array}\right)$$

なぜこのように定義するか．§7をみると少し納得できると思います．

例 $\begin{bmatrix} 1 & 2 \\ 3 & 6 \end{bmatrix}\begin{bmatrix} 2 \\ -1 \end{bmatrix} = \begin{bmatrix} 1\times2+2\times(-1) \\ 3\times2+6\times(-1) \end{bmatrix} = \begin{bmatrix} 0 \\ 0 \end{bmatrix}.$

問 次の積を計算せよ．

(1) $\begin{bmatrix} 1 & 2 \\ 3 & 4 \end{bmatrix}\begin{bmatrix} 1 \\ 1 \end{bmatrix}$ (2) $\begin{bmatrix} 1 & 3 \\ 0 & 1 \end{bmatrix}\begin{bmatrix} x \\ y \end{bmatrix}$ (3) $\begin{bmatrix} 0 & 1 \\ 1 & 0 \end{bmatrix}\begin{bmatrix} x \\ y \end{bmatrix}$

(4) $\begin{bmatrix} 1 & 0 \\ 0 & 3 \end{bmatrix}\begin{bmatrix} x \\ y \end{bmatrix}$ (5) $\begin{bmatrix} a & b \\ c & d \end{bmatrix}\begin{bmatrix} 1 \\ 0 \end{bmatrix}$ (6) $\begin{bmatrix} a & b \\ c & d \end{bmatrix}\begin{bmatrix} 0 \\ 1 \end{bmatrix}$

(7) $\begin{bmatrix} a & b \\ c & d \end{bmatrix}\begin{bmatrix} d \\ -c \end{bmatrix}$

上の定義式は，次のようなかき方もします：

$$A = \begin{bmatrix} a & b \\ c & d \end{bmatrix},\ \boldsymbol{u} = \begin{bmatrix} x \\ y \end{bmatrix} \quad \text{のとき} \quad A\boldsymbol{u} = \begin{bmatrix} ax+by \\ cx+dy \end{bmatrix}.$$

単位行列

$\begin{bmatrix} 1 & 0 \\ 0 & 1 \end{bmatrix}$のことを**単位行列**とよんで，$E$で表わします：

$$E = \begin{bmatrix} 1 & 0 \\ 0 & 1 \end{bmatrix}.$$

そうすると，任意のベクトル$\boldsymbol{u}$について，$E\boldsymbol{u} = \boldsymbol{u}$が成り立ちます．実際，$\boldsymbol{u} = \begin{bmatrix} x \\ y \end{bmatrix}$とおくと，

$$E\boldsymbol{u} = \begin{bmatrix} 1 & 0 \\ 0 & 1 \end{bmatrix}\begin{bmatrix} x \\ y \end{bmatrix} = \begin{bmatrix} 1\times x+0\times y \\ 0\times x+1\times y \end{bmatrix} = \begin{bmatrix} x \\ y \end{bmatrix} = \boldsymbol{u}.$$

また，$O\boldsymbol{u}=\boldsymbol{0}$，$A\boldsymbol{0}=\boldsymbol{0}$ が成り立ちます．実際，

$$\begin{bmatrix} 0 & 0 \\ 0 & 0 \end{bmatrix}\begin{bmatrix} x \\ y \end{bmatrix}=\begin{bmatrix} 0 \\ 0 \end{bmatrix}, \qquad \begin{bmatrix} a & b \\ c & d \end{bmatrix}\begin{bmatrix} 0 \\ 0 \end{bmatrix}=\begin{bmatrix} 0 \\ 0 \end{bmatrix}.$$

次の性質は大切です．

◆ 定理 3.1 ◆

$A=\begin{bmatrix} a & b \\ c & d \end{bmatrix}$，$\boldsymbol{u}=\begin{bmatrix} x \\ y \end{bmatrix}$，$\boldsymbol{u}'=\begin{bmatrix} x' \\ y' \end{bmatrix}$ とし，t を数とする．そうすると次のことが成り立つ．

(1)　$A(\boldsymbol{u}+\boldsymbol{u}')=A\boldsymbol{u}+A\boldsymbol{u}'$

(2)　$A(t\boldsymbol{u})=t(A\boldsymbol{u})$

証明　(1)　$\boldsymbol{u}+\boldsymbol{u}'=\begin{bmatrix} x \\ y \end{bmatrix}+\begin{bmatrix} x' \\ y' \end{bmatrix}=\begin{bmatrix} x+x' \\ y+y' \end{bmatrix}$ より

$$A(\boldsymbol{u}+\boldsymbol{u}')=\begin{bmatrix} a & b \\ c & d \end{bmatrix}\begin{bmatrix} x+x' \\ y+y' \end{bmatrix}=\begin{bmatrix} a(x+x')+b(y+y') \\ c(x+x')+d(y+y') \end{bmatrix}$$

$$=\begin{bmatrix} (ax+by)+(ax'+by') \\ (cx+dy)+(cx'+dy') \end{bmatrix},$$

$$A\boldsymbol{u}+A\boldsymbol{u}'=\begin{bmatrix} ax+by \\ cx+dy \end{bmatrix}+\begin{bmatrix} ax'+by' \\ cx'+dy' \end{bmatrix}=\begin{bmatrix} (ax+by)+(ax'+by') \\ (cx+dy)+(cx'+dy') \end{bmatrix}.$$

よって，$A(\boldsymbol{u}+\boldsymbol{u}')=A\boldsymbol{u}+A\boldsymbol{u}'$．

(2)　$t\boldsymbol{u}=t\begin{bmatrix} x \\ y \end{bmatrix}=\begin{bmatrix} tx \\ ty \end{bmatrix}$ より，

$$A(t\boldsymbol{u})=\begin{bmatrix} a & b \\ c & d \end{bmatrix}\begin{bmatrix} tx \\ ty \end{bmatrix}=\begin{bmatrix} a(tx)+b(ty) \\ c(tx)+d(ty) \end{bmatrix}=\begin{bmatrix} t(ax+by) \\ t(cx+dy) \end{bmatrix},$$

$$t(A\boldsymbol{u})=t\begin{bmatrix} ax+by \\ cx+dy \end{bmatrix}=\begin{bmatrix} t(ax+by) \\ t(cx+dy) \end{bmatrix}.$$

よって，$A(t\boldsymbol{u})=t(A\boldsymbol{u})$．　□

§4 ◆ 行列と行列の積

$A=\begin{bmatrix} a & b \\ c & d \end{bmatrix}$ と $B=\begin{bmatrix} x & u \\ y & v \end{bmatrix}$ の積 AB を次のように定めます：

$$AB=\begin{bmatrix} a & b \\ c & d \end{bmatrix}\begin{bmatrix} x & u \\ y & v \end{bmatrix}=\begin{bmatrix} ax+by & au+bv \\ cx+dy & cu+dv \end{bmatrix}.$$

例　$A=\begin{bmatrix} 1 & 2 \\ 3 & 4 \end{bmatrix}$, $B=\begin{bmatrix} 0 & 1 \\ 1 & 0 \end{bmatrix}$ とします．このとき，AB と BA を計算してみると：

$$AB=\begin{bmatrix} 1 & 2 \\ 3 & 4 \end{bmatrix}\begin{bmatrix} 0 & 1 \\ 1 & 0 \end{bmatrix}=\begin{bmatrix} 1\times0+2\times1 & 1\times1+2\times0 \\ 3\times0+4\times1 & 3\times1+4\times0 \end{bmatrix}=\begin{bmatrix} 2 & 1 \\ 4 & 3 \end{bmatrix},$$

$$BA=\begin{bmatrix} 0 & 1 \\ 1 & 0 \end{bmatrix}\begin{bmatrix} 1 & 2 \\ 3 & 4 \end{bmatrix}=\begin{bmatrix} 0\times1+1\times3 & 0\times2+1\times4 \\ 1\times1+0\times3 & 1\times2+0\times4 \end{bmatrix}=\begin{bmatrix} 3 & 4 \\ 1 & 2 \end{bmatrix}.$$

この場合には $AB\neq BA$ です．

問 1　次の A と B について，AB と BA を求めよ．

(1)　$A=\begin{bmatrix} 1 & 2 \\ 3 & 4 \end{bmatrix}$, $B=\begin{bmatrix} 1 & 0 \\ 0 & 2 \end{bmatrix}$

(2)　$A=\begin{bmatrix} 1 & 2 \\ 2 & 4 \end{bmatrix}$, $B=\begin{bmatrix} 4 & -2 \\ -2 & 1 \end{bmatrix}$

(3)　$A=\begin{bmatrix} 3 & 1 \\ 1 & 2 \end{bmatrix}$, $B=\begin{bmatrix} 2 & -1 \\ -1 & 3 \end{bmatrix}$

一般に，次のことが成り立ちます．

$$AE=A,\qquad EA=A,\qquad AO=O,\qquad OA=O.$$

たとえば，

$$AE=\begin{bmatrix} a & b \\ c & d \end{bmatrix}\begin{bmatrix} 1 & 0 \\ 0 & 1 \end{bmatrix}=\begin{bmatrix} a\times1+b\times0 & a\times0+b\times1 \\ c\times1+d\times0 & c\times0+d\times1 \end{bmatrix}=\begin{bmatrix} a & b \\ c & d \end{bmatrix}=A.$$

問 2　(1)　$EA=A$ をたしかめよ．

(2)　$\begin{bmatrix} a & b \\ c & d \end{bmatrix}\begin{bmatrix} d & -b \\ -c & a \end{bmatrix}=(ad-bc)E$ をたしかめよ．

次の性質は大切です．

◆ 定理 4.1 ◆

$A=\begin{bmatrix} a & b \\ c & d \end{bmatrix}$, $B=\begin{bmatrix} p & q \\ r & s \end{bmatrix}$, $\boldsymbol{u}=\begin{bmatrix} x \\ y \end{bmatrix}$とする．そうすると次のことが成り立つ．

$$A(B\boldsymbol{u})=(AB)\boldsymbol{u}.$$

証明 $B\boldsymbol{u}=\begin{bmatrix} p & q \\ r & s \end{bmatrix}\begin{bmatrix} x \\ y \end{bmatrix}=\begin{bmatrix} px+qy \\ rx+sy \end{bmatrix}$だから，

$$A(B\boldsymbol{u})=\begin{bmatrix} a & b \\ c & d \end{bmatrix}\begin{bmatrix} px+qy \\ rx+sy \end{bmatrix}=\begin{bmatrix} a(px+qy)+b(rx+sy) \\ c(px+qy)+d(rx+sy) \end{bmatrix}. \qquad \cdots①$$

$AB=\begin{bmatrix} a & b \\ c & d \end{bmatrix}\begin{bmatrix} p & q \\ r & s \end{bmatrix}=\begin{bmatrix} ap+br & aq+bs \\ cp+dr & cq+ds \end{bmatrix}$だから，

$$(AB)\boldsymbol{u}=\begin{bmatrix} ap+br & aq+bs \\ cp+dr & cq+ds \end{bmatrix}\begin{bmatrix} x \\ y \end{bmatrix}$$

$$=\begin{bmatrix} (ap+br)x+(aq+bs)y \\ (cp+dr)x+(cq+ds)y \end{bmatrix}. \qquad \cdots②$$

①と②は，よくみると同じです．よって，$A(B\boldsymbol{u})=(AB)\boldsymbol{u}$. □

§5 ◆ 行列式

「行列式」という新しい記号を導入します．

4つの数 p, q, r, s に対して，$ps-qr$ を $\begin{vmatrix} p & q \\ r & s \end{vmatrix}$ という記号で表わします：

$$\begin{vmatrix} p & q \\ r & s \end{vmatrix}=ps-qr. \qquad \text{（斜めにかけてひく）}$$

この記号のことを2次の**行列式**といいます．以下，「2次の」は省きます．

例 $\begin{vmatrix} 1 & 2 \\ 3 & 4 \end{vmatrix}=1\times4-2\times3=-2.$

問　次の行列式を計算せよ．（答はすべて0です．）

(1) $\begin{vmatrix} 3 & 5 \\ 0 & 0 \end{vmatrix}$　　(2) $\begin{vmatrix} 1 & 2 \\ 3 & 6 \end{vmatrix}$　　(3) $\begin{vmatrix} 0 & 2 \\ 0 & 3 \end{vmatrix}$　　(4) $\begin{vmatrix} 3 & 0 \\ 4 & 0 \end{vmatrix}$

連立１次方程式の解の公式

x と y を未知数とする連立１次方程式

$$\begin{cases} ax+by=m, & \cdots① \\ cx+dy=n & \cdots② \end{cases}$$

について考えます．この方程式の扱い方は，左辺の係数をそのまま並べてつくった行列式 $\begin{vmatrix} a & b \\ c & d \end{vmatrix}=ad-bc$ の値が，0であるか，0でないかによって，大きく違ってきます．

（ア） $\begin{vmatrix} a & b \\ c & d \end{vmatrix}=ad-bc\neq 0$ の場合

y を消すために，①$\times d-$②$\times b$ を計算すると，

$$(ad-bc)x=md-bn. \qquad \cdots③$$

x を消すために，②$\times a-$①$\times c$ を計算すると，

$$(ad-bc)y=an-mc. \qquad \cdots④$$

行列式を用いて③と④を表わすと

$$(5.1) \quad \begin{vmatrix} a & b \\ c & d \end{vmatrix}x=\begin{vmatrix} m & b \\ n & d \end{vmatrix}, \qquad \begin{vmatrix} a & b \\ c & d \end{vmatrix}y=\begin{vmatrix} a & m \\ c & n \end{vmatrix}.$$

この式は，$\begin{vmatrix} a & b \\ c & d \end{vmatrix}$ の値が0のときも成り立ちます．

今は $\begin{vmatrix} a & b \\ c & d \end{vmatrix}\neq 0$ なので，両辺を $\begin{vmatrix} a & b \\ c & d \end{vmatrix}$ で割ることができる．ということで，次の公式がえられます．

$$(5.2) \quad x=\frac{\begin{vmatrix} m & b \\ n & d \end{vmatrix}}{\begin{vmatrix} a & b \\ c & d \end{vmatrix}}, \qquad y=\frac{\begin{vmatrix} a & m \\ c & n \end{vmatrix}}{\begin{vmatrix} a & b \\ c & d \end{vmatrix}}. \qquad \left(\begin{vmatrix} a & b \\ c & d \end{vmatrix}\neq 0 \text{ のとき}\right)$$

例 $\begin{cases} 5x+2y=1, \\ 3x+4y=2. \end{cases}$

左辺の係数を並べてつくった行列式の値は，$\begin{vmatrix} 5 & 2 \\ 3 & 4 \end{vmatrix}=20-6=14\neq 0$. よって上の公式(5.2)より

$$x=\frac{\begin{vmatrix} 1 & 2 \\ 2 & 4 \end{vmatrix}}{\begin{vmatrix} 5 & 2 \\ 3 & 4 \end{vmatrix}}=\frac{0}{14}=0, \qquad y=\frac{\begin{vmatrix} 5 & 1 \\ 3 & 2 \end{vmatrix}}{\begin{vmatrix} 5 & 2 \\ 3 & 4 \end{vmatrix}}=\frac{7}{14}=\frac{1}{2}.$$

(イ) $\begin{vmatrix} a & b \\ c & d \end{vmatrix}=ad-bc=0$ **の場合**

このときには，公式のような形にのべるのが難しいので，もとの方程式①，②に引き返して，あらためて対処法を考えます．ひとつの対処法は「個々の問題ごとに工夫する」ことです．このやり方のひとつの例が，次の§6にでてきます．もうひとつの対処法は，「まったく新しい考え方をする」ことです．こちらについては，第3章で説明します．

行列式の基本性質

次の定理は，第7章で使います．

◆ 定理 5.1 ◆

(1) $\begin{vmatrix} a+a' & b+b' \\ c & d \end{vmatrix}=\begin{vmatrix} a & b \\ c & d \end{vmatrix}+\begin{vmatrix} a' & b' \\ c & d \end{vmatrix}$

(1′) $\begin{vmatrix} a & b \\ c+c' & d+d' \end{vmatrix}=\begin{vmatrix} a & b \\ c & d \end{vmatrix}+\begin{vmatrix} a & b \\ c' & d' \end{vmatrix}$

(2) $\begin{vmatrix} ta & tb \\ c & d \end{vmatrix}=t\begin{vmatrix} a & b \\ c & d \end{vmatrix}$　　(2′) $\begin{vmatrix} a & b \\ tc & td \end{vmatrix}=t\begin{vmatrix} a & b \\ c & d \end{vmatrix}$

(3) $\begin{vmatrix} a & b \\ c & d \end{vmatrix}=-\begin{vmatrix} c & d \\ a & b \end{vmatrix}$　（上下の入れ替え）　　(4) $\begin{vmatrix} a & b \\ c & d \end{vmatrix}=\begin{vmatrix} a & c \\ b & d \end{vmatrix}$

(5) $\begin{vmatrix} a+a' & b \\ c+c' & d \end{vmatrix} = \begin{vmatrix} a & b \\ c & d \end{vmatrix} + \begin{vmatrix} a' & b \\ c' & d \end{vmatrix}$

(5′) $\begin{vmatrix} a & b+b' \\ c & d+d' \end{vmatrix} = \begin{vmatrix} a & b \\ c & d \end{vmatrix} + \begin{vmatrix} a & b' \\ c & d' \end{vmatrix}$

(6) $\begin{vmatrix} ta & b \\ tc & d \end{vmatrix} = t\begin{vmatrix} a & b \\ c & d \end{vmatrix}$　(6′) $\begin{vmatrix} a & tb \\ c & td \end{vmatrix} = t\begin{vmatrix} a & b \\ c & d \end{vmatrix}$

証明　どれも簡単な計算なので，ここでは(1)だけやって残りは**問**とする．

(1)　(左辺) $= (a+a')d-(b+b')c = (ad-bc)+(a'd-b'c)$

$$= \begin{vmatrix} a & b \\ c & d \end{vmatrix} + \begin{vmatrix} a' & b' \\ c & d \end{vmatrix}.$$

□

ひとつの定理

ここで，§7で使われる定理を説明しておきます．この本では，ベクトルや行列の成分は，すべて実数なのでいちいち断っていませんが，この定理では，あとの都合により，「実数」を強調しています．

◆ 定理 5.2 ◆

p, q, r, s を「実数」の定数とする．このとき，次の(A)と(B)は同値である．

(A) $\begin{vmatrix} p & q \\ r & s \end{vmatrix} = 0$ が成り立つ．

(B) 次の(1), (2), (3)をみたす「実数」x, y が存在する．

(1) x と y のうち少なくとも一方は0でない：$(x, y) \neq (0, 0)$

(2) $px+qy=0$

(3) $rx+sy=0$

証明 $\begin{vmatrix} p & q \\ r & s \end{vmatrix} = ps - qr = 0$ であるとする．まず，$p = q = r = s = 0$ であるときには，$x = 1$，$y = 0$ とおくと(1), (2), (3)をみたす．よって(B)が成り立つ．

次に，$p \neq 0$ のときには，$x = -q$，$y = p$ とおく．そうすると，$y \neq 0$ だから(1)をみたす．そして，代入してみればわかるように，(2), (3)をみたす．よって(B)が成り立つ．$q \neq 0$ のときには，同じく $x = -q$，$y = p$，$r \neq 0$ のときには，$x = s$，$y = -r$，そして，$s \neq 0$ のときには，同じく $x = s$，$y = -r$ とおけば(B)が成り立つ．

以上により，「(A) ⇒ (B)」が示されました．

逆に，(B)が成り立つとする．仮に，$\begin{vmatrix} p & q \\ r & s \end{vmatrix} \neq 0$ であるとしてみる．そうすると，(2)と(3)を x, y の連立方程式と考えると，公式(5.2)が適用できる．適用すると，

$$x = \frac{\begin{vmatrix} 0 & q \\ 0 & s \end{vmatrix}}{\begin{vmatrix} p & q \\ r & s \end{vmatrix}} = 0, \qquad y = \frac{\begin{vmatrix} p & 0 \\ r & 0 \end{vmatrix}}{\begin{vmatrix} p & q \\ r & s \end{vmatrix}} = 0.$$

これは(1)に反する．よって $\begin{vmatrix} p & q \\ r & s \end{vmatrix} = 0$.

これで「(B) ⇒ (A)」が示されて，証明がおわりました． □

§6 ◆ 逆行列と行列式

数の世界において，0と1は特別な役割をもつ数でした．行列の世界においては，ゼロ行列 $O = \begin{bmatrix} 0 & 0 \\ 0 & 0 \end{bmatrix}$ と単位行列 $E = \begin{bmatrix} 1 & 0 \\ 0 & 1 \end{bmatrix}$ が，同様の役割をもつ行列です．というのは，任意の行列 A に対して次のことが成り立つからです．

$$A + O = A, \quad O + A = A,$$
$$AO = O, \quad OA = O,$$
$$EA = A, \quad AE = A.$$

さて，数の世界には，「逆数」という言葉があります．復習すると，数 a が 0 でないとき，$ax = 1$ をみたすような数 x が定まります．この x が $a\ (\neq 0)$ の逆数でした．

そこで，行列に関して次の問題を考えてみます．

◆ 問題 ◆

行列 $A=\begin{bmatrix} a & b \\ c & d \end{bmatrix}$ が与えられたとする．このとき，$AX=\begin{bmatrix} 1 & 0 \\ 0 & 1 \end{bmatrix}$ をみたすような行列 X が定まるのは，A がどのような条件をみたすときか．また，X はどのようにすれば求まるか．

数の場合とはちがって，A がゼロ行列かどうかでは判断できません．

例　$A=\begin{bmatrix} 1 & 2 \\ 0 & 0 \end{bmatrix}$ のとき，$X=\begin{bmatrix} x & u \\ y & v \end{bmatrix}$ とおいて $AX=\begin{bmatrix} 1 & 0 \\ 0 & 1 \end{bmatrix}$ をみたすような X があるかどうか調べてみます．まず AX を計算すると，

$$AX=\begin{bmatrix} 1 & 2 \\ 0 & 0 \end{bmatrix}\begin{bmatrix} x & u \\ y & v \end{bmatrix}=\begin{bmatrix} x+2y & u+2v \\ 0 & 0 \end{bmatrix}.$$

このように，x, y, u, v が何であっても，AX の $(2,2)$ 成分は 0 です．よって，$AX=\begin{bmatrix} 1 & 0 \\ 0 & 1 \end{bmatrix}$ となることはありえません．ということで，$AX=E$ をみたす X は存在しません．

それでは，上の問題を解きましょう．

$A=\begin{bmatrix} a & b \\ c & d \end{bmatrix}$ に対して，$X=\begin{bmatrix} x & u \\ y & v \end{bmatrix}$ とおいて，$AX=\begin{bmatrix} 1 & 0 \\ 0 & 1 \end{bmatrix}$ をみたす X を求めることを考えます．

$$AX=\begin{bmatrix} a & b \\ c & d \end{bmatrix}\begin{bmatrix} x & u \\ y & v \end{bmatrix}=\begin{bmatrix} ax+by & au+bv \\ cx+dy & cu+dv \end{bmatrix}=\begin{bmatrix} 1 & 0 \\ 0 & 1 \end{bmatrix}$$

$$\iff \begin{cases} ax+by=1, & \cdots① \qquad au+bv=0, \quad \cdots③ \\ cx+dy=0, & \cdots② \qquad cu+dv=1. \quad \cdots④ \end{cases}$$

行列式 $\begin{vmatrix} a & b \\ c & d \end{vmatrix}=ad-bc\neq 0$ のときには，以下のようにして X が求まります：公式(5.2)を①と②に適用すると，

$$x=\frac{\begin{vmatrix}1&b\\0&d\end{vmatrix}}{\begin{vmatrix}a&b\\c&d\end{vmatrix}}=\frac{d}{ad-bc},\qquad y=\frac{\begin{vmatrix}a&1\\c&0\end{vmatrix}}{\begin{vmatrix}a&b\\c&d\end{vmatrix}}=\frac{-c}{ad-bc}.$$

③と④に適用すると，

$$u=\frac{\begin{vmatrix}0&b\\1&d\end{vmatrix}}{\begin{vmatrix}a&b\\c&d\end{vmatrix}}=\frac{-b}{ad-bc},\qquad v=\frac{\begin{vmatrix}a&0\\c&1\end{vmatrix}}{\begin{vmatrix}a&b\\c&d\end{vmatrix}}=\frac{a}{ad-bc}.$$

したがって，

$$(6.1)\quad X=\begin{bmatrix}\dfrac{d}{ad-bc}&\dfrac{-b}{ad-bc}\\\dfrac{-c}{ad-bc}&\dfrac{a}{ad-bc}\end{bmatrix}=\frac{1}{ad-bc}\begin{bmatrix}d&-b\\-c&a\end{bmatrix}.$$

次に，$\begin{vmatrix}a&b\\c&d\end{vmatrix}=ad-bc=0$ のとき，上の方程式は解をもちません．それは，以下のようにしてわかります(別のやり方もあります)：

（ア）　$a\neq0$ のとき

③式より $u=-\dfrac{b}{a}v$．これを④へ代入すると $c\cdot\left(-\dfrac{b}{a}v\right)+dv=1$．よって，

$$\frac{ad-bc}{a}\cdot v=1.$$

$ad-bc=0$ だから $0\cdot v=1$ となり，矛盾した式になる．よって解をもたない．

（イ）　$a=0$ のとき

もしも $b=0$ ならば，①式が $0\cdot x+0\cdot y=1$ となり解をもたない．そこで $b\neq0$ とする．このときには，③式より $v=-\dfrac{a}{b}u$．これを④へ代入すると $cu+d\left(-\dfrac{a}{b}u\right)=1$．よって $\dfrac{bc-ad}{b}\cdot u=1$．$ad-bc=0$ だから $0\cdot u=1$ となるので解をもたない．

(ア)と(イ)より，$a\neq0$ でも $a=0$ でも解をもたないことがわかります．ということで，$AX=E$ をみたす X は存在しません．

以上のことを定理の形にまとめておきます．

◆ 定理 6.1 ◆

$A=\begin{bmatrix} a & b \\ c & d \end{bmatrix}$ に対して，$AX=\begin{bmatrix} 1 & 0 \\ 0 & 1 \end{bmatrix}$ をみたすような X が存在するための必要十分条件は，$\begin{vmatrix} a & b \\ c & d \end{vmatrix}=ad-bc\neq 0$ をみたすことである．このとき，X は(6.1)により求まる．そして次の計算からわかるように，$XA=\begin{bmatrix} 1 & 0 \\ 0 & 1 \end{bmatrix}$ が成り立つ．

$$XA=\frac{1}{ad-bc}\begin{bmatrix} d & -b \\ -c & a \end{bmatrix}\begin{bmatrix} a & b \\ c & d \end{bmatrix}$$
$$=\frac{1}{ad-bc}\begin{bmatrix} ad-bc & 0 \\ 0 & ad-bc \end{bmatrix}=\begin{bmatrix} 1 & 0 \\ 0 & 1 \end{bmatrix}.$$

この X のことを，A の**逆行列**とよんで A^{-1} という記号で表わす．

例題 次の行列が逆行列をもつかどうかを答えよ．もつときは，逆行列を答えよ．

(1) $A=\begin{bmatrix} 2 & 1 \\ 6 & 3 \end{bmatrix}$ (2) $B=\begin{bmatrix} \cos\theta & -\sin\theta \\ \sin\theta & \cos\theta \end{bmatrix}$

解説 $\begin{vmatrix} 2 & 1 \\ 6 & 3 \end{vmatrix}=0$ だから，A は逆行列をもたない．$\begin{vmatrix} \cos\theta & -\sin\theta \\ \sin\theta & \cos\theta \end{vmatrix}=\cos^2\theta+\sin^2\theta=1$ だから逆行列をもつ．そして，公式(6.1)より，$B^{-1}=\begin{bmatrix} \cos\theta & \sin\theta \\ -\sin\theta & \cos\theta \end{bmatrix}$.

§7 ◆ 1次変換

平面上の点を，一定の規則にしたがって，同じ平面上のどこかの点にうつす移動について考えます．これを，平面上の「点変換」といったりします．

例 座標平面上の点 $\mathrm{P}=(x,y)$ を，y 軸に関して対称な点 $\mathrm{P}'=(x',y')$ にうつす移動を考えます．このとき，$x'=-x$，$y'=y$ なので

$$\begin{cases} x' = (-1)\cdot x + 0\cdot y, \\ y' = 0\cdot x + 1\cdot y. \end{cases}$$

これは，行列を用いて次のように表わされます．

$$\begin{bmatrix} x' \\ y' \end{bmatrix} = \begin{bmatrix} -1 & 0 \\ 0 & 1 \end{bmatrix} \begin{bmatrix} x \\ y \end{bmatrix}.$$

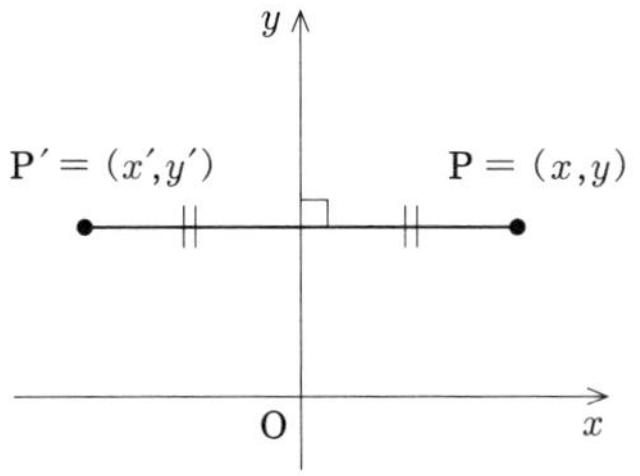

問 1　座標平面上の点 $\mathrm{P} = (x, y)$ を，以下のような規則にしたがって，点 $\mathrm{P}' = (x', y')$ にうつす移動を考える．x, y と x', y' の関係を，行列を用いて表わせ．

(1)　x 軸に関して対称な点にうつす．

(2)　原点に関して対称な点にうつす．

座標平面上の点 $\mathrm{P} = (x, y)$ を点 $\mathrm{P}' = (x', y')$ にうつす移動が定数 a, b, c, d によって，次の式で表わされるとします．

$$\begin{cases} x' = ax + by, \\ y' = cx + dy. \end{cases}$$

この式は，行列を用いて次のように表わされます．

$$\begin{bmatrix} x' \\ y' \end{bmatrix} = \begin{bmatrix} a & b \\ c & d \end{bmatrix} \begin{bmatrix} x \\ y \end{bmatrix}.$$

この移動のことを，行列 $\begin{bmatrix} a & b \\ c & d \end{bmatrix}$ の定める **1 次変換**といいます．1 次変換は，f や g などの記号で表わされます．

像点

行列 $\begin{bmatrix} a & b \\ c & d \end{bmatrix}$ の定める１次変換を f とし，f によって点 (x, y) が点 (x', y') にうつるとします：

$$\begin{bmatrix} x' \\ y' \end{bmatrix} = \begin{bmatrix} a & b \\ c & d \end{bmatrix} \begin{bmatrix} x \\ y \end{bmatrix}.$$

このとき，点 (x', y') のことを，点 (x, y) の f による**像点**(あるいは，f による点 (x, y) の像点)といいます．

例　行列 $A = \begin{bmatrix} 2 & 1 \\ 1 & 3 \end{bmatrix}$ の定める１次変換を f とします：

$$\begin{bmatrix} x' \\ y' \end{bmatrix} = \begin{bmatrix} 2 & 1 \\ 1 & 3 \end{bmatrix} \begin{bmatrix} x \\ y \end{bmatrix}.$$

このとき，原点 $\mathrm{O} = (0, 0)$，点 $\mathrm{S} = (1, 0)$，点 $\mathrm{T} = (0, 1)$，点 $\mathrm{R} = (1, 1)$ の f による像点を求めてみます：

$$\begin{bmatrix} 2 & 1 \\ 1 & 3 \end{bmatrix} \begin{bmatrix} 0 \\ 0 \end{bmatrix} = \begin{bmatrix} 0 \\ 0 \end{bmatrix}, \qquad \begin{bmatrix} 2 & 1 \\ 1 & 3 \end{bmatrix} \begin{bmatrix} 1 \\ 0 \end{bmatrix} = \begin{bmatrix} 2 \\ 1 \end{bmatrix},$$

$$\begin{bmatrix} 2 & 1 \\ 1 & 3 \end{bmatrix} \begin{bmatrix} 0 \\ 1 \end{bmatrix} = \begin{bmatrix} 1 \\ 3 \end{bmatrix}, \qquad \begin{bmatrix} 2 & 1 \\ 1 & 3 \end{bmatrix} \begin{bmatrix} 1 \\ 1 \end{bmatrix} = \begin{bmatrix} 3 \\ 4 \end{bmatrix}.$$

よって，原点の像点は原点で，点 S, T, R の像点 S′, T′, R′ は

図１

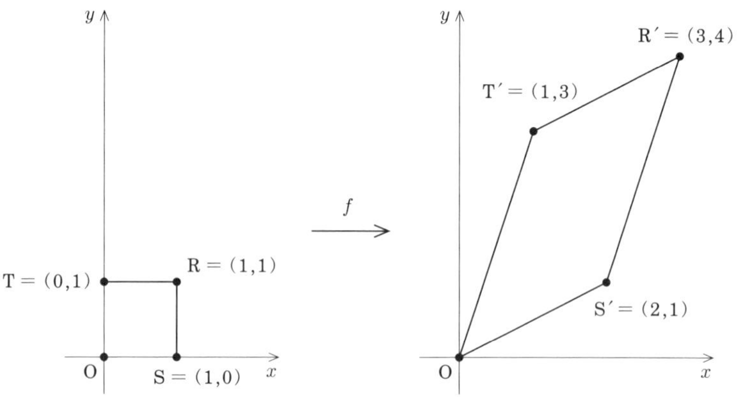

$$\mathrm{S}' = (2, 1), \qquad \mathrm{T}' = (1, 3), \qquad \mathrm{R}' = (3, 4).$$

一般に，次の式からわかるように，1次変換による原点の像点は必ず原点です．

$$\begin{bmatrix} a & b \\ c & d \end{bmatrix}\begin{bmatrix} 0 \\ 0 \end{bmatrix} = \begin{bmatrix} 0 \\ 0 \end{bmatrix}.$$

問 2　行列 $\begin{bmatrix} 2 & 1 \\ 6 & 3 \end{bmatrix}$ の定める1次変換を f とする．このとき，点 $\mathrm{S} = (1, 0)$，$\mathrm{T} = (0, 1)$，$\mathrm{Q} = (1, 1)$，$\mathrm{R} = (1, -2)$ の f による像点を求めよ．そして，図1に対応するような図をかけ．

像図形

f を1次変換とし，点 (x, y) の f による像点を (x', y') とします．そして，L を平面上の図形(直線とか円のような点の集まりのこと)とします．そこで，点 (x, y) が図形 L 上を動くとき，像点 (x', y') のえがく軌跡のことを，図形 L の f による**像図形**とよぶことにします．

1次変換による直線の像図形

以下，図形 L が直線の場合を調べます．ここでは，高校式の $\vec{u}$ を使うことにします．

はじめに例をやってみます．

例　点 $\mathrm{P}_0 = (0, 1)$ を通り，$\vec{u} = \begin{bmatrix} 1 \\ 1 \end{bmatrix}$ に平行な直線を L とします(図2，次ページ)．直線 L は次の方程式で表わされます(§1)．

(1)　$\begin{bmatrix} x \\ y \end{bmatrix} = \begin{bmatrix} 0 \\ 1 \end{bmatrix} + t\begin{bmatrix} 1 \\ 1 \end{bmatrix}.$

さて，$A = \begin{bmatrix} 2 & 1 \\ 6 & 3 \end{bmatrix}$ の定める1次変換を f とします：

図 2

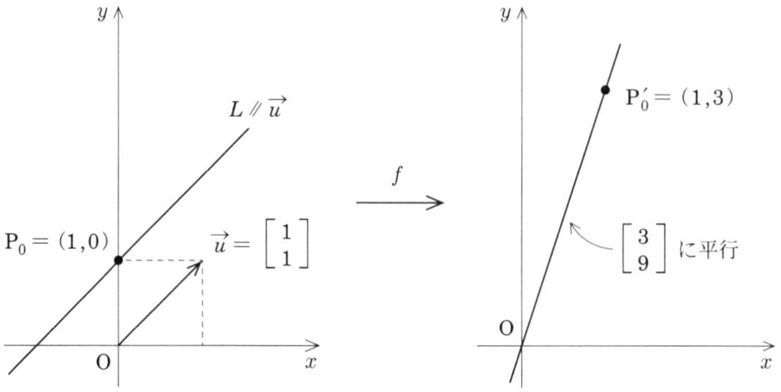

(2) $\begin{bmatrix}x'\\y'\end{bmatrix}=\begin{bmatrix}2&1\\6&3\end{bmatrix}\begin{bmatrix}x\\y\end{bmatrix}.$

(1)を(2)へ代入して，定理 3.1 を使って計算すると，

$$\begin{aligned}\begin{bmatrix}x'\\y'\end{bmatrix}&=\begin{bmatrix}2&1\\6&3\end{bmatrix}\left(\begin{bmatrix}0\\1\end{bmatrix}+t\begin{bmatrix}1\\1\end{bmatrix}\right)\\&=\begin{bmatrix}2&1\\6&3\end{bmatrix}\begin{bmatrix}0\\1\end{bmatrix}+\begin{bmatrix}2&1\\6&3\end{bmatrix}\left(t\begin{bmatrix}1\\1\end{bmatrix}\right)\\&=\begin{bmatrix}2&1\\6&3\end{bmatrix}\begin{bmatrix}0\\1\end{bmatrix}+t\begin{bmatrix}2&1\\6&3\end{bmatrix}\begin{bmatrix}1\\1\end{bmatrix}.\end{aligned}$$

ここで，$\begin{bmatrix}2&1\\6&3\end{bmatrix}\begin{bmatrix}0\\1\end{bmatrix}=\begin{bmatrix}1\\3\end{bmatrix}$，$\begin{bmatrix}2&1\\6&3\end{bmatrix}\begin{bmatrix}1\\1\end{bmatrix}=\begin{bmatrix}3\\9\end{bmatrix}$ だから，

(3) $\begin{bmatrix}x'\\y'\end{bmatrix}=\begin{bmatrix}1\\3\end{bmatrix}+t\begin{bmatrix}3\\9\end{bmatrix}.$

点 (x,y) が直線 L 上を動くとき，像点 (x',y') のえがく軌跡は，方程式(3)で表わされます．方程式(3)は，点 $(1,3)$ を通り，ベクトル $\begin{bmatrix}3\\9\end{bmatrix}$ に平行な直線を表わしています．この直線が，1 次変換 f による直線 L の像図形です．

一般の場合：行列 A の定める 1 次変換を f とし，点 (x,y) の f による像点を (x',y') とします：

(1) $\begin{bmatrix}x'\\y'\end{bmatrix}=A\begin{bmatrix}x\\y\end{bmatrix}.$

そして，定点 (x_0, y_0) を通り，定ベクトル $\vec{u}$ に平行な直線を L とします．このとき直線 L は次の方程式で表わされます(§1)．

(2) $$\begin{bmatrix} x \\ y \end{bmatrix} = \begin{bmatrix} x_0 \\ y_0 \end{bmatrix} + t\vec{u}.$$

そこで，1次変換 f による直線 L の像図形を求めます．

まず，点 (x_0, y_0) の f による像点を (x_0', y_0') とおきます：

(3) $$A\begin{bmatrix} x_0 \\ y_0 \end{bmatrix} = \begin{bmatrix} x_0' \\ y_0' \end{bmatrix}.$$

(2)を(1)へ代入すると，定理3.1より，

$$\begin{bmatrix} x' \\ y' \end{bmatrix} = A\left(\begin{bmatrix} x_0 \\ y_0 \end{bmatrix} + t\vec{u}\right) = A\begin{bmatrix} x_0 \\ y_0 \end{bmatrix} + A(t\vec{u}) = A\begin{bmatrix} x_0 \\ y_0 \end{bmatrix} + tA\vec{u}.$$

よって，(3)より

(4) $$\begin{bmatrix} x' \\ y' \end{bmatrix} = \begin{bmatrix} x_0' \\ y_0' \end{bmatrix} + tA\vec{u}.$$

点 (x, y) が直線 L 上を動くとき，像点 (x', y') のえがく軌跡は，方程式(4)で表わされます．

ここで，$A\vec{u}$ が $\vec{0}$ であるかないかによって場合分けが必要です．

（ア） $A\vec{u} \neq \vec{0}$ の場合

このとき(4)式は，点 (x_0', y_0') を通り，ベクトル $A\vec{u}$ に平行な直線を表わしています．よって，1次変換 f による直線 L の像図形は直線です．

（イ） $A\vec{u} = \vec{0}$ の場合

このとき，(4)式により，t の値が何であっても，$\begin{bmatrix} x' \\ y' \end{bmatrix} = \begin{bmatrix} x_0' \\ y_0' \end{bmatrix}$（一定）．これより，直線 L 上のすべての点は，定点 (x_0', y_0') にうつることになります．よって，1次変換 f による直線 L の像図形は，1点 (x_0', y_0') だけからなる図形(**1点図形**)です．

以上のことから，次のようになります．

> 1次変換による直線の像図形は，「直線」または「1点図形」になる．
> そして，どちらであるかは，$A\vec{u}$ を計算してみるとわかる．

例題　行列 $A=\begin{bmatrix}2 & 1\\ 6 & 3\end{bmatrix}$ の定める1次変換を f とする．このとき次の直線(1),(2)の f による像図形が「直線」なのか「1点図形」なのかを答えよ．

(1)　$x+2y-2=0$　　(2)　$2x+y-1=0$

解説　ここでは，直線に垂直なベクトル（法線ベクトル）を利用して，直線に平行なベクトル（方向ベクトル）を求めることにします．

(1)　$\vec{n}=\begin{bmatrix}1\\ 2\end{bmatrix}$ は直線(1)の法線ベクトルである（§1）．そこで，$\vec{u}=\begin{bmatrix}-2\\ 1\end{bmatrix}$ とおくと，$\vec{n}$ と $\vec{u}$ の内積は0なので，$\vec{n}$ と $\vec{u}$ は垂直である：$\vec{n}\perp\vec{u}$．よって，$\vec{u}$ は直線(1)と平行である（図3）．

図3

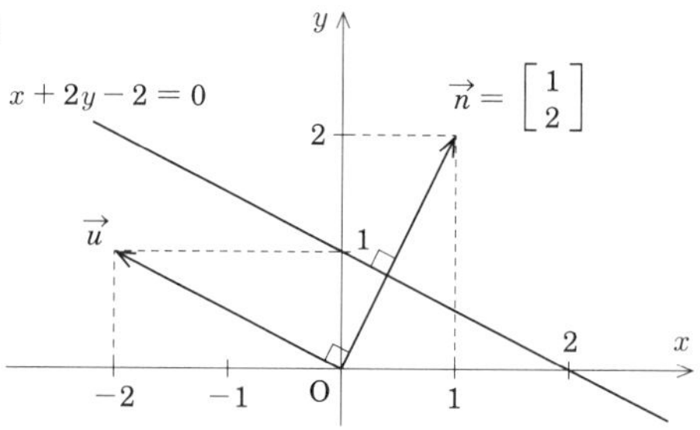

そこで，$A\vec{u}$ を計算すると，

$$A\vec{u}=\begin{bmatrix}2 & 1\\ 6 & 3\end{bmatrix}\begin{bmatrix}-2\\ 1\end{bmatrix}=\begin{bmatrix}-3\\ -9\end{bmatrix}.$$

$A\vec{u}\neq\vec{0}$ だから，像図形は直線である．

(2)　$\vec{n}=\begin{bmatrix}2\\ 1\end{bmatrix}$ は直線(2)の法線ベクトルである．そこで，$\vec{u}=\begin{bmatrix}-1\\ 2\end{bmatrix}$ とおくと，$\vec{n}\perp\vec{u}$．よって，$\vec{u}$ は直線(2)と平行である．$A\vec{u}$ を計算すると，

$$A\vec{u}=\begin{bmatrix}2 & 1\\ 6 & 3\end{bmatrix}\begin{bmatrix}-1\\ 2\end{bmatrix}=\begin{bmatrix}0\\ 0\end{bmatrix}=\vec{0}.$$

よって，像図形は「1点図形」である．

問 3 行列 $A=\begin{bmatrix}1 & 4\\ 2 & 8\end{bmatrix}$ の定める 1 次変換を f とする．このとき，次の直線(1)，(2)の f による像図形が「直線」なのか「1 点図形」なのかを答えよ．

(1) $x+4y+3=0$ (2) $x-y+1=0$

§8 ◈ 回転移動

座標平面上の点 $\mathrm{P}=(x,y)$ を原点のまわりに角 θ だけ回転して点 $\mathrm{P}'=(x',y')$ にうつす移動を考えます．

はじめに，点 P が円 $x^2+y^2=1$ の上にあるとします．このとき，点 P の座標 x,y は次のようにおくことができます(図 4 左)．

(1) $x=\cos\alpha,\qquad y=\sin\alpha.$

図 4

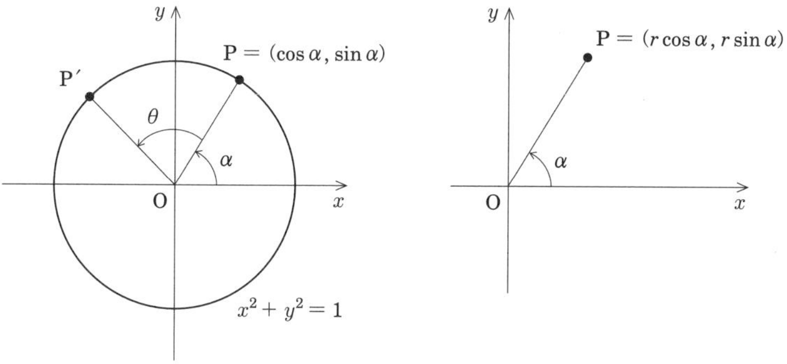

そうすると，点 P′ の座標 x',y' は次のようにおけます：

(2) $x'=\cos(\theta+\alpha),\qquad y'=\sin(\theta+\alpha).$

加法定理を使うと，

$$x'=(\cos\theta)\cos\alpha-(\sin\theta)\sin\alpha,\qquad y'=(\sin\theta)\cos\alpha+(\cos\theta)\sin\alpha.$$

(1)を使って α をけすと(α は補助なので消します)

$$\begin{cases} x'=(\cos\theta)x-(\sin\theta)y,\\ y'=(\sin\theta)x+(\cos\theta)y.\end{cases}$$

行列を用いて表わすと

(3) $\begin{bmatrix} x' \\ y' \end{bmatrix} = \begin{bmatrix} \cos\theta & -\sin\theta \\ \sin\theta & \cos\theta \end{bmatrix} \begin{bmatrix} x \\ y \end{bmatrix}.$

(3)式は，点Ｐが円 $x^2+y^2=1$ の上にあると仮定してみちびきましたが，そうでなくても成り立ちます．それをたしかめると：

平面上の一般の点Ｐの座標 x, y は次のようにおくことができます(図４右).

(1′)　$x = r\cos\alpha, \quad y = r\sin\alpha.$　ただし，r は $\overrightarrow{\mathrm{OP}}$ の長さ．

そうすると，点P′の座標 x', y' は次のようにおけます：

(2′)　$x' = r\cos(\theta+\alpha), \quad y' = r\sin(\theta+\alpha).$

あとは上と同様の計算により(3)がえられます．

こうして，原点のまわりに角 θ だけ回転する移動は，行列 $\begin{bmatrix} \cos\theta & -\sin\theta \\ \sin\theta & \cos\theta \end{bmatrix}$ の定める１次変換であることがわかりました．以下，この行列を $R(\theta)$ とかくことにします：

$$R(\theta) = \begin{bmatrix} \cos\theta & -\sin\theta \\ \sin\theta & \cos\theta \end{bmatrix}.$$

この記号を使うと，(3)は次のようになります．

$$\begin{bmatrix} x' \\ y' \end{bmatrix} = R(\theta) \begin{bmatrix} x \\ y \end{bmatrix}.$$

問　$R(60°), R(90°)$ を具体的にかけ．そして，それぞれの回転移動による点 (a, b) の像点を求めよ．

図形を回転してみる

図形を回転移動すると，もとの図形と合同な図形がえられます．

例　双曲線 $xy = -\dfrac{1}{2}$ を，原点のまわりに45°回転してえられる双曲線の方程式を求めてみます．

ここでは，点 (x, y) の像点を (X, Y) とします．そうすると，点 (x, y) を45°回転したとき点 (X, Y) になることから，点 (X, Y) を$(-45°)$回転すると点 (x, y) になります．つまり，

$$\begin{bmatrix} X \\ Y \end{bmatrix} = R(45^\circ)\begin{bmatrix} x \\ y \end{bmatrix} \Longleftrightarrow \begin{bmatrix} x \\ y \end{bmatrix} = R(-45^\circ)\begin{bmatrix} X \\ Y \end{bmatrix}.$$

よって

$$\begin{bmatrix} x \\ y \end{bmatrix} = \begin{bmatrix} \cos(-45^\circ) & -\sin(-45^\circ) \\ \sin(-45^\circ) & \cos(-45^\circ) \end{bmatrix}\begin{bmatrix} X \\ Y \end{bmatrix} = \begin{bmatrix} \frac{1}{\sqrt{2}} & \frac{1}{\sqrt{2}} \\ -\frac{1}{\sqrt{2}} & \frac{1}{\sqrt{2}} \end{bmatrix}\begin{bmatrix} X \\ Y \end{bmatrix}.$$

これより

$$x = \frac{1}{\sqrt{2}}X + \frac{1}{\sqrt{2}}Y, \qquad y = -\frac{1}{\sqrt{2}}X + \frac{1}{\sqrt{2}}Y.$$

$xy = -\frac{1}{2}$ に代入すると，

$$\left(\frac{1}{\sqrt{2}}X + \frac{1}{\sqrt{2}}Y\right)\left(-\frac{1}{\sqrt{2}}X + \frac{1}{\sqrt{2}}Y\right) = -\frac{1}{2}.$$

展開して整理すると，$-\frac{1}{2}X^2 + \frac{1}{2}Y^2 = -\frac{1}{2}$．よって $X^2 - Y^2 = 1$.

答：$x^2 - y^2 = 1$.

§9 ◆ 行列の特性値と固有ベクトル

行列の「特性値」および「固有ベクトル」は，各行列の「個性」を表わしていて，とても有用です．

行列の特性値

定義 9.1 行列 $A = \begin{bmatrix} a & b \\ c & d \end{bmatrix}$ に対して，次の 2 次方程式の解のことを，A の**特性値**という．

(9.1)　$t^2 - (a+d)t + (ad - bc) = 0.$

この方程式はどこからきたのか．それは定理 9.1 のところでわかります．上の式は，次の 2 点に着目するとおぼえやすいと思われます．

(1)　$a + d$ は，A の対角線成分の和(対角和)である．

(2)　定数項は，行列式$\begin{vmatrix} a & b \\ c & d \end{vmatrix}$に等しい．

例　(1)　$A=\begin{bmatrix} 3 & 1 \\ 1 & 3 \end{bmatrix}$とします．このときの対角和は，$3+3=6$．行列式は$\begin{vmatrix} 3 & 1 \\ 1 & 3 \end{vmatrix}=9-1=8$．よって，特性値を求めるための方程式は，$t^2-6t+8=0$．因数分解すると，$(t-2)(t-4)=0$．よって，$A$の特性値は，2と4です．

(2)　$B=\begin{bmatrix} 0 & -1 \\ 1 & 0 \end{bmatrix}$とします．$B$は90°回転を表わす行列$R(90°)$です．このとき対角和は，$0+0=0$．行列式は$\begin{vmatrix} 0 & -1 \\ 1 & 0 \end{vmatrix}=1$．よって，特性値を求めるための方程式は，$t^2+1=0$．よって，$B$の特性値は$i$と$-i$です(ただし$i=\sqrt{-1}$)．

行列の固有ベクトル

定義 9.2　行列$A=\begin{bmatrix} a & b \\ c & d \end{bmatrix}$に対して，次の(1)と(2)をみたすベクトル$\boldsymbol{u}$のことを，$A$の**固有ベクトル**という．

(1)　$\boldsymbol{u}\neq\boldsymbol{0}$,

(2)　$A\boldsymbol{u}$は$\boldsymbol{u}$の実数倍である(0倍でもよい)．

例　$A=\begin{bmatrix} 3 & 1 \\ 1 & 3 \end{bmatrix}$のとき，$\boldsymbol{u}=\begin{bmatrix} -1 \\ 1 \end{bmatrix}$とおくと，

$$A\boldsymbol{u}=\begin{bmatrix} 3 & 1 \\ 1 & 3 \end{bmatrix}\begin{bmatrix} -1 \\ 1 \end{bmatrix}=\begin{bmatrix} -2 \\ 2 \end{bmatrix}=2\begin{bmatrix} -1 \\ 1 \end{bmatrix}=2\boldsymbol{u}.$$

よって，$\boldsymbol{u}=\begin{bmatrix} -1 \\ 1 \end{bmatrix}$は$A$の固有ベクトルです．

◆ **定理 9.1** ◆

$\boldsymbol{u}=\begin{bmatrix} x \\ y \end{bmatrix}$が，行列 $A=\begin{bmatrix} a & b \\ c & d \end{bmatrix}$の固有ベクトルであるとする．そうすると，固有ベクトルの定義より，$A\boldsymbol{u}=\alpha\boldsymbol{u}$ をみたす**実数** α が定まる．このとき，α は A の特性値である．

証明　まず，$A\boldsymbol{u}=\alpha\boldsymbol{u}$ をかきかえる．

(1)　$$A\boldsymbol{u}=\alpha\boldsymbol{u} \Longleftrightarrow \begin{bmatrix} a & b \\ c & d \end{bmatrix}\begin{bmatrix} x \\ y \end{bmatrix}=\alpha\begin{bmatrix} x \\ y \end{bmatrix}$$

$$\Longleftrightarrow \begin{cases} ax+by=\alpha x \\ cx+dy=\alpha y \end{cases}$$

$$\Longleftrightarrow (a-\alpha)x+by=0,\quad cx+(d-\alpha)y=0.$$

そして，$\boldsymbol{u}\neq\boldsymbol{0}$ より，$(x,y)\neq(0,0)$．こうして，次の条件をみたす実数 x,y が存在することになる．

$$(x,y)\neq(0,0),\qquad (a-\alpha)x+by=0,\qquad cx+(d-\alpha)y=0.$$

よって，定理 5.2 より，$\begin{vmatrix} a-\alpha & b \\ c & d-\alpha \end{vmatrix}=0$．この行列式を計算すると，

(2)　$$\begin{vmatrix} a-\alpha & b \\ c & d-\alpha \end{vmatrix}=0 \Longleftrightarrow (a-\alpha)(d-\alpha)-bc=0$$

$$\Longleftrightarrow \alpha^2-(a+d)\alpha+(ad-bc)=0$$

$$\Longleftrightarrow \alpha \text{ は } t^2-(a+d)t+(ad-bc)=0 \text{ の解である．}$$

よって，α は A の特性値である．　□

上の定理に対しては，「逆のような」ことが成り立ちます．

◆ **定理 9.2** ◆

$A=\begin{bmatrix} a & b \\ c & d \end{bmatrix}$の特性値 α が**実数**であるとする．このとき，A の固有ベクトル $\boldsymbol{u}$ で，$A\boldsymbol{u}=\alpha\boldsymbol{u}$ をみたすものが存在する．

証明　実数 α は A の特性値であるから，$t^2-(a+d)t+(ad-bc)=0$ の解

である．よって，定理 9.1 の証明のなかの(2)の部分の計算を逆にたどると，α は $\begin{vmatrix} a-\alpha & b \\ c & d-\alpha \end{vmatrix}=0$ をみたすことがわかる．よって，定理 5.2 より，次の条件をみたす**実数** x, y が存在する．

$$(x, y) \neq (0, 0), \qquad (a-\alpha)x+by=0, \qquad cx+(d-\alpha)y=0.$$

そこで，$\boldsymbol{u}=\begin{bmatrix} x \\ y \end{bmatrix}$ とおく．そうすると，$(x, y) \neq (0, 0)$ より $\boldsymbol{u} \neq \boldsymbol{0}$．そして，定理 9.1 の証明のなかの(1)の部分の計算を逆にたどると，$\boldsymbol{u}$ は $A\boldsymbol{u}=\alpha\boldsymbol{u}$ をみたすことがわかる．よって，$\boldsymbol{u}$ は A の固有ベクトルで，$A\boldsymbol{u}=\alpha\boldsymbol{u}$ をみたすものである．こうして“存在する”ことがいえました． □

§10 ◆ 対称行列の特性値と固有ベクトル

「対称行列」は，行列の応用において重要です．ここでは，対称行列を定義し，その特性値と固有ベクトルについて調べます．

転置

行列 $B=\begin{bmatrix} a & b \\ c & d \end{bmatrix}$ に対して，(1,2) 成分 b と (2,1) 成分 c を交換してえられる行列 $\begin{bmatrix} a & c \\ b & d \end{bmatrix}$ のことを B の**転置**といい，${}^tB$ という記号で表わします．「転置」というのは，「縦のものを横にした」とみなすことができるからだと思われます．

$$B=\left[\boxed{\begin{matrix} a \\ c \end{matrix}}\ \boxed{\begin{matrix} b \\ d \end{matrix}}\right] \rightsquigarrow {}^tB=\begin{bmatrix} \boxed{a \quad c} \\ \boxed{b \quad d} \end{bmatrix}. \qquad (\text{縦} \to \text{横})$$

転置と内積

転置と内積の関係を示す次の定理は大切です．

◆ **定理 10.1** ◆

任意の行列 B と任意のベクトル $\boldsymbol{u}, \boldsymbol{v}$ について，次の式が成り立つ．

$$(B\boldsymbol{u}, \boldsymbol{v}) = (\boldsymbol{u}, {}^t\!B\boldsymbol{v}).$$

証明 $B = \begin{bmatrix} a & b \\ c & d \end{bmatrix}$, $\boldsymbol{u} = \begin{bmatrix} x \\ y \end{bmatrix}$, $\boldsymbol{v} = \begin{bmatrix} z \\ w \end{bmatrix}$ とおいて両辺を計算する．

$$B\boldsymbol{u} = \begin{bmatrix} a & b \\ c & d \end{bmatrix}\begin{bmatrix} x \\ y \end{bmatrix} = \begin{bmatrix} ax+by \\ ca+dy \end{bmatrix}.$$

よって

(1)　$(B\boldsymbol{u}, \boldsymbol{v}) = (ax+by)z + (cx+dy)w.$

他方，${}^t\!B = \begin{bmatrix} a & c \\ b & d \end{bmatrix}$ だから

$${}^t\!B\boldsymbol{v} = \begin{bmatrix} a & c \\ b & d \end{bmatrix}\begin{bmatrix} z \\ w \end{bmatrix} = \begin{bmatrix} az+cw \\ bz+dw \end{bmatrix}.$$

よって

(2)　$(\boldsymbol{u}, {}^t\!B\boldsymbol{v}) = x(az+cw) + y(bz+dw).$

(1)と(2)の右辺は，よくみると同じである．よって $(B\boldsymbol{u}, \boldsymbol{v}) = (\boldsymbol{u}, {}^t\!B\boldsymbol{v})$．　□

対称行列

「転置してもかわらない」行列のことを「対称」行列といいます．つまり ${}^t\!A = A$ をみたす A のことを**対称行列**といいます．したがって，対称行列 A は次のようにおけます：

$$A = \begin{bmatrix} a & b \\ b & c \end{bmatrix}. \qquad \text{(対称行列の一般形)}$$

対称行列と内積

◆ 定理 10.2 ◆

A が対称行列であるとき，つまり ${}^tA = A$ をみたすとき，任意のベクトル $\boldsymbol{u}$ と $\boldsymbol{v}$ について次の式が成り立つ．

$$(A\boldsymbol{u}, \boldsymbol{v}) = (\boldsymbol{u}, A\boldsymbol{v}).$$

証明　定理 10.1 と ${}^tA = A$ より

$$(A\boldsymbol{u}, \boldsymbol{v}) = (\boldsymbol{u}, {}^tA\boldsymbol{v}) = (\boldsymbol{u}, A\boldsymbol{v}).$$

□

対称行列の特性値

一般の行列の場合，その特性値が虚数になることは普通におこります(26 ページ例(2))．しかし「対称行列の特性値が虚数になることはけっしてない」というのが次の定理です．

◆ 定理 10.3 ◆

対称行列 $A = \begin{bmatrix} a & b \\ b & c \end{bmatrix}$ の特性値は，必ず実数である．さらに，$b \neq 0$ の場合には，相異なる 2 つの(実数の)特性値をもつ．

証明　$A = \begin{bmatrix} a & b \\ b & c \end{bmatrix}$ の特性値は次の 2 次方程式の解である．

(∗)　$t^2 - (a+c)t + (ac - b^2) = 0.$

この方程式の判別式を D とおくと

$$D = (a+c)^2 - 4(ac - b^2) = a^2 - 2ac + c^2 + 4b^2 = (a-c)^2 + 4b^2 \geqq 0.$$

よって(∗)は虚数解をもたない．つまり，対称行列 A の特性値は実数である．

さらに，$b \neq 0$ ならば，$4b^2 > 0$．よって $D > 0$．よって，(∗)は相異なる 2 実解をもつ．

□

対称行列の固有ベクトルの直交性

対称行列の固有ベクトルは特別な性質をもっています．

◆ **定理 10.4** ◆

$A=\begin{bmatrix} a & b \\ b & c \end{bmatrix}$, $b \neq 0$ とする．このとき定理 10.3 より，対称行列 A の特性値は 2 つあって，どちらも実数である．これらを α, β とする．そうすると，定理 9.2 より，A の固有ベクトル $\boldsymbol{u}$ と $\boldsymbol{v}$ で，

$$A\boldsymbol{u}=\alpha\boldsymbol{u}, \qquad A\boldsymbol{v}=\beta\boldsymbol{v}$$

をみたすものがある．このとき，$\boldsymbol{u}$ と $\boldsymbol{v}$ は垂直である：$\boldsymbol{u} \perp \boldsymbol{v}$.

証明　$(\boldsymbol{u}, \boldsymbol{v})=0$ を示せばよい．

定理 10.2 より

$$(A\boldsymbol{u}, \boldsymbol{v})=(\boldsymbol{u}, A\boldsymbol{v}).$$

$A\boldsymbol{u}=\alpha\boldsymbol{u}$ と $A\boldsymbol{v}=\beta\boldsymbol{v}$ を使って両辺を計算すると，

$$(A\boldsymbol{u}, \boldsymbol{v})=(\alpha\boldsymbol{u}, \boldsymbol{v})=\alpha(\boldsymbol{u}, \boldsymbol{v}), \qquad (\boldsymbol{u}, A\boldsymbol{v})=(\boldsymbol{u}, \beta\boldsymbol{v})=\beta(\boldsymbol{u}, \boldsymbol{v}).$$

よって，$\alpha(\boldsymbol{u}, \boldsymbol{v})=\beta(\boldsymbol{u}, \boldsymbol{v})$．$\alpha \neq \beta$ だから，$(\boldsymbol{u}, \boldsymbol{v})=0$.　□

§11 ◆ 対称行列と 2 次式

対称行列 $A=\begin{bmatrix} a & b \\ b & c \end{bmatrix}$ と任意のベクトル $\boldsymbol{u}=\begin{bmatrix} x \\ y \end{bmatrix}$ に対して，$\boldsymbol{u}$ と $A\boldsymbol{u}$ の内積を計算してみます．

$$A\boldsymbol{u}=\begin{bmatrix} a & b \\ b & c \end{bmatrix}\begin{bmatrix} x \\ y \end{bmatrix}=\begin{bmatrix} ax+by \\ bx+cy \end{bmatrix}.$$

よって，

$$(\boldsymbol{u}, A\boldsymbol{u})=x(ax+by)+y(bx+cy)=ax^2+2bxy+cy^2.$$

定理の形にかいておくと，

◆ **定理 11.1** ◆

定数 a, b, c に対して，変数 x, y に関する次の恒等式が成り立つ．

$$ax^2+2bxy+cy^2=\left(\begin{bmatrix} x \\ y \end{bmatrix}, A\begin{bmatrix} x \\ y \end{bmatrix}\right).$$

ただし，$A=\begin{bmatrix} a & b \\ b & c \end{bmatrix}$．（対称行列）

レンマ

このあと「大定理」を証明します．そのためのレンマ（補助的な定理のこと）を２つ用意します．

◆ **定理 11.2** ◆

θ 回転を表わす行列 $R(\theta)=\begin{bmatrix} \cos\theta & -\sin\theta \\ \sin\theta & \cos\theta \end{bmatrix}$ について次が成り立つ．

(1) ${}^tR(\theta)R(\theta)=E$（単位行列）．

(2) 任意のベクトル $\boldsymbol{u}$ と $\boldsymbol{v}$ に対して，次の式が成り立つ．

$$(R(\theta)\boldsymbol{u}, R(\theta)\boldsymbol{v})=(\boldsymbol{u}, \boldsymbol{v}).$$

証明 (1) 計算するだけです．

$$\begin{aligned} {}^tR(\theta)R(\theta) &= \begin{bmatrix} \cos\theta & \sin\theta \\ -\sin\theta & \cos\theta \end{bmatrix}\begin{bmatrix} \cos\theta & -\sin\theta \\ \sin\theta & \cos\theta \end{bmatrix} \\ &= \begin{bmatrix} \cos^2\theta+\sin^2\theta & \cos\theta(-\sin\theta)+\sin\theta\cos\theta \\ (-\sin\theta)\cos\theta+\cos\theta\sin\theta & (-\sin\theta)^2+\cos^2\theta \end{bmatrix} \\ &= \begin{bmatrix} 1 & 0 \\ 0 & 1 \end{bmatrix}. \end{aligned}$$

(2) 定理 10.1, (1)，$E\boldsymbol{v}=\boldsymbol{v}$ より，

$$(R(\theta)\boldsymbol{u}, R(\theta)\boldsymbol{v})=(\boldsymbol{u}, {}^tR(\theta)R(\theta)\boldsymbol{v})=(\boldsymbol{u}, E\boldsymbol{v})=(\boldsymbol{u}, \boldsymbol{v}).$$ □

◆ **定理 11.3** ◆

一般の行列 $A=\begin{bmatrix} a & b \\ c & d \end{bmatrix}$ について,

$$A\begin{bmatrix} x \\ y \end{bmatrix}=\begin{bmatrix} p \\ r \end{bmatrix},\ A\begin{bmatrix} u \\ v \end{bmatrix}=\begin{bmatrix} q \\ s \end{bmatrix} \Longrightarrow A\begin{bmatrix} x & u \\ y & v \end{bmatrix}=\begin{bmatrix} p & q \\ r & s \end{bmatrix}.$$

証明

$$\begin{bmatrix} a & b \\ c & d \end{bmatrix}\begin{bmatrix} x \\ y \end{bmatrix}=\begin{bmatrix} ax+by \\ cx+dy \end{bmatrix} \quad \text{より} \quad \begin{cases} p=ax+by, \\ r=cx+dy. \end{cases}$$

$$\begin{bmatrix} a & b \\ c & d \end{bmatrix}\begin{bmatrix} u \\ v \end{bmatrix}=\begin{bmatrix} au+bv \\ cu+dv \end{bmatrix} \quad \text{より} \quad \begin{cases} q=au+bv, \\ s=cu+dv. \end{cases}$$

よって

$$\begin{bmatrix} a & b \\ c & d \end{bmatrix}\begin{bmatrix} x & u \\ y & v \end{bmatrix}=\begin{bmatrix} ax+by & au+bv \\ cx+dy & cu+dv \end{bmatrix}=\begin{bmatrix} p & q \\ r & s \end{bmatrix}.$$ □

対称行列と２次式の標準形への変換

次の定理は「大定理」です.

◆ **定理 11.4** ◆

$A=\begin{bmatrix} a & b \\ b & c \end{bmatrix}$, $b \neq 0$ とする. 定理 10.3 より, 対称行列 A の特性値は 2 つあって, どちらも実数である. そこで, これらを α, β とする. このとき, 次のことが成り立つ.

（ア） 次の式をみたす行列 $R(\theta)=\begin{bmatrix} \cos\theta & -\sin\theta \\ \sin\theta & \cos\theta \end{bmatrix}$ が存在する.

$$AR(\theta)=R(\theta)\begin{bmatrix} \alpha & 0 \\ 0 & \beta \end{bmatrix}.$$

（イ） （ア）の $R(\theta)$ を用いて次のようにおく.

$$\begin{bmatrix} x \\ y \end{bmatrix}=R(\theta)\begin{bmatrix} X \\ Y \end{bmatrix}.$$

そうすると，次の式が成り立つ.

$$ax^2+2bxy+cy^2=\alpha X^2+\beta Y^2.$$

証明　(ア)　定理9.2より，A の固有ベクトル $\boldsymbol{u}$ と $\boldsymbol{v}$ で

$$A\boldsymbol{u}=\alpha\boldsymbol{u}, \qquad A\boldsymbol{v}=\beta\boldsymbol{v}$$

をみたすものがある．しかも，定理10.4より，次が成り立つ.

(1)　$\boldsymbol{u}\perp\boldsymbol{v}$.

そこで

$$\boldsymbol{e}=\frac{\boldsymbol{u}}{\|\boldsymbol{u}\|}$$

とおく．そうすると，

(2)　$\|\boldsymbol{e}\|=1, \qquad \boldsymbol{e}/\!/\boldsymbol{u}.$　　(図5左)

また，次が成り立つ.

(3)　$A\boldsymbol{e}=\alpha\boldsymbol{e}.$

なぜならば：$A\boldsymbol{u}=\alpha\boldsymbol{u}$ を使うと，

$$A\boldsymbol{e}=A\left(\frac{\boldsymbol{u}}{\|\boldsymbol{u}\|}\right)=\frac{1}{\|\boldsymbol{u}\|}(A\boldsymbol{u})=\frac{1}{\|\boldsymbol{u}\|}(\alpha\boldsymbol{u})=\alpha\frac{\boldsymbol{u}}{\|\boldsymbol{u}\|}=\alpha\boldsymbol{e}.$$

そして，(1)と(2)より

(4)　$\boldsymbol{e}\perp\boldsymbol{v}.$　　(図5左)

さて，$\|\boldsymbol{e}\|=1$ より，次のようにおける(図5中).

$$\boldsymbol{e}=\begin{bmatrix}\cos\theta\\ \sin\theta\end{bmatrix}.$$

そこで次のようにおく：

$$\boldsymbol{f}=\begin{bmatrix}-\sin\theta\\ \cos\theta\end{bmatrix}, \qquad R(\theta)=\begin{bmatrix}\cos\theta & -\sin\theta\\ \sin\theta & \cos\theta\end{bmatrix}.$$

そうすると，$(\boldsymbol{e},\boldsymbol{f})=0$ だから $\boldsymbol{e}\perp\boldsymbol{f}$．$\boldsymbol{e}\perp\boldsymbol{f}$ と $\boldsymbol{e}\perp\boldsymbol{v}$ より，$\boldsymbol{f}/\!/\boldsymbol{v}$ (図5右).
よって，$\boldsymbol{f}=k\boldsymbol{v}$ とおける.

図 5

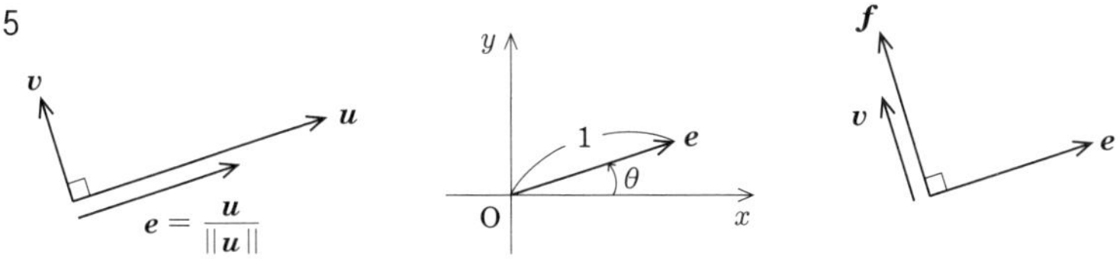

$\boldsymbol{f} = k\boldsymbol{v}$ と $A\boldsymbol{v} = \beta\boldsymbol{v}$ を使うと，次がわかる．

(5)　$A\boldsymbol{f} = \beta\boldsymbol{f}$.

なぜならば：

$$A\boldsymbol{f} = A(k\boldsymbol{v}) = kA\boldsymbol{v} = k(\beta\boldsymbol{v}) = \beta(k\boldsymbol{v}) = \beta\boldsymbol{f}.$$

そこで，(3)と $A\boldsymbol{f} = \beta\boldsymbol{f}$ を $\cos\theta, \sin\theta$ を使ってかきかえると，

$$A\begin{bmatrix} \cos\theta \\ \sin\theta \end{bmatrix} = \alpha\begin{bmatrix} \cos\theta \\ \sin\theta \end{bmatrix} = \begin{bmatrix} \alpha\cos\theta \\ \alpha\sin\theta \end{bmatrix},$$

$$A\begin{bmatrix} -\sin\theta \\ \cos\theta \end{bmatrix} = \beta\begin{bmatrix} -\sin\theta \\ \cos\theta \end{bmatrix} = \begin{bmatrix} -\beta\sin\theta \\ \beta\cos\theta \end{bmatrix}.$$

よって，定理 11.3 を使うと，

$$A\begin{bmatrix} \cos\theta & -\sin\theta \\ \sin\theta & \cos\theta \end{bmatrix} = \begin{bmatrix} \alpha\cos\theta & -\beta\sin\theta \\ \alpha\sin\theta & \beta\cos\theta \end{bmatrix}$$

$$= \begin{bmatrix} \cos\theta & -\sin\theta \\ \sin\theta & \cos\theta \end{bmatrix}\begin{bmatrix} \alpha & 0 \\ 0 & \beta \end{bmatrix}.$$

$R(\theta)$ を使ってかくと，

$$AR(\theta) = R(\theta)\begin{bmatrix} \alpha & 0 \\ 0 & \beta \end{bmatrix}.$$

（イ）　定理 11.1 より，$ax^2+2bxy+cy^2 = \left(\begin{bmatrix} x \\ y \end{bmatrix}, A\begin{bmatrix} x \\ y \end{bmatrix}\right)$．これに $\begin{bmatrix} x \\ y \end{bmatrix} = R(\theta)\begin{bmatrix} X \\ Y \end{bmatrix}$ を代入して計算する：

$$ax^2+2bxy+cy^2 = \left(\begin{bmatrix} x \\ y \end{bmatrix}, A\begin{bmatrix} x \\ y \end{bmatrix}\right)$$

$$= \left(R(\theta)\begin{bmatrix} X \\ Y \end{bmatrix}, AR(\theta)\begin{bmatrix} X \\ Y \end{bmatrix}\right)$$

$$
\begin{aligned}
&= \left(R(\theta)\begin{bmatrix} X \\ Y \end{bmatrix}, R(\theta)\begin{bmatrix} \alpha & 0 \\ 0 & \beta \end{bmatrix}\begin{bmatrix} X \\ Y \end{bmatrix}\right) && \text{((ア)より)} \\
&= \left(\begin{bmatrix} X \\ Y \end{bmatrix}, \begin{bmatrix} \alpha & 0 \\ 0 & \beta \end{bmatrix}\begin{bmatrix} X \\ Y \end{bmatrix}\right) && \text{(定理 11.2(2)より)} \\
&= \left(\begin{bmatrix} X \\ Y \end{bmatrix}, \begin{bmatrix} \alpha X \\ \beta Y \end{bmatrix}\right) \\
&= X(\alpha X) + Y(\beta Y) \\
&= \alpha X^2 + \beta Y^2. && \square
\end{aligned}
$$

§8の例と同様に考えると，定理 11.4 の計算は次のような図形的意味をもっていることがわかります．

d を定数として，次の方程式で表わされる図形を考える：

$$ax^2 + 2bxy + cy^2 = d.$$

このとき，この図形を原点のまわりに $(-\theta)$ だけ回転してえられる図形は，次の方程式で表わされる．

$$\alpha x^2 + \beta y^2 = d.$$

第2章 数ベクトルと行列

§1 ◆ 数ベクトル

いくつかの数を縦に並べて，$\begin{bmatrix} \; \end{bmatrix}$で囲んだものを**列ベクトル**といい，おのおのの数を**成分**とよびます．正式にいうと次のとおりです．

定義 1.1　m 個の数 $a_1, \cdots, a_m$ を次のように並べたものを m **項列ベクトル**（または**縦ベクトル**）といい，アルファベットの小文字の太字を使って表わす：

$$\boldsymbol{a} = \begin{bmatrix} a_1 \\ a_2 \\ \vdots \\ a_m \end{bmatrix}.$$

上から i 番目の数 a_i を $\boldsymbol{a}$ の**第 i 成分**とよぶ．

この本では，列ベクトルの第 i 成分を，$(\ \ )_i$ という記号で表わすことにします：

$$(\boldsymbol{a})_i = (\boldsymbol{a}\text{ の第 }i\text{ 成分}) = a_i$$

例　$\boldsymbol{a} = \begin{bmatrix} 1 \\ -1 \\ 0 \\ 2 \end{bmatrix}$ は 4 項列ベクトルであり，第 3 成分は 0 です：$(\boldsymbol{a})_3 = 0$.

定義 1.2　2 つの m 項列ベクトル

$$\boldsymbol{u} = \begin{bmatrix} u_1 \\ u_2 \\ \vdots \\ u_m \end{bmatrix}, \quad \boldsymbol{v} = \begin{bmatrix} v_1 \\ v_2 \\ \vdots \\ v_m \end{bmatrix}$$

について，$\boldsymbol{u} = \boldsymbol{v}$（$\boldsymbol{u}$ と $\boldsymbol{v}$ が**等しい**）とはすべての対応する成分が等しいときをいう：

$$\boldsymbol{u} = \boldsymbol{v} \Longleftrightarrow u_1 = v_1,\ u_2 = v_2,\ \cdots,\ u_m = v_m.$$

別のいい方をすると，

$$\boldsymbol{u} = \boldsymbol{v} \Longleftrightarrow \text{すべての } i \text{ について}\ (\boldsymbol{u} \text{ の第 } i \text{ 成分}) = (\boldsymbol{v} \text{ の第 } i \text{ 成分}).$$

略記法を使うと：

$$\boldsymbol{u} = \boldsymbol{v} \Longleftrightarrow \text{すべての } i \text{ について}\ (\boldsymbol{u})_i = (\boldsymbol{v})_i.$$

定義 1.3　2つの m 項列ベクトル $\boldsymbol{a}, \boldsymbol{b}$ から $\boldsymbol{a}+\boldsymbol{b}$ という記号で表わされる m 項列ベクトルを次のように定める：

$$\boldsymbol{a} = \begin{bmatrix} a_1 \\ a_2 \\ \vdots \\ a_m \end{bmatrix},\ \boldsymbol{b} = \begin{bmatrix} b_1 \\ b_2 \\ \vdots \\ b_m \end{bmatrix} \text{ に対して，} \boldsymbol{a}+\boldsymbol{b} = \begin{bmatrix} a_1+b_1 \\ a_2+b_2 \\ \vdots \\ a_m+b_m \end{bmatrix}.$$

（対応する成分ごとに加える）

$\boldsymbol{a}+\boldsymbol{b}$ を $\boldsymbol{a}, \boldsymbol{b}$ の**和**とよぶ．

略記法を使うと：

$$(\boldsymbol{a}+\boldsymbol{b})_i = a_i + b_i = (\boldsymbol{a})_i + (\boldsymbol{b})_i.$$

もっと一般に，k 個の列ベクトル $\boldsymbol{u}_1, \cdots, \boldsymbol{u}_k$ の和

$$\boldsymbol{u}_1 + \cdots + \boldsymbol{u}_k$$

も，成分ごとに加えることにより定める．

例　$\boldsymbol{a} = \begin{bmatrix} 1 \\ 2 \\ -1 \\ 0 \end{bmatrix},\ \boldsymbol{b} = \begin{bmatrix} 2 \\ 3 \\ 0 \\ 1 \end{bmatrix}$ のとき $\boldsymbol{a}+\boldsymbol{b} = \begin{bmatrix} 3 \\ 5 \\ -1 \\ 1 \end{bmatrix}.$

例　$\boldsymbol{u}_1=\begin{bmatrix}1\\2\end{bmatrix}$, $\boldsymbol{u}_2=\begin{bmatrix}-1\\1\end{bmatrix}$, $\boldsymbol{u}_3=\begin{bmatrix}0\\1\end{bmatrix}$のとき，$\boldsymbol{u}_1+\boldsymbol{u}_2+\boldsymbol{u}_3=\begin{bmatrix}0\\4\end{bmatrix}$.

定義 1.4　m 項列ベクトル $\boldsymbol{a}$ と数 c から，$c\boldsymbol{a}$ という記号で表わされる m 項列ベクトルを次のように定める：

$$\boldsymbol{a}=\begin{bmatrix}a_1\\a_2\\\vdots\\a_m\end{bmatrix}\text{ に対して，}c\boldsymbol{a}=\begin{bmatrix}ca_1\\ca_2\\\vdots\\ca_m\end{bmatrix}.\qquad\text{（すべての成分を } c \text{ 倍する）}$$

$c\boldsymbol{a}$ を $\boldsymbol{a}$ の c **倍**とよぶ．とくに $(-1)\boldsymbol{a}$ を $-\boldsymbol{a}$ とかく．

略記法を使うと：

$$(c\boldsymbol{a})_i=ca_i=c(\boldsymbol{a})_i,\qquad(-\boldsymbol{a})_i=-a_i=-(\boldsymbol{a})_i.$$

定義 1.5　成分がすべて 0 であるような m 項列ベクトルを**零（ゼロ）ベクトル**といい，$\mathbf{0}$ で表わす：

$$\mathbf{0}=\begin{bmatrix}0\\0\\\vdots\\0\end{bmatrix}.\quad((\mathbf{0})_i=0)$$

注意　零ベクトルは各 m ごとにあるから，「m 項零ベクトルといい，$\mathbf{0}_m$ で表わす」というのが正確ですが，面倒なので m を省きます．

このように定めると，たとえば，次の式が成り立ちます．

$$\boldsymbol{a}+\boldsymbol{b}=\boldsymbol{b}+\boldsymbol{a}.$$

証明　和の定義 1.3 より

$((\boldsymbol{a}+\boldsymbol{b})$ の第 i 成分$)=a_i+b_i$,　$((\boldsymbol{a}+\boldsymbol{b})_i=a_i+b_i)$

$((\boldsymbol{b}+\boldsymbol{a})$ の第 i 成分$)=b_i+a_i$,　$((\boldsymbol{b}+\boldsymbol{a})_i=b_i+a_i)$

ここで，a_i, b_i は数だから，$a_i+b_i=b_i+a_i$ である．よって

$((\boldsymbol{a}+\boldsymbol{b})$ の第 i 成分$)=((\boldsymbol{b}+\boldsymbol{a})$ の第 i 成分$)$.

$((\boldsymbol{a}+\boldsymbol{b})_i=(\boldsymbol{b}+\boldsymbol{a})_i)$

ベクトルが等しいことの定義1.2より，$\boldsymbol{a}+\boldsymbol{b}=\boldsymbol{b}+\boldsymbol{a}$. □

注意 上の証明は，

$$\boldsymbol{a}+\boldsymbol{b}=\begin{bmatrix} a_1+b_1 \\ a_2+b_2 \\ \vdots \\ a_m+b_m \end{bmatrix}=\begin{bmatrix} b_1+a_1 \\ b_2+a_2 \\ \vdots \\ b_m+a_m \end{bmatrix}=\boldsymbol{b}+\boldsymbol{a}$$

とやればよいのに，なぜまわりくどいやり方をするのか．その理由は，§3くらいまでいくとわかります．

ベクトルの和と c 倍に関する基本的な性質をまとめておきます．

◆ 定理 1.1 ◆

$\boldsymbol{a}, \boldsymbol{b}, \boldsymbol{c}$ を m 項列ベクトル，c, d を数とするとき，次のことが成り立つ．

(1) $(\boldsymbol{a}+\boldsymbol{b})+\boldsymbol{c}=\boldsymbol{a}+(\boldsymbol{b}+\boldsymbol{c})=\boldsymbol{a}+\boldsymbol{b}+\boldsymbol{c}$

(2) $\boldsymbol{a}+\boldsymbol{b}=\boldsymbol{b}+\boldsymbol{a}$

(3) $\boldsymbol{a}+\boldsymbol{0}=\boldsymbol{a}, \quad \boldsymbol{0}+\boldsymbol{a}=\boldsymbol{a}$

(4) $\boldsymbol{a}+(-\boldsymbol{a})=\boldsymbol{0}$

(5) $(cd)\boldsymbol{a}=c(d\boldsymbol{a})$

(6) $1\boldsymbol{a}=\boldsymbol{a}$

(7) $c(\boldsymbol{a}+\boldsymbol{b})=c\boldsymbol{a}+c\boldsymbol{b}$

(8) $(c+d)\boldsymbol{a}=c\boldsymbol{a}+d\boldsymbol{a}$

(9) $0\boldsymbol{a}=\boldsymbol{0}$

(10) $c\boldsymbol{0}=\boldsymbol{0}$

証明 (1)は明らか．(2)は，上で証明した．

(3) 和の定義と $\boldsymbol{0}$ の定義より，

$$(\boldsymbol{a}+\boldsymbol{0})_i=a_i+0=a_i=(\boldsymbol{a})_i.$$

よって，定義1.2より，$\boldsymbol{a}+\boldsymbol{0}=\boldsymbol{a}$. (2)より，$\boldsymbol{0}+\boldsymbol{a}=\boldsymbol{a}+\boldsymbol{0}$. $\boldsymbol{a}+\boldsymbol{0}=\boldsymbol{a}$ だから $\boldsymbol{0}+\boldsymbol{a}=\boldsymbol{a}$.

(4)　$-\boldsymbol{a}$ の定義より，$(-\boldsymbol{a})_i = -a_i$．よって，

$$(\boldsymbol{a}+(-\boldsymbol{a}))_i = a_i+(-a_i) = 0 = (\mathbf{0})_i.$$

よって，$\boldsymbol{a}+(-\boldsymbol{a}) = \mathbf{0}$.

(5)

$$((cd)\boldsymbol{a})_i = (cd)a_i = cda_i,$$

$$(c(d\boldsymbol{a}))_i = c(d\boldsymbol{a})_i = c(da_i) = cda_i$$

よって，

$$((cd)\boldsymbol{a})_i = (c(d\boldsymbol{a}))_i.$$

よって，$(cd)\boldsymbol{a} = c(d\boldsymbol{a})$.

(7)と(8)は練習問題とする．(6), (9), (10)は明らか．□

問 1　(7)と(8)の証明をかいてみよ．

m 項列ベクトルのうち，次のものは特別な役割をもっています．

定義 1.6　第 i 成分だけが 1 で，他の成分はすべて 0 であるような m 項列ベクトルを $\boldsymbol{e}_i$ で表わす．$\boldsymbol{e}_1, \boldsymbol{e}_2, \cdots, \boldsymbol{e}_m$ を（m 項）**基本**（列）**ベクトル**という．

例　$m = 4$ のときの基本ベクトルは，次の 4 つです．

$$\boldsymbol{e}_1 = \begin{bmatrix} 1 \\ 0 \\ 0 \\ 0 \end{bmatrix}, \quad \boldsymbol{e}_2 = \begin{bmatrix} 0 \\ 1 \\ 0 \\ 0 \end{bmatrix}, \quad \boldsymbol{e}_3 = \begin{bmatrix} 0 \\ 0 \\ 1 \\ 0 \end{bmatrix}, \quad \boldsymbol{e}_4 = \begin{bmatrix} 0 \\ 0 \\ 0 \\ 1 \end{bmatrix}.$$

注意　$\mathbf{0}$ と同様に，基本ベクトルは各 m ごとにあるから，たとえば「$\boldsymbol{e}_i^{(m)}$」とかくのが正確ですが，面倒なので m を省きます．

問 2　次の計算をせよ．

(1)　$x\begin{bmatrix} 1 \\ 2 \\ 3 \end{bmatrix} + y\begin{bmatrix} -1 \\ 3 \\ 5 \end{bmatrix}$　　(2)　$3\begin{bmatrix} 1 \\ 0 \\ 0 \end{bmatrix} + 5\begin{bmatrix} 0 \\ 1 \\ 0 \end{bmatrix} + (-2)\begin{bmatrix} 0 \\ 0 \\ 1 \end{bmatrix}$

注意 ベクトルの和と c 倍を組み合わせて，数 $c_1, c_2, \cdots, c_k$ と m 項列ベクトル $\boldsymbol{a}_1, \boldsymbol{a}_2, \cdots, \boldsymbol{a}_k$ から，m 項列ベクトル

$$c_1\boldsymbol{a}_1 + \cdots + c_k\boldsymbol{a}_k = \sum_{i=1}^{k} c_i\boldsymbol{a}_i$$

をつくることができます．この形をしたベクトルは，$\boldsymbol{a}_1, \cdots, \boldsymbol{a}_k$ の **1 次結合**とよばれ，あとで重要な役割を演じます．

定義 1.7 n 個の数 $a_1, a_2, \cdots, a_n$ を横に並べて [ ] で囲んだもの

$$[\, a_1 \quad a_2 \quad \cdots \quad a_n \,]$$

を n **項行ベクトル**(または**横ベクトル**)という．

列ベクトルのときと同様に，和，c 倍などが定義され，定理 1.1 と同様のことが成り立ちます．

§2 ◆ 行列

第 1 章で 2 次の行列について学びました．あらためて，一般の行列を定義します．

行列とは，$\begin{bmatrix} 1 & 4 & 2 \\ 0 & 1 & 3 \end{bmatrix}$，$\begin{bmatrix} 1 & 0 \\ -1 & 1 \end{bmatrix}$ のように，数を長方形に並べ，$\begin{bmatrix} & \end{bmatrix}$ で囲んだもののことです．そして，おのおのの数のことを行列の**成分**といいます．

定義 2.1 $m \times n$ 個の数 a_{ij} $(i = 1, \cdots, m\,;\, j = 1, \cdots, n)$ を次のように並べたものを，$m \times n$ **型**の**行列**，あるいは，$m \times n$ **行列**という．行列は，アルファベットの大文字で表わすことが多い．

$$A = \begin{bmatrix} a_{11} & a_{12} & \cdots & a_{1n} \\ a_{21} & a_{22} & \cdots & a_{2n} \\ \vdots & \vdots & \ddots & \vdots \\ a_{m1} & a_{m2} & \cdots & a_{mn} \end{bmatrix}$$

行列 A において，上から i 番目の横の並び

$$[\, a_{i1} \quad a_{i2} \quad \cdots \quad a_{in} \,]$$

を，A の**第 i 行**という．また，左から j 番目の縦の並び

$$\begin{bmatrix} a_{1j} \\ a_{2j} \\ \vdots \\ a_{mj} \end{bmatrix}$$

を，A の**第 j 列**という．そして，第 i 行と第 j 列の交点にある数 a_{ij} を，A の (i,j) **成分**という．

$$\begin{array}{r} \text{第 1 行}\cdots \\ \text{第 2 行}\cdots \end{array}\begin{bmatrix} 1 & 4 & 2 \\ 0 & 1 & 3 \end{bmatrix} \leftarrow (2,3)\ \text{成分}$$

（各列の下に：第 1 列，第 2 列，第 3 列）

この本では，行列の (i,j) 成分を $(\ \ )_{(i,j)}$ という記号で略記することにします：

$$(A)_{(i,j)} = (A\ \text{の}\ (i,j)\ \text{成分}) = a_{ij}. \qquad (A_{(i,j)}\ \text{ともかく})$$

例 $A = \begin{bmatrix} 1 & 0 & -1 & 0 \\ 0 & 1 & 2 & 0 \\ 0 & 0 & 0 & 1 \end{bmatrix}$ とすると，A は 3×4 型の行列です．第 2 行は $[0\ \ 1\ \ 2\ \ 0]$，第 3 列は $\begin{bmatrix} -1 \\ 2 \\ 0 \end{bmatrix}$．そして，$A$ の $(2,3)$ 成分は 2 です：$(A)_{(2,3)} = 2$.

注意 $m\times 1$ 行列は，§1 で定義した m 項列ベクトルです．また，$1\times n$ 行列は，n 項行ベクトルです．

定義 2.2 2 つの行列の行の個数と列の個数がそれぞれ一致するとき，それらは**同じ型**であるという．

定義 2.3 2 つの行列 A, B が同じ型で，しかも，対応する成分がそれぞれ同じであるとき，A と B は**等しい**といい，$A = B$ とかく．いいかえると，

$$A = B \Longleftrightarrow \begin{cases} A \text{ と } B \text{ は同じ型であって，どの } i, j \text{ についても} \\ \qquad (A)_{(i,j)} = (B)_{(i,j)} \\ \text{が成り立つ.} \end{cases}$$

注意 「どの i, j についても」と「すべての i, j について」は同じ意味です.

略記法 行列を表わすのに,

$$A = [\, a_{ij} \,]$$

とかくことがあります. これは,

「A は (i, j) 成分が a_{ij} の行列である」

とか

「A の (i, j) 成分は a_{ij} である」

とよみます：$(A)_{(i,j)} = a_{ij}$. したがって, たとえば, $B = [\, b_{kl} \,]$ は,「B の (k, l) 成分 $= b_{kl}$」ということを言っています.

定義 2.4 $m \times n$ 行列 $A = [\, a_{ij} \,]$ の第 j 列を m 項列ベクトルと考えて $\boldsymbol{a}_j$ とかき, 行列 A を $\boldsymbol{a}_1, \cdots, \boldsymbol{a}_n$ を使って, 次のように表わす：

$$A = [\, \boldsymbol{a}_1 \quad \cdots \quad \boldsymbol{a}_j \quad \cdots \quad \boldsymbol{a}_n \,],$$

$$\boldsymbol{a}_1 = \begin{bmatrix} a_{11} \\ a_{21} \\ \vdots \\ a_{m1} \end{bmatrix}, \quad \cdots, \quad \boldsymbol{a}_j = \begin{bmatrix} a_{1j} \\ a_{2j} \\ \vdots \\ a_{mj} \end{bmatrix}, \quad \cdots, \quad \boldsymbol{a}_n = \begin{bmatrix} a_{1n} \\ a_{2n} \\ \vdots \\ a_{mn} \end{bmatrix}.$$

これを A の**列ベクトル表示**という.

例 $A = \begin{bmatrix} 1 & 2 \\ 3 & 0 \\ 1 & 1 \end{bmatrix}$ の列ベクトル表示は次のようになります.

$$A = [\, \boldsymbol{a}_1 \quad \boldsymbol{a}_2 \,], \qquad \boldsymbol{a}_1 = \begin{bmatrix} 1 \\ 3 \\ 1 \end{bmatrix}, \qquad \boldsymbol{a}_2 = \begin{bmatrix} 2 \\ 0 \\ 1 \end{bmatrix}.$$

一般に次の式が成り立ちます.

$$(A)_{(i,j)} = (\boldsymbol{a}_j)_i.$$

列ベクトル表示と同様に,「行ベクトル表示」も定義されます. 上の例の A でいうと, 行ベクトル表示は, 次のようになります.

$$A = \begin{bmatrix} \boldsymbol{b}_1 \\ \boldsymbol{b}_2 \\ \boldsymbol{b}_3 \end{bmatrix}, \quad \begin{array}{l} \boldsymbol{b}_1 = [1 \quad 2] \\ \boldsymbol{b}_2 = [3 \quad 0] \\ \boldsymbol{b}_3 = [1 \quad 2] \end{array}$$

定義 2.5 行と列の個数が同じであるような行列を**正方行列**という. $n \times n$ 行列を n **次正方行列**とよぶ.

定義 2.6 n 次正方行列

$$A = \begin{bmatrix} a_{11} & a_{12} & \cdots & a_{1n} \\ a_{21} & a_{22} & \cdots & a_{2n} \\ \vdots & \vdots & \ddots & \vdots \\ a_{n1} & a_{n2} & \cdots & a_{nn} \end{bmatrix}$$

の対角線上の成分 $a_{11}, a_{22}, \cdots, a_{nn}$ を A の**対角成分**という. そして, 対角成分以外の成分がすべて 0 であるような正方行列を**対角行列**という.

例 次の行列は対角行列です.

$$\begin{bmatrix} 1 & 0 & 0 \\ 0 & 2 & 0 \\ 0 & 0 & 3 \end{bmatrix}, \quad \begin{bmatrix} 0 & 0 & 0 \\ 0 & 0 & 0 \\ 0 & 0 & 0 \end{bmatrix}.$$

定義 2.7 n 次正方行列で, 対角(線上の)成分がすべて 1, それ以外はすべて 0 であるような行列を n **次単位行列**といい, E_n で表わす.

例 $E_2 = \begin{bmatrix} 1 & 0 \\ 0 & 1 \end{bmatrix}, \ E_3 = \begin{bmatrix} 1 & 0 & 0 \\ 0 & 1 & 0 \\ 0 & 0 & 1 \end{bmatrix}, \ \cdots.$

注意 n 次単位行列 E_n の列ベクトル表示は, 次のようになります：

$$E_n = [\,\boldsymbol{e}_1 \quad \boldsymbol{e}_2 \quad \cdots \quad \boldsymbol{e}_n\,]$$

ただし，$\boldsymbol{e}_1, \boldsymbol{e}_2, \cdots, \boldsymbol{e}_n$ は n 項基本ベクトル．たとえば，

$$E_2 = [\,\boldsymbol{e}_1 \quad \boldsymbol{e}_2\,], \qquad \boldsymbol{e}_1 = \begin{bmatrix} 1 \\ 0 \end{bmatrix}, \qquad \boldsymbol{e}_2 = \begin{bmatrix} 0 \\ 1 \end{bmatrix}.$$

§3 ◆ 行列の乗法

行列の積を (行ベクトル)×(列ベクトル)，(行列)×(列ベクトル)，(行列)×(行列) の順に，一般化して導入します．

定義 3.1　n 項行ベクトルと n 項列ベクトルの積を

$$[\,a_1 \quad a_2 \quad \cdots \quad a_n\,]\begin{bmatrix} b_1 \\ b_2 \\ \vdots \\ b_n \end{bmatrix} = a_1b_1 + a_2b_2 + \cdots + a_nb_n$$

で定める．

例　$[\,1 \quad 2 \quad 3\,]\begin{bmatrix} 4 \\ 5 \\ 6 \end{bmatrix} = 1\cdot 4 + 2\cdot 5 + 3\cdot 6 = 32.$

定義 3.2　$A = \begin{bmatrix} a_{11} & \cdots & a_{1n} \\ \vdots & & \vdots \\ a_{m1} & \cdots & a_{mn} \end{bmatrix}$，$\boldsymbol{x} = \begin{bmatrix} x_1 \\ \vdots \\ x_n \end{bmatrix}$ を $m \times n$ 行列，n 項列ベクトルとする．このとき，積 $A\boldsymbol{x}$ とは，第 i 成分が A の第 i 行と $\boldsymbol{x}$ の積

$$[\,a_{i1} \quad a_{i2} \quad \cdots \quad a_{in}\,]\begin{bmatrix} x_1 \\ x_2 \\ \vdots \\ x_n \end{bmatrix} = a_{i1}x_1 + a_{i2}x_2 + \cdots a_{in}x_n$$

であるような m 項列ベクトルのことと定める：

$$
i)\begin{bmatrix} a_{11} & a_{12} & \cdots & a_{1n} \\ \vdots & \vdots & \ddots & \vdots \\ a_{i1} & a_{i2} & \cdots & a_{in} \\ \vdots & \vdots & \ddots & \vdots \\ a_{m1} & a_{m2} & \cdots & a_{mn} \end{bmatrix}\begin{bmatrix} x_1 \\ x_2 \\ \vdots \\ x_n \end{bmatrix} = \begin{bmatrix} a_{11}x_1 + a_{12}x_2 + \cdots + a_{1n}x_n \\ \vdots \\ a_{i1}x_1 + a_{i2}x_2 + \cdots + a_{in}x_n \\ \vdots \\ a_{m1}x_1 + a_{m2}x_2 + \cdots + a_{mn}x_n \end{bmatrix}
$$

例 $\begin{bmatrix} 1 & 2 \\ 3 & 0 \\ 2 & 1 \end{bmatrix}\begin{bmatrix} 2 \\ 3 \end{bmatrix} = \begin{bmatrix} 1\cdot 2+2\cdot 3 \\ 3\cdot 2+0\cdot 3 \\ 2\cdot 2+1\cdot 3 \end{bmatrix} = \begin{bmatrix} 8 \\ 6 \\ 7 \end{bmatrix},\ \begin{bmatrix} 1 & 2 \\ 3 & 0 \\ 2 & 1 \end{bmatrix}\begin{bmatrix} 0 \\ 0 \end{bmatrix} = \begin{bmatrix} 0 \\ 0 \\ 0 \end{bmatrix}.$

一般に $A\mathbf{0} = \mathbf{0}$ が成り立つことは明らかでしょう.

問1 次の A と $\boldsymbol{x}$ について，$A\boldsymbol{x}$ を求めよ.

(1) $A = \begin{bmatrix} 1 & 0 & 1 \\ 2 & 1 & 0 \end{bmatrix},\ \boldsymbol{x} = \begin{bmatrix} 2 \\ 1 \\ 0 \end{bmatrix}$

(2) $A = \begin{bmatrix} a_{11} & a_{12} \\ a_{21} & a_{22} \\ a_{31} & a_{32} \end{bmatrix},\ \boldsymbol{x} = \begin{bmatrix} x_1 \\ x_2 \end{bmatrix}$

(3) $A = \begin{bmatrix} a_{11} & a_{12} & a_{13} \\ a_{21} & a_{22} & a_{23} \end{bmatrix},\ \boldsymbol{x} = \begin{bmatrix} x_1 \\ x_2 \\ x_3 \end{bmatrix}$

例 $\begin{bmatrix} 1 & 0 \\ 0 & 1 \end{bmatrix}\begin{bmatrix} x_1 \\ x_2 \end{bmatrix} = \begin{bmatrix} x_1 \\ x_2 \end{bmatrix},\ \begin{bmatrix} 1 & 0 & 0 \\ 0 & 1 & 0 \\ 0 & 0 & 1 \end{bmatrix}\begin{bmatrix} x_1 \\ x_2 \\ x_3 \end{bmatrix} = \begin{bmatrix} x_1 \\ x_2 \\ x_3 \end{bmatrix}.$

一般に次のことが成り立ちます.

◆ 定理 3.1 ◆

E_n が n 次単位行列のとき，任意の n 項列ベクトル $\boldsymbol{x}$ に対して

$$E_n\boldsymbol{x} = \boldsymbol{x}$$

が成り立つ.

証明　これはさすがに明らかでしょう．　□

§1と§2において，次のような略記法を導入しました：

(1)　列ベクトル $\boldsymbol{a}$ の第 i 成分を $(\boldsymbol{a})_i$ で表わす．

(2)　行列 A の (i,j) 成分を $(A)_{(i,j)}$ で表わす．

この略記法を使って定義3.2をかきなおしてみます．まず，(1)を使うと，

$$(A\boldsymbol{x})_i = [\, a_{i1} \quad a_{i2} \quad \cdots \quad a_{in} \,]\begin{bmatrix} x_1 \\ x_2 \\ \vdots \\ x_n \end{bmatrix} = a_{i1}x_1 + a_{i2}x_2 + \cdots + a_{in}x_n.$$

$\sum$記号を使うと，

$$a_{i1}x_1 + a_{i2}x_2 + \cdots + a_{in}x_n = \sum_{j=1}^{n} a_{ij}x_j$$

なので，上の式は次のようにかけます．

$$(A\boldsymbol{x})_i = \sum_{j=1}^{n} a_{ij}x_j.$$

さらに，(2)と(1)より，

$$A = [\, a_{ij} \,] \quad \text{なら} \quad (A)_{(i,j)} = a_{ij}, \qquad \boldsymbol{x} = \begin{bmatrix} x_1 \\ \vdots \\ x_n \end{bmatrix} \quad \text{なら} \quad (\boldsymbol{x})_j = x_j.$$

したがって，次のようにもかけます．

$$(A\boldsymbol{x})_i = \sum_{j=1}^{n} a_{ij}(\boldsymbol{x})_j \quad \text{あるいは} \quad (A\boldsymbol{x})_i = \sum_{j=1}^{n} (A)_{(i,j)}(\boldsymbol{x})_j.$$

注意　$\sum$記号を使った式において，$\sum_{k=1}^{n} \alpha_k$ の文字 k は，他の文字でもかまいません．

このことを強調したいとき，$\sum_{\square=1}^{n} \alpha_\square$ とかいたりします．たとえば，

$$(A\boldsymbol{x})_i = \sum_{\square=1}^{n} a_{i\square}(\boldsymbol{x})_\square.$$

次の定理は大切です．

◆ **定理 3.2** ◆

A を $m\times n$ 行列，$\boldsymbol{u}, \boldsymbol{v}$ を n 項列ベクトル，c を数とする．このとき，次の(1)，(2)が成り立つ．

(1)　$A(\boldsymbol{u}+\boldsymbol{v})=A\boldsymbol{u}+A\boldsymbol{v}$

(2)　$A(c\boldsymbol{u})=c(A\boldsymbol{u})$

証明　$A=[\,a_{ij}\,]$，$\boldsymbol{u}=\begin{bmatrix} u_1 \\ \vdots \\ u_n \end{bmatrix}$，$\boldsymbol{v}=\begin{bmatrix} v_1 \\ \vdots \\ v_n \end{bmatrix}$ とする．

(1)
$$\begin{aligned}(A(\boldsymbol{u}+\boldsymbol{v}))_i &= \sum_{j=1}^{n} a_{ij}(\boldsymbol{u}+\boldsymbol{v})_j = \sum_{j=1}^{n} a_{ij}(u_j+v_j) \\ &= \sum_{j=1}^{n} a_{ij}u_j + \sum_{j=1}^{n} a_{ij}v_j = (A\boldsymbol{u})_i+(A\boldsymbol{v})_i \\ &= (A\boldsymbol{u}+A\boldsymbol{v})_i.\end{aligned}$$

ゆえに，定義 1.2 より

$$A(\boldsymbol{u}+\boldsymbol{v})=A\boldsymbol{u}+A\boldsymbol{v}.$$

(2)は練習問題とします．□

さて，行列 A, B の積を定義しましょう．ただし，積 AB は，

(A の列の個数) = (B の行の個数)

のときだけ定義されます．

定義 3.3　$m\times n$ 行列 $A=[\,a_{ij}\,]$，$n\times p$ 行列 $B=[\,b_{ij}\,]$ の積 AB とは，A の第 i 行と B の第 j 列の積

$$[\,a_{i1}\quad a_{i2}\quad \cdots\quad a_{in}\,]\begin{bmatrix} b_{1j} \\ b_{2j} \\ \vdots \\ b_{nj} \end{bmatrix} = a_{i1}b_{1j}+a_{i2}b_{2j}+\cdots+a_{in}b_{nj} = \sum_{k=1}^{n} a_{ik}b_{kj}$$

を (i, j) 成分とする $m\times p$ 行列のことと定める：

$$(*)\quad (AB)_{(i,j)} = \sum_{k=1}^{n} a_{ik}b_{kj}. \qquad (i=1,\cdots,m\,;\,j=i,\cdots,p)$$

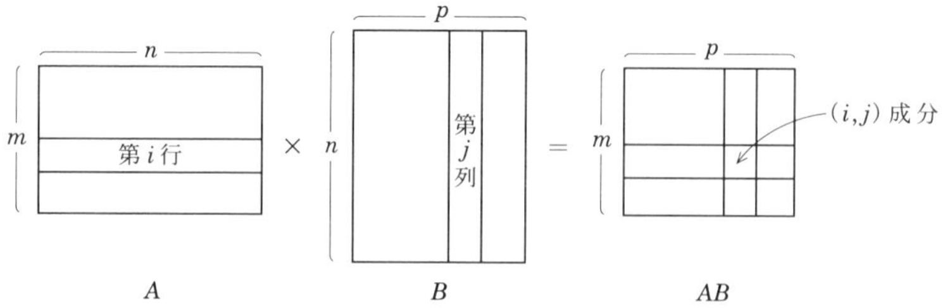

注意　(∗)は次のようにも表わせます：

$$(AB)_{(i,j)} = \sum_{\square=1}^{n} a_{i\square} b_{\square j}.$$

あるいは，

$$(AB)_{(i,j)} = \sum_{\square=1}^{n} A_{(i,\square)} B_{(\square,j)}.$$

例　$A = \begin{bmatrix} 1 & 2 & 3 \\ 0 & 1 & 1 \\ 1 & 1 & 1 \end{bmatrix}$，$B = \begin{bmatrix} 2 & 1 \\ 1 & 2 \\ 0 & 1 \end{bmatrix}$ のとき，積 AB の $(1,2)$ 成分は

$$(AB)_{(1,2)} = \begin{bmatrix} 1 & 2 & 3 \end{bmatrix} \begin{bmatrix} 1 \\ 2 \\ 1 \end{bmatrix} = 1\cdot 1 + 2\cdot 2 + 3\cdot 1 = 8.$$

$$AB = \begin{bmatrix} 1 & 2 & 3 \\ 0 & 1 & 1 \\ 1 & 1 & 1 \end{bmatrix} \begin{bmatrix} 2 & 1 \\ 1 & 2 \\ 0 & 1 \end{bmatrix}$$

$$= \begin{bmatrix} 1\cdot 2+2\cdot 1+3\cdot 0 & 1\cdot 1+2\cdot 2+3\cdot 1 \\ 0\cdot 2+1\cdot 1+1\cdot 0 & 0\cdot 1+1\cdot 2+1\cdot 1 \\ 1\cdot 2+1\cdot 1+1\cdot 0 & 1\cdot 1+1\cdot 2+1\cdot 1 \end{bmatrix} = \begin{bmatrix} 4 & 8 \\ 1 & 3 \\ 3 & 4 \end{bmatrix}$$

このとき，BA は定義されません．

問 2　次の計算をせよ．

(1)　$\begin{bmatrix} 1 & 2 & 0 \\ 0 & 1 & 2 \end{bmatrix} \begin{bmatrix} 1 & 0 \\ 1 & 0 \\ 1 & 3 \end{bmatrix}$　　(2)　$\begin{bmatrix} a_{11} & a_{12} \\ a_{21} & a_{22} \\ a_{31} & a_{32} \end{bmatrix} \begin{bmatrix} 1 & 0 \\ 0 & 1 \end{bmatrix}$

(3) $\begin{bmatrix} a & 0 & 0 \\ 0 & b & 0 \\ 0 & 0 & c \end{bmatrix}\begin{bmatrix} p & 0 & 0 \\ 0 & q & 0 \\ 0 & 0 & r \end{bmatrix}$

例 $\begin{bmatrix} 1 & 0 \\ 0 & 1 \end{bmatrix}\begin{bmatrix} b_{11} & b_{12} & b_{13} \\ b_{21} & b_{22} & b_{23} \end{bmatrix} = \begin{bmatrix} b_{11} & b_{12} & b_{13} \\ b_{21} & b_{22} & b_{23} \end{bmatrix}$. よって，$B$ が 2×3 行列のとき，$E_2B = B$.

一般に，次の定理が成り立ちます.

◆ **定理 3.3** ◆

E_n を n 次単位行列，$A = [\, a_{ij} \,]$ を $m\times n$ 行列，$B = [\, b_{ij} \,]$ を $n\times p$ 行列とする．このとき，次が成り立つ.

(1) $AE_n = A$

(2) $E_nB = B$

証明 (2)を示してみよう.
定義 3.3 より

$$(E_nB)_{(i,\,j)} = [\,0 \ \cdots \ \overset{\overset{i}{\smile}}{1} \ \cdots \ 0\,]\begin{bmatrix} b_{1j} \\ \vdots \\ b_{ij} \\ \vdots \\ b_{nj} \end{bmatrix} = b_{ij} = (B)_{(i,\,j)}$$

定義 2.3 より，$E_nB = B$. □

問 3 $AE_n = A$ の証明をかいてみよ.

◆ **定理 3.4** ◆

$A = [\, a_{ij} \,]$, $B = [\, b_{ij} \,]$ を n 次正方行列とする．B の列ベクトル表示が

$$B = [\, \boldsymbol{b}_1 \ \ \boldsymbol{b}_2 \ \ \cdots \ \ \boldsymbol{b}_n \,]$$

ならば，$AB = [\, A\boldsymbol{b}_1 \ \ A\boldsymbol{b}_2 \ \ \cdots \ \ A\boldsymbol{b}_n \,]$ が成り立つ：

$$A[\, \boldsymbol{b}_1 \ \ \boldsymbol{b}_2 \ \ \cdots \ \ \boldsymbol{b}_n \,] = [\, A\boldsymbol{b}_1 \ \ A\boldsymbol{b}_2 \ \ \cdots \ \ A\boldsymbol{b}_n \,].$$

証明

$$[\,A\boldsymbol{b}_1 \quad \cdots \quad \overset{j}{\breve{A\boldsymbol{b}_j}} \quad \cdots \quad A\boldsymbol{b}_n\,]_{(i,j)} = (A\boldsymbol{b}_j)_i$$
$$= \sum_{k=1}^{n} a_{ik}(\boldsymbol{b}_j)_k$$
$$= \sum_{k=1}^{n} a_{ik}b_{kj}$$
$$= (AB)_{(i,j)}$$

定義2.3より，$[\,A\boldsymbol{b}_1 \quad \cdots \quad A\boldsymbol{b}_n\,] = AB.$ □

問4 定理3.4は次のように一般化される．

定理 $A = [\,a_{ij}\,]$が$m \times n$行列，$B = [\,b_{ij}\,]$が$n \times p$行列，$B = [\,\boldsymbol{b}_1 \quad \cdots \quad \boldsymbol{b}_p\,]$がBの列ベクトル表示ならば，

$$AB = [\,A\boldsymbol{b}_1 \quad \cdots \quad A\boldsymbol{b}_p\,]$$

である．

この定理を証明せよ(定理3.4の証明のどこをどうかえればよいか)．

◆ **定理 3.5** ◆

Aが$m \times n$行列で，$A = [\,\boldsymbol{a}_1 \quad \cdots \quad \boldsymbol{a}_n\,]$が$A$の列ベクトル表示であるとする．$\boldsymbol{e}_1, \cdots, \boldsymbol{e}_n$を$n$項基本ベクトルとすると，次が成り立つ．

$$A\boldsymbol{e}_1 = \boldsymbol{a}_1, \quad \cdots, \quad A\boldsymbol{e}_n = \boldsymbol{a}_n.$$

証明 $E_n = [\,\boldsymbol{e}_1 \quad \cdots \quad \boldsymbol{e}_n\,]$だから，問4より

$$AE_n = [\,A\boldsymbol{e}_1 \quad \cdots \quad A\boldsymbol{e}_n\,].$$

$AE_n = A$ (定理 3.3) だから，$A = [\,A\boldsymbol{e}_1 \quad \cdots \quad A\boldsymbol{e}_n\,]$．$A = [\,\boldsymbol{a}_1 \quad \cdots \quad \boldsymbol{a}_n\,]$だから，$A\boldsymbol{e}_1 = \boldsymbol{a}_1, \ \cdots, \ A\boldsymbol{e}_n = \boldsymbol{a}_n.$ □

問5 $A = [\,\boldsymbol{a}_1 \quad \boldsymbol{a}_2 \quad \boldsymbol{a}_3\,]$が3次正方行列$A$の列ベクトル表示であるとする．このとき，対角行列

$$D = \begin{bmatrix} d_1 & 0 & 0 \\ 0 & d_2 & 0 \\ 0 & 0 & d_3 \end{bmatrix}$$
に対して，$AD = [\, d_1\boldsymbol{a}_1 \quad d_2\boldsymbol{a}_2 \quad d_3\boldsymbol{a}_3 \,]$ が成り立つことを示せ．

定義 3.6 A を n 次正方行列，E_n を n 次単位行列とするとき，
$$AX = XA = E_n$$
をみたす n 次正方行列 X が存在するならば，A は**正則**であるといい，X を A の**逆行列**という．

正則行列については，あとでくわしく考えます(第 3 章 § 10)．

定義 3.7 $m \times n$ 行列 $A = [\, a_{ij} \,]$ に対して，$n \times m$ 行列 ${}^t\!A$ を次の規則によって定める：
$$({}^t\!A)_{(i,\, j)} = (A)_{(j,\, i)}. \quad (({}^t\!A)_{(i,\, j)} = a_{ji})$$
${}^t\!A$ のことを，A の**転置**とよぶ．

例 $A = \begin{bmatrix} 1 & 2 & 3 \\ 4 & 5 & 6 \end{bmatrix}$, $B = \begin{bmatrix} 1 & 2 \\ 3 & 0 \end{bmatrix}$ のとき，${}^t\!A = \begin{bmatrix} 1 & 4 \\ 2 & 5 \\ 3 & 6 \end{bmatrix}$, ${}^t\!B = \begin{bmatrix} 1 & 3 \\ 2 & 0 \end{bmatrix}$.

A が正方行列のときには，すべての成分を対角線に関して対称移動すると，${}^t\!A$ がえられます．

問 6 行列の転置に関して，以下のことを示せ．

(1) ${}^t({}^t\!A) = A$

(2) ${}^t(AB) = {}^t\!B\,{}^t\!A$

§ 4 ◆ 結合法則

行列の積に関して次の問題を考えてみましょう．

◆ 問題 ◆

3つの行列の積

$$X=\begin{bmatrix}1 & 2\\ 1 & 1\end{bmatrix}\begin{bmatrix}1 & 1\\ 0 & 1\end{bmatrix}\begin{bmatrix}1 & 1\\ 1 & 0\end{bmatrix}$$

を計算せよ．

あなたなら，どう計算しますか？

ある人は次のようにやるでしょう．

$$(1)\quad X=\left(\begin{bmatrix}1 & 2\\ 1 & 1\end{bmatrix}\begin{bmatrix}1 & 1\\ 0 & 1\end{bmatrix}\right)\begin{bmatrix}1 & 1\\ 1 & 0\end{bmatrix}=\begin{bmatrix}1 & 3\\ 1 & 2\end{bmatrix}\begin{bmatrix}1 & 1\\ 1 & 0\end{bmatrix}=\begin{bmatrix}4 & 1\\ 3 & 1\end{bmatrix}.$$

別の人は，

$$(2)\quad X=\begin{bmatrix}1 & 2\\ 1 & 1\end{bmatrix}\left(\begin{bmatrix}1 & 1\\ 0 & 1\end{bmatrix}\begin{bmatrix}1 & 1\\ 1 & 0\end{bmatrix}\right)=\begin{bmatrix}1 & 2\\ 1 & 1\end{bmatrix}\begin{bmatrix}2 & 1\\ 1 & 0\end{bmatrix}=\begin{bmatrix}4 & 1\\ 3 & 1\end{bmatrix}.$$

また別の人は，次のようにやろうとするかも知れません．

$$(3)\quad X=\left(\begin{bmatrix}1 & 2\\ 1 & 1\end{bmatrix}\begin{bmatrix}1 & 1\\ 0 & 1\end{bmatrix}\right)\begin{bmatrix}1 & 1\\ 1 & 0\end{bmatrix}=\left(\begin{bmatrix}1 & 1\\ 0 & 1\end{bmatrix}\begin{bmatrix}1 & 2\\ 1 & 1\end{bmatrix}\right)\begin{bmatrix}1 & 1\\ 1 & 0\end{bmatrix}$$

$$=\begin{bmatrix}2 & 3\\ 1 & 1\end{bmatrix}\begin{bmatrix}1 & 1\\ 1 & 0\end{bmatrix}=\begin{bmatrix}5 & 2\\ 2 & 1\end{bmatrix}.$$

(1)と(2)は同じ結果ですが，(3)はちがっています．どれが正しい計算でしょうか．

まず，(3)は，やってはいけないことをしています．つまり，(3)では

$$\begin{bmatrix}1 & 2\\ 1 & 1\end{bmatrix}\begin{bmatrix}1 & 1\\ 0 & 1\end{bmatrix}=\begin{bmatrix}1 & 1\\ 0 & 1\end{bmatrix}\begin{bmatrix}1 & 2\\ 1 & 1\end{bmatrix}$$

として計算していますが，これは誤りです．実際，

$$\begin{bmatrix}1 & 2\\ 1 & 1\end{bmatrix}\begin{bmatrix}1 & 1\\ 0 & 1\end{bmatrix}=\begin{bmatrix}1 & 3\\ 1 & 2\end{bmatrix},\qquad \begin{bmatrix}1 & 1\\ 0 & 1\end{bmatrix}\begin{bmatrix}1 & 2\\ 1 & 1\end{bmatrix}=\begin{bmatrix}2 & 3\\ 1 & 1\end{bmatrix}$$

だから，等しくありません．こうして，(3)はまちがっていることがはっきりしました．では，(1)と(2)はどちらが正しいのか？　じつは，次にのべる結合法則によると，どんな A, B, C についても，積 ABC を計算するのに $(AB)C$ とやっても，$A(BC)$ としても同じ行列になる：

$$(AB)C=A(BC)$$

ということで，(1)と(2)はどちらも正しい計算です．

あらためて，行列の積に関する結合法則をのべましょう．

◆ 定理 4.1 ◆

A が $m \times n$ 行列，B が $n \times p$ 行列，C が $p \times q$ 行列のとき，次式が成り立つ．

$$(AB)C = A(BC).$$

次の定理は，定理 4.1 の特別な場合と考えられますが，重要なのであらためてかいておきます．定理 4.1 と 4.2 は第 3 章の§10 で使われます．

◆ 定理 4.2 ◆

A, B を n 次正方行列，$\boldsymbol{x}$ を n 項列ベクトルとするとき，次式が成り立つ．

$$(AB)\boldsymbol{x} = A(B\boldsymbol{x}).$$

§5 ◆ 定理4.1の証明

定理 4.1 の証明については，$\sum$ 計算を使います．

$\sum$ 計算についてのトレーニング

次の問題を考えます：

◆ 問題 ◆

$m \times n$ 個の数 a_{ij} $(i = 1, \cdots, m\,;\, j = 1, \cdots, n)$ の総和 S を求めよ．

たとえば，$m = n = 3$ として，a_{ij} が次のようであるとします：

$$
\begin{array}{|c|c|c|}\hline \alpha_{11} & \alpha_{12} & \alpha_{13} \\ \hline \alpha_{21} & \alpha_{22} & \alpha_{23} \\ \hline \alpha_{31} & \alpha_{32} & \alpha_{33} \\ \hline \end{array}
=
\begin{array}{|c|c|c|}\hline 10 & 1 & 2 \\ \hline 9 & 3 & 4 \\ \hline 5 & 6 & 10 \\ \hline \end{array}
$$

この場合については，

$$S=10+(1+9)+(2+3+5)+(4+6)+10=50$$

とやるのが良いかもしれません．しかし，一般の場合には同様の表に α_{ij} をかき込んだうえで，次にのべる２つのやり方のどちらかで計算するのが普通でしょう．

$$
m\left\{
\overbrace{
\begin{array}{|c|c|c|c|}\hline \alpha_{11} & \alpha_{12} & \cdots & \alpha_{1n} \\ \hline \alpha_{21} & \alpha_{22} & \cdots & \alpha_{2n} \\ \hline \vdots & \vdots & & \vdots \\ \hline \alpha_{m1} & \alpha_{m2} & \cdots & \alpha_{mn} \\ \hline \end{array}
}^{n}
\right.
\begin{array}{l} \to S_1 \\ \to S_2 \\ \quad \vdots \\ \to S_m \end{array}
$$

$$
\begin{array}{cccc} \downarrow & \downarrow & & \downarrow \\ S_1' & S_2' & \cdots & S_n' \end{array}
$$

第１のやり方：

$$
\begin{cases} S_1=\alpha_{11}+\alpha_{12}+\cdots+\alpha_{1n} \\ S_2=\alpha_{21}+\alpha_{22}+\cdots+\alpha_{2n} \\ \quad\vdots \\ S_m=\alpha_{m1}+\alpha_{m2}+\cdots+\alpha_{mn} \end{cases}
$$

をまず計算し，次に，

$$S=S_1+S_2+\cdots+S_m$$

として，S を求めます．Σ 記号を使うと，

$$S_i=\sum_{j=1}^{n}\alpha_{ij}, \qquad S=\sum_{i=1}^{m}S_i$$

だから，

$$S=\sum_{i=1}^{m}\left(\sum_{j=1}^{n}\alpha_{ij}\right).$$

第２のやり方：

$$\begin{cases} S_1' = \alpha_{11} + \alpha_{21} + \cdots + \alpha_{m1} \\ S_2' = \alpha_{12} + \alpha_{22} + \cdots + \alpha_{m2} \\ \quad\vdots \\ S_n' = \alpha_{1n} + \alpha_{2n} + \cdots + \alpha_{mn} \\ S = S_1' + S_2' + \cdots + S_n' \end{cases}$$

として，S を求めます．$\sum$ 記号を使うと，

$$S = \sum_{j=1}^{n} \left(\sum_{i=1}^{m} \alpha_{ij} \right).$$

したがって，次の重要な関係式が得られました．

◆ 定理 5.1 ◆

$m \times n$ 個の数 α_{ij} $(i=1, \cdots, m\,;\, j=1, \cdots, n)$ の総和に関して，次の式が成り立つ．

$$\sum_{i=1}^{m} \left(\sum_{j=1}^{n} \alpha_{ij} \right) = \sum_{j=1}^{n} \left(\sum_{i=1}^{m} \alpha_{ij} \right).$$

この式は，i に関する $\sum$ と j に関する $\sum$ の順序を交換してよいことを保証してくれます．今後しばしば使われるので，十分納得しておいでください．

高校で学んだ次の性質は，自由に使っているので注意してください．

(1) $\displaystyle\sum_{k=1}^{n} (\alpha_k + \beta_k) = \sum_{k=1}^{n} \alpha_k + \sum_{k=1}^{n} \beta_k$

(2) M が k に無関係であるとき，次が成り立つ．

$$M \left(\sum_{k=1}^{n} \alpha_k \right) = \sum_{k=1}^{n} (M\alpha_k), \qquad \left(\sum_{k=1}^{n} \alpha_k \right) M = \sum_{k=1}^{n} \alpha_k M.$$

定理 4.1 の証明　一般の場合は練習問題にまわし，ここでは，A, B, C がすべて n 次正方行列であるとして証明する．

$A = [\, a_{ij} \,]$，$B = [\, b_{ij} \,]$，$C = [\, c_{ij} \,]$ とする．

一般に，X, Y が $n \times n$ 行列のとき，

$$(XY)_{(i,j)} = \sum_{\square=1}^{n} X_{(i,\square)} Y_{(\square,j)}.$$

だから，AB を X，C を Y に見立てると，

$$((AB)C)_{(i,j)} = \sum_{l=1}^{n} (AB)_{(i,l)} C_{(l,j)} \qquad (\squareは l にした)$$
$$= \sum_{l=1}^{n} \left(\sum_{k=1}^{n} A_{(i,k)} B_{(k,l)} \right) C_{(l,j)}$$
$$= \sum_{l=1}^{n} \left(\sum_{k=1}^{n} a_{ik} b_{kl} \right) c_{lj}$$
$$= \sum_{l=1}^{n} \left(\sum_{k=1}^{n} (a_{ik} b_{kl} c_{lj}) \right) \qquad \cdots ①$$

同様に，A を X，BC を Y に見立てると，

$$(A(BC))_{(i,j)} = \sum_{k=1}^{n} A_{(i,k)} (BC)_{(k,j)}$$
$$= \sum_{k=1}^{n} A_{(i,k)} \left(\sum_{l=1}^{n} B_{(k,l)} C_{(l,j)} \right)$$
$$= \sum_{k=1}^{n} a_{ik} \left(\sum_{l=1}^{n} b_{kl} c_{lj} \right)$$
$$= \sum_{k=1}^{n} \left(\sum_{l=1}^{n} (a_{ik} b_{kl} c_{lj}) \right) \qquad \cdots ②$$

定理5.1によって，k に関する $\sum$ と l に関する $\sum$ の順序を交換してよいので，①と②は等しい．つまり，

$$((AB)C)_{(i,j)} = (A(BC))_{(i,j)}$$

が成り立ち，定義2.3より $(AB)C = A(BC)$ が示された． □

注意　①,②式の中の $(a_{ik} b_{kl} c_{lj})$ の（　）は，普通省略しますが，強調するために明示しました．

さて，4個以上の行列の積について考えましょう．たとえば，行列 A, B, C, D について，積 $ABCD$ を計算するには，

①　$((AB)C)D$　　②　$(AB)(CD)$　　③　$(A(BC))D$

④　$A((BC)D)$　　⑤　$A(B(CD))$

の5通りのやり方がありますが，これらはすべて同じ行列になるのでしょうか．大丈夫，結合法則のおかげで同じになります．

②＝① **の証明**　結合法則 $X(YZ) = (XY)Z$ を使うと，

$$(\underbrace{AB}_{X})(\underbrace{C}_{Y}\underbrace{D}_{Z}) = ((AB)C)D.$$ □

成分を計算するとどうなるか，練習として「④＝①」をやってみましょう．

◆ 例題 5.1 ◆

$A=[\,a_{ij}\,]$，$B=[\,b_{ij}\,]$，$C=[\,c_{ij}\,]$，$D=[\,d_{ij}\,]$がすべてn次正方行列であるとして，$A((BC)D)$の(i,j)成分と，$((AB)C)D$の(i,j)成分を，行列の積の定義にもどって計算し，それらが一致することをたしかめよ．

解説

$$
\begin{aligned}
(A((BC)D))_{(i,j)} &= \sum_{s=1}^{n} A_{(i,s)}((BC)D)_{(s,j)} \\
&= \sum_{s=1}^{n} a_{is}\left(\sum_{k=1}^{n} (BC)_{(s,k)}D_{(k,j)}\right) \\
&= \sum_{s=1}^{n} a_{is}\left(\sum_{k=1}^{n}\left(\sum_{t=1}^{n} b_{st}c_{tk}\right)d_{kj}\right) \\
&= \sum_{s=1}^{n}\left(\sum_{k=1}^{n}\left(\sum_{t=1}^{n} a_{is}b_{st}c_{tk}d_{kj}\right)\right), \\
(((AB)C)D)_{(i,j)} &= \sum_{k=1}^{n} ((AB)C)_{(i,k)}D_{(k,j)} \\
&= \sum_{k=1}^{n}\left(\sum_{t=1}^{n}\left(\sum_{s=1}^{n} a_{is}b_{st}c_{tk}d_{kj}\right)\right).
\end{aligned}
$$

定理 5.1 を繰り返し使えば，$\sum$ の順序を変更できるので，

$$(A((BC)D))_{(i,j)} = (((AB)C)D)_{(i,j)}$$

がわかる．したがって，

$$A((BC)D) = ((AB)C)D$$

が示された．

注意　添字を s,t,k にしましたが，他の文字でかまいません．要は，

$$(A((BD)D))_{(i,j)} = \sum_{\square=1}^{n} A_{(i,\square)}((BC)D)_{(\square,j)}$$

において□の中に使う文字は，矛盾をおこさないように各自考えて設定しなさい，ということです．

問 1　定理 4.1 の一般の場合の証明をかけ．

(正方行列のときの証明の，どこをどうかえればよいかを考えよ.)

問 2　$A=[\,a_{ij}\,]$, $B=[\,b_{ij}\,]$, $C=[\,c_{ij}\,]$, $D=[\,d_{ij}\,]$ が n 次正方行列であるとして，$(AB)(CD)$ の (j,k) 成分と $A(B(CD))$ の (j,k) 成分を，行列の積の定義にもどって計算し，それらが一致することをたしかめよ.

問 3　定理 4.1 (A,B,C がすべて $n\times n$ 行列の場合) を，次の順に証明してみよ.

(1)　$A=[\,a_{ij}\,]$, $B=[\,b_{ij}\,]$, $\boldsymbol{x}=\begin{bmatrix} x_1 \\ \vdots \\ x_n \end{bmatrix}$ とおく. $(AB)\boldsymbol{x}$ の第 i 成分および $A(B\boldsymbol{x})$ の第 i 成分を，積の定義にもどって計算し，それらが一致することをたしかめることにより，定理 4.2 を証明せよ.

(2)　定理 3.4 と定理 4.2 を利用して，定理 4.1 を証明せよ.

第3章 連立1次方程式

未知数も方程式もたくさんあるような一般の連立1次方程式の解き方を説明します．それは「ガウス-ジョルダンの消去法」とよばれています．この解法の要点は，はじめの方程式を変形していって最後にえられる「答をかく直前の方程式」の形にあります．

§1 ◆ 連立1次方程式を行列で表わす

連立1次方程式は行列を使って表わすことができます．はじめに例で説明します．

x_1, x_2, x_3 を未知数とする次の連立1次方程式を考えます．

$$(1)\quad \begin{cases} x_1+3x_2-4x_3=2, \\ 2x_1 \qquad\ +5x_3=3. \end{cases}$$

ていねいにかくと

$$(2)\quad \begin{cases} 1\cdot x_1+3\cdot x_2+(-4)\cdot x_3=2, \\ 2\cdot x_1+0\cdot x_2+\quad 5\ \cdot x_3=3. \end{cases}$$

2つの式をベクトルの形にまとめると

$$(3)\quad \begin{bmatrix} 1\cdot x_1+3\cdot x_2+(-4)\cdot x_3 \\ 2\cdot x_1+0\cdot x_2+\quad 5\ \cdot x_3 \end{bmatrix}=\begin{bmatrix} 2 \\ 3 \end{bmatrix}.$$

これは，行列とベクトルの積の定義(第2章定義3.2)より，次のようにかけます．

$$(4)\quad \begin{bmatrix} 1 & 3 & -4 \\ 2 & 0 & 5 \end{bmatrix}\begin{bmatrix} x_1 \\ x_2 \\ x_3 \end{bmatrix}=\begin{bmatrix} 2 \\ 3 \end{bmatrix}.$$

さらに次のようにおきます：

$$A = \begin{bmatrix} 1 & 3 & -4 \\ 2 & 0 & 5 \end{bmatrix}, \qquad \boldsymbol{x} = \begin{bmatrix} x_1 \\ x_2 \\ x_3 \end{bmatrix}, \qquad \boldsymbol{b} = \begin{bmatrix} 2 \\ 3 \end{bmatrix}.$$

そうすると(4)は次の形に表わせます.

(5)　$A\boldsymbol{x} = \boldsymbol{b}$.

定義 1.1　$x_1, \cdots, x_n$ を未知数とし，m 個の方程式からなる連立 1 次方程式

$$\begin{cases} a_{11}x_1 + a_{12}x_2 + \cdots + a_{1n}x_n = b_1, \\ a_{21}x_1 + a_{22}x_2 + \cdots + a_{2n}x_n = b_2, \\ \qquad\qquad \vdots \\ a_{m1}x_1 + a_{m2}x_2 + \cdots + a_{mn}x_n = b_m \end{cases}$$

は，$\sum$ 記号を使うと，

$$\sum_{j=1}^{n} a_{ij}x_j = b_i \qquad (i = 1, \cdots, m)$$

と表わせ，行列を使うと，

$$\begin{bmatrix} a_{11} & a_{12} & \cdots & a_{1n} \\ a_{21} & a_{22} & \cdots & a_{2n} \\ \vdots & \vdots & \ddots & \vdots \\ a_{m1} & a_{m2} & \cdots & a_{mn} \end{bmatrix} \begin{bmatrix} x_1 \\ x_2 \\ \vdots \\ x_n \end{bmatrix} = \begin{bmatrix} b_1 \\ b_2 \\ \vdots \\ b_m \end{bmatrix}$$

と表わせる．さらに，

$$A = \begin{bmatrix} a_{11} & a_{12} & \cdots & a_{1n} \\ a_{21} & a_{22} & \cdots & a_{2n} \\ \vdots & \vdots & \ddots & \vdots \\ a_{m1} & a_{m2} & \cdots & a_{mn} \end{bmatrix}, \qquad \boldsymbol{x} = \begin{bmatrix} x_1 \\ x_2 \\ \vdots \\ x_n \end{bmatrix}, \qquad \boldsymbol{b} = \begin{bmatrix} b_1 \\ b_2 \\ \vdots \\ b_m \end{bmatrix}$$

とおくと，次のように表わせる．

$$A\boldsymbol{x} = \boldsymbol{b}.$$

この $m \times n$ 行列 A を連立 1 次方程式の**係数行列**という．そして，A に $\boldsymbol{b}$ を加えた $m \times (n+1)$ 行列

$$[A \mid \boldsymbol{b}] = \left[\begin{array}{cccc|c} a_{11} & a_{12} & \cdots & a_{1n} & b_1 \\ a_{21} & a_{22} & \cdots & a_{2n} & b_2 \\ \vdots & \vdots & \ddots & \vdots & \vdots \\ a_{m1} & a_{m2} & \cdots & a_{mn} & b_m \end{array}\right]$$

を，**拡大係数行列**という．（縦線は，かいたり，かかなかったりします．）

たとえば，方程式(1)の拡大係数行列は次のようになります．

(6) $\left[\begin{array}{ccc|c} 1 & 3 & -4 & 2 \\ 2 & 0 & 5 & 3 \end{array}\right]$ $\left(\begin{array}{c} \begin{array}{ccc} x_1 & x_2 & x_3 \end{array} \\ \left[\begin{array}{ccc|c} 1 & 3 & -4 & 2 \\ 2 & 0 & 5 & 3 \end{array}\right] \end{array}\right)$

この本では，未知数を上にのせてかくこともあります．

問 1 x_1, x_2, x_3 を未知数とする次の方程式の拡大係数行列を「未知数上のせ」の形で答えよ．また，(4)のような形に表わせ．

（ア） $\begin{cases} x_2-3x_3=2 \\ x_1+5x_2=3 \end{cases}$ （イ） $\begin{cases} x_2+x_3=1 \\ x_1+x_3=2 \\ x_1+x_2=3 \end{cases}$

ところで，(3)式の左辺は，次のように変形することができます．

(7) $\begin{bmatrix} 1\cdot x_1+3\cdot x_2+(-4)\cdot x_3 \\ 2\cdot x_1+0\cdot x_2+\quad 5\cdot x_3 \end{bmatrix}=x_1\begin{bmatrix} 1 \\ 2 \end{bmatrix}+x_2\begin{bmatrix} 3 \\ 0 \end{bmatrix}+x_3\begin{bmatrix} -4 \\ 5 \end{bmatrix}$

よって，方程式(1)は次のようなベクトルの関係式に変形できることになります．

(8) $x_1\begin{bmatrix} 1 \\ 2 \end{bmatrix}+x_2\begin{bmatrix} 3 \\ 0 \end{bmatrix}+x_3\begin{bmatrix} -4 \\ 5 \end{bmatrix}=\begin{bmatrix} 2 \\ 3 \end{bmatrix}$

この式も，拡大係数行列(6)とピッタリ対応しています．

問 2 問 1 の方程式を(8)のようなベクトルの関係式に変形せよ．

(8)のような表わし方も有用なので，定理としてかいておきます．

◆ 定理 1.1 ◆

$A=[\,a_{ij}\,]$ を $m\times n$ 行列，$A=[\,\boldsymbol{a}_1 \quad \cdots \quad \boldsymbol{a}_n\,]$ を列ベクトル表示とする．このとき，

$$A\boldsymbol{x}=\boldsymbol{b} \Longleftrightarrow x_1\boldsymbol{a}_1+\cdots+x_n\boldsymbol{a}_n=\boldsymbol{b}.$$

証明 $A=\begin{bmatrix} a_{11} & a_{12} & \cdots & a_{1n} \\ a_{21} & a_{22} & \cdots & a_{2n} \\ \vdots & \vdots & \ddots & \vdots \\ a_{m1} & a_{m2} & \cdots & a_{mn} \end{bmatrix}$ だから，$\begin{bmatrix} a_{11} \\ a_{21} \\ \vdots \\ a_{m1} \end{bmatrix}=\boldsymbol{a}_1$，$\begin{bmatrix} a_{12} \\ a_{22} \\ \vdots \\ a_{m2} \end{bmatrix}=\boldsymbol{a}_2$，$\cdots$，

$\begin{bmatrix} a_{1n} \\ a_{2n} \\ \vdots \\ a_{mn} \end{bmatrix}=\boldsymbol{a}_n$. よって，

$$A\boldsymbol{x}=\begin{bmatrix} a_{11}x_1+a_{12}x_2+\cdots+a_{1n}x_n \\ a_{21}x_1+a_{22}x_2+\cdots+a_{2n}x_n \\ \vdots \\ a_{m1}x_1+a_{m2}x_2+\cdots+a_{mn}x_n \end{bmatrix}$$

$$=x_1\begin{bmatrix} a_{11} \\ a_{21} \\ \vdots \\ a_{m1} \end{bmatrix}+x_2\begin{bmatrix} a_{12} \\ a_{22} \\ \vdots \\ a_{m2} \end{bmatrix}+\cdots+x_n\begin{bmatrix} a_{1n} \\ a_{2n} \\ \vdots \\ a_{mn} \end{bmatrix}$$

$$=x_1\boldsymbol{a}_1+x_2\boldsymbol{a}_2+\cdots+x_n\boldsymbol{a}_n.$$

よって

$$A\boldsymbol{x}=\boldsymbol{b} \Longleftrightarrow x_1\boldsymbol{a}_1+\cdots+x_n\boldsymbol{a}_n=\boldsymbol{b}.$$

□

§2 ◆ 連立 1 次方程式を解く (1)

「ガウス-ジョルダンの解法(以下では，「消去法」のかわりに「解法」とかきます)によって連立1次方程式を解く」というのは，どのような作業をおこなうことなのか．くわしいことは，次の節からあらためて説明します．ここでは，記号の約束と高校の復習をしてから，例題をいくつかやります．

(i) 座標空間内の点の位置ベクトルを成分で表わすときは，縦ベクトルを使います．つまり xyz 空間の点Pについて，

$$\mathrm{P}=(x, y, z) \quad \text{のとき} \quad \overrightarrow{\mathrm{OP}}=\begin{bmatrix} x \\ y \\ z \end{bmatrix}.$$

(ii) xyz 空間の定点 $\mathrm{P}_0=(x_0, y_0, z_0)$ と，$\vec{0}$ でない定ベクトル $\vec{u}$ に対して，

点 P_0 を通り $\vec{u}$ に平行な直線を L とします(図1). 直線 L 上の一般の点を $P=(x,y,z)$ とすると, $\overrightarrow{P_0P}=t\vec{u}$ とおけるので, この t を媒介変数(パラメーター)として, 直線 L は次のようなベクトル方程式で表わされます.

図1

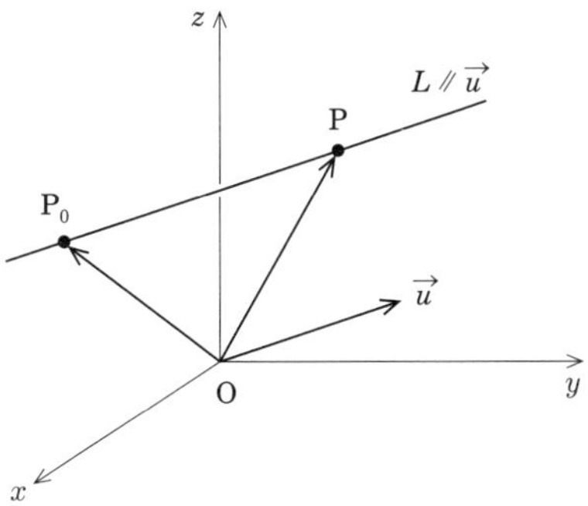

$$\overrightarrow{OP}=\overrightarrow{OP_0}+\overrightarrow{P_0P}=\overrightarrow{OP_0}+t\vec{u}.$$

これを成分でかくと次のようになります.

$$\begin{bmatrix} x \\ y \\ z \end{bmatrix}=\begin{bmatrix} x_0 \\ y_0 \\ z_0 \end{bmatrix}+t\vec{u}. \qquad \left(P_0=O \text{ のときは } \begin{bmatrix} x \\ y \\ z \end{bmatrix}=t\vec{u}\right)$$

(iii) ベクトル $\vec{a}$ と $\vec{b}$ の内積を $(\vec{a},\vec{b})$ という記号で表わします：

$$\vec{a}=\begin{bmatrix} a_1 \\ a_2 \\ a_3 \end{bmatrix},\ \vec{b}=\begin{bmatrix} b_1 \\ b_2 \\ b_3 \end{bmatrix} \text{ のとき } \quad (\vec{a},\vec{b})=a_1b_1+a_2b_2+a_3b_3.$$

例 1 x, y, z を未知数とする次の連立1次方程式を考えます.

$$(1) \quad \begin{cases} 4x \qquad +12z=0 \\ 2x+y+10z=0 \end{cases} \qquad \left(\begin{array}{l} \quad x \quad y \quad z \\ \left[\begin{array}{ccc|c} 4 & 0 & 12 & 0 \\ 2 & 1 & 10 & 0 \end{array}\right] \end{array}\right)$$

この方程式を「ガウス-ジョルダンの解法によって解く」というのは, 以下のような変形をおこなうことです.

第1段階 方程式(1)を, それと同値な(同じ解をもつ)もっと解きやすい連立方程式にかえていきます.

まず，(1)の第 1 式を，(第 1 式)$\times\frac{1}{4}$ におきかえます：

(2) $\begin{cases} x \quad\ + 3z = 0 \\ 2x + y + 10z = 0 \end{cases} \quad \left(\left[\begin{array}{ccc|c} 1 & 0 & 3 & 0 \\ 2 & 1 & 10 & 0 \end{array}\right]\right)$

方程式(1)と(2)の解は同じです．実際，(1)をみたす (x, y, z) は(2)をみたし，逆に，(2)をみたせば(1)をみたします．以下同様．

次に，(2)の第 2 式を，(第 2 式)−(第 1 式)×2 におきかえます：

(3) $\begin{cases} x \quad\ + 3z = 0 \\ \quad\ y + 4z = 0 \end{cases} \quad \left(\begin{array}{c} \ x \quad y \quad z \\ \left[\begin{array}{ccc|c} 1 & 0 & 3 & 0 \\ 0 & 1 & 4 & 0 \end{array}\right] \end{array}\right)$

中断　ここで，方程式の同値変形(1) ⇄ (2) ⇄ (3)に対応して拡大係数行列がどのように変形されているかを観察しておきます．

(4) $\left[\begin{array}{ccc|c} 4 & 0 & 12 & 0 \\ 2 & 1 & 10 & 0 \end{array}\right] \underset{\mathrm{a}'}{\overset{\mathrm{a}}{\rightleftarrows}} \left[\begin{array}{ccc|c} 1 & 0 & 3 & 0 \\ 2 & 1 & 10 & 0 \end{array}\right] \underset{\mathrm{b}'}{\overset{\mathrm{b}}{\rightleftarrows}} \left[\begin{array}{ccc|c} 1 & 0 & 3 & 0 \\ 0 & 1 & 4 & 0 \end{array}\right].$

a, b, a′, b′ は次のような変形です．

a：第 1 行を $\frac{1}{4}$ 倍する．b：第 1 行の 2 倍を第 2 行から引く．

a′：第 1 行を 4 倍する．b′：第 1 行の 2 倍を第 2 行に加える．

第 2 段階　答をかいていきます．

方程式(3)をみると，z に任意の値を与えると，それに応じて x, y の値が定まります．そこで，$z = t$ とおいて新しい変数 t を導入します．そうすると，(3)は $x + 3t = 0$，$y + 4t = 0$．移項すると $x = -3t$，$y = -4t$．よって

(5)　$x = -3t, \quad y = -4t, \quad z = t.$　　(t は任意の値をとる)

ベクトルの形にかくと

(6) $\begin{bmatrix} x \\ y \\ z \end{bmatrix} = \begin{bmatrix} -3t \\ -4t \\ t \end{bmatrix} = t \begin{bmatrix} -3 \\ -4 \\ 1 \end{bmatrix}.$　　(t は任意)

このようにしてえられた(5)あるいは(6)のことを「方程式(1)の解」といいます．

ここで，はじめの方程式(1)を(6)の形に変形した，その努力の結果として得られることを，2 つ説明します．

(ア)　(6)式は，xyz 空間の原点を通り $\vec{u} = \begin{bmatrix} -3 \\ -4 \\ 1 \end{bmatrix}$ に平行な直線のベクトル

方程式です(さっきの(ii)). ということで, (1)を(6)に変形することにより次のことがえられました.

連立方程式(1)は空間内の直線を表わしている.

(イ) 次の問題を考えます(これは高校のときにやったと思います).

問題 1 $\vec{a}=\begin{bmatrix}4\\0\\12\end{bmatrix}$, $\vec{b}=\begin{bmatrix}2\\1\\10\end{bmatrix}$ とする. このとき, $\vec{a}$ と $\vec{b}$ の両方に垂直であるようなベクトル $\vec{n}$ の一般形を求めよ.

この問題を解こうとすると方程式(1)があらわれます. 実際, $\vec{n}$ を求めるために, $\vec{n}=\begin{bmatrix}x\\y\\z\end{bmatrix}$ とおきます. そうすると, $\vec{a}$ と $\vec{n}$ の内積 $(\vec{a},\vec{n})=0$ より $4\cdot x+0\cdot y+12\cdot z=0$, つまり $4x+12z=0$. そして, $(\vec{b},\vec{n})=0$ より $2\cdot x+1\cdot y+10$ $10\cdot z=0$. たしかに(1)があらわれました. したがって, (6)より

$$\vec{n}=t\begin{bmatrix}-3\\-4\\1\end{bmatrix}. \qquad (t \text{ は任意})$$

こうして, (1)を(6)に変形することにより, 問題1が解けたことになります.

次の例のまえに, もうひとつ高校の復習をします.

xyz 空間の原点 O と, O とは異なる 2 点 $\mathrm{A}=(a_1, a_2, a_3)$, $\mathrm{B}=(b_1, b_2, b_3)$ について, 3 点 O, A, B は同一直線上にないとします(図 2, 次ページ). そうすると, 平面 OAB が定まります. そこで, 平面 OAB 上の一般の点を $\mathrm{X}=(x, y, z)$ とすると, この平面は, 2 つのパラメーターを用いて次のようなベクトル方程式で表わされます.

(7) $\overrightarrow{\mathrm{OX}}=s\overrightarrow{\mathrm{OA}}+t\overrightarrow{\mathrm{OB}}.$ $\quad$ (s と t は任意)

成分でかくと

$$(8)\quad \begin{bmatrix}x\\y\\z\end{bmatrix}=s\begin{bmatrix}a_1\\a_2\\a_3\end{bmatrix}+t\begin{bmatrix}b_1\\b_2\\b_3\end{bmatrix}.$$

図 2

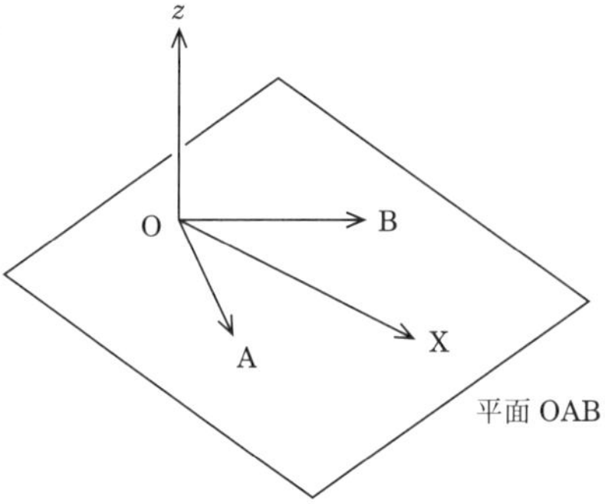

例 2　x, y, z を未知数とする(ただひとつの方程式からなる)次の「連立」1次方程式を考えます.

(9)　$x-3y-4z=0$　　$\left(\begin{matrix} x & y & z & \\ [\,1 & -3 & -4 & \mid 0\,] \end{matrix}\right)$

この方程式を解くためには，例 1 の「第 1 段階」のような変形はいりません. つまり，この方程式を「ガウス-ジョルダンの解法によって解く」というのは次のような変形をおこなうことです.

まず(9)をみると，y と z に，それぞれ任意の値を与えると，それに応じて x の値が定まります．そこで，$y=s$，$z=t$ とおいて新しい変数 s と t を導入します．そうすると(9)は $x-3s-4t=0$．移項すると $x=3s+4t$．よって

(10)　$x=3s+4t, \quad y=s, \quad z=t.$　　(s と t は任意)

ベクトルの形にかくと

(11)　$$\begin{bmatrix} x \\ y \\ z \end{bmatrix} = \begin{bmatrix} 3s+4t \\ s \\ t \end{bmatrix} = s\begin{bmatrix} 3 \\ 1 \\ 0 \end{bmatrix} + t\begin{bmatrix} 4 \\ 0 \\ 1 \end{bmatrix}.$$　　(s と t は任意)

このようにしてえられた(10)あるいは(11)が「方程式(9)の解」です.

ここで，はじめの方程式(9)を(11)に変形した，その結果として得られることを，2 つ説明します.

(ア)　$\mathrm{A}=(3,1,0)$，$\mathrm{B}=(4,0,1)$ とおくと，(11) 式は xyz 空間内の平面 OAB のベクトル方程式です(式(8)より)．ということで，(9)を(11)に変形することにより次のことがえられました.

方程式(9)は，空間内の平面を表わしている.

（イ） 次の問題を考えます(こちらは高校でやってないと思います).

問題 2 $\vec{a}=\begin{bmatrix}1\\-3\\-4\end{bmatrix}$ とする．このとき，$\vec{a}$ と垂直であるようなベクトル $\vec{n}$ の一般形を求めよ．

この問題を解こうとすると方程式(9)があらわれます．実際，$\vec{n}=\begin{bmatrix}x\\y\\z\end{bmatrix}$ とおくと，$(\vec{a},\vec{n})=0$ より $1\cdot x+(-3)\cdot y+(-4)\cdot z=0$．これは(9)です．したがって，(11)より

$$\vec{n}=s\begin{bmatrix}3\\1\\0\end{bmatrix}+t\begin{bmatrix}4\\0\\1\end{bmatrix}. \qquad (s \text{ と } t \text{ は任意})$$

こうして，(9)を(11)に変形することにより，問題 2 が解けたことになります．

例 3 x, y, z, u を未知数とする次の連立 1 次方程式を考えます．

$$(12) \quad \begin{cases} x-2y \qquad -3u=0 \\ \qquad\qquad z-4u=0 \end{cases} \qquad \left(\begin{array}{cccc|c} \overset{x}{1} & \overset{y}{-2} & \overset{z}{0} & \overset{u}{-3} & 0 \\ 0 & 0 & 1 & -4 & 0 \end{array}\right)$$

例 2 と同様，この方程式の場合も「第一段階」の変形はいりません．つまり，方程式(12)を「ガウス-ジョルダンの解法によって解く」というのは，次のような変形をおこなうことです．方程式(12)をみると，y と u に，それぞれ任意の値を与えると，それに応じて，x と z の値が定まります．そこで，$y=s$，$u=t$ とおいて新しい変数 s と t を導入します．そうすると(12)は $x-2s-3t=0$，$z-4t=0$．移項すると $x=2s+3t$，$z=4t$．よって

$$(13) \quad x=2s+3t, \quad y=s, \quad z=4t, \quad u=t. \qquad (s \text{ と } t \text{ は任意})$$

ベクトルの形にかくと

$$(14) \quad \begin{bmatrix}x\\y\\z\\u\end{bmatrix}=\begin{bmatrix}2s+3t\\s\\4t\\t\end{bmatrix}=s\begin{bmatrix}2\\1\\0\\0\end{bmatrix}+t\begin{bmatrix}3\\0\\4\\1\end{bmatrix}. \qquad (s \text{ と } t \text{ は任意})$$

こうしてえられた(13)あるいは(14)が「方程式(12)の解」です．

この例3について，例1，例2の(ア)と(イ)にあたることを説明するためには，このあと学ぶ「新しいことば」が必要になります．それは第4章以降，だんだんと入ってくるので，そのとき，あらためて説明することにします．

§3 ◆ 階段行列

ここから「ガウス-ジョルダンの解法」の説明をはじめます．この解法では，「階段行列」という特別な形をした行列が大切です．階段行列は，次のような形の行列を一般化したものです．ただし，たくさんかいてある＊は，そこの成分は何であってもよいという意味です．

$$A=\begin{bmatrix} 0 & 0 & 1 & * & * & 0 & * & * \\ 0 & 0 & 0 & 0 & 0 & 1 & * & * \\ 0 & 0 & 0 & 0 & 0 & 0 & 0 & 0 \\ 0 & 0 & 0 & 0 & 0 & 0 & 0 & 0 \end{bmatrix},$$

$$B=\begin{bmatrix} 0 & 1 & * & 0 & 0 & * \\ 0 & 0 & 0 & 1 & 0 & * \\ 0 & 0 & 0 & 0 & 1 & * \end{bmatrix},$$

$$C=\begin{bmatrix} 1 & * & 0 \\ 0 & 0 & 1 \\ 0 & 0 & 0 \\ 0 & 0 & 0 \end{bmatrix}.$$

それでは「階段行列」の定義をします．文章だけでは何をいっているのかよくわからないと思います．すぐあとの例とあわせて読んでみてください．

定義 3.1 $A=[\,a_{ij}\,]$ を $m\times n$ 行列，$A=[\,\boldsymbol{a}_1 \quad \boldsymbol{a}_2 \quad \cdots \quad \boldsymbol{a}_n\,]$ を列ベクトル表示とする．そこで，正の整数 p と正の整数の組 $(k_1, k_2, \cdots, k_p)$ が条件(ア)と(イ)をみたし，かつ行列 A が条件(ウ)と(エ)をみたすとする．

(ア) $p \leqq m$，$p \leqq n$

(イ) $1 \leqq k_1 < k_2 < \cdots < k_p \leqq n$

(ウ) A の第 k_i 列は基本ベクトル $\boldsymbol{e}_i$ である：

$\boldsymbol{a}_{k_1}=\boldsymbol{e}_1$，$\boldsymbol{a}_{k_2}=\boldsymbol{e}_2$，$\cdots$，$\boldsymbol{a}_{k_p}=\boldsymbol{e}_p$

(エ) 以下の(1)から(p+1)が成り立つ．

(1)　$1 \leqq j < k_1,\ 1 \leqq i \leqq m \Longrightarrow a_{ij} = 0$

(2)　$k_1 < j < k_2,\ 2 \leqq i \leqq m \Longrightarrow a_{ij} = 0$

(3)　$k_2 < j < k_3,\ 3 \leqq i \leqq m \Longrightarrow a_{ij} = 0$

⋮　　　　　⋮

(p)　$k_{p-1} < j < k_p,\ p \leqq i \leqq m \Longrightarrow a_{ij} = 0$

(p+1)　$k_p < j \leqq n,\ p+1 \leqq i \leqq m \Longrightarrow a_{ij} = 0$

このとき，A は**段差数**が p で，k_1 列，k_2 列，…，k_p 列のところで段差がおきているような**階段行列**であるという．あるいは，「段差が k_1 列，k_2 列，…，k_p 列でおきている段差数 p の階段行列」という．

例　次の行列 A (定義 3.1 のまえの A です)は，段差が第 3 列と第 6 列でおきている段差数 2 の階段行列です．以下このことを確かめますが，それは，「定義 3.1 のようなややこしい文章を例を使って理解する」という作業の練習でもあります．

$$A = [\ a_{ij}\ ] = \begin{array}{c} \\ 1 \\ 2 \\ 3 \\ 4 \\ \\ \end{array} \begin{array}{cccccccc} 1 & 2 & ③ & 4 & 5 & ⑥ & 7 & 8 \\ \hline 0 & 0 & 1 & a & b & 0 & c & e \\ 0 & 0 & 0 & 0 & 0 & 1 & d & f \\ 0 & 0 & 0 & 0 & 0 & 0 & 0 & 0 \\ 0 & 0 & 0 & 0 & 0 & 0 & 0 & 0 \\ \hline \multicolumn{2}{c}{(1)} & \boldsymbol{e}_1 & \multicolumn{2}{c}{(2)} & \boldsymbol{e}_2 & \multicolumn{2}{c}{(3)} \end{array} \qquad \left(\begin{array}{l} a, b, c, d, e, f \\ \text{は任意} \end{array} \right)$$

(「点線のわく」とか，いろいろかいてある理由は，説明をよむとわかります．)

説明　定義 3.1 の記号にあてはめていうと，$p = 2$，$(k_1, k_2) = (3, 6)$ ということなので，(ア)と(イ)をみたすことは明らか $(m = 4,\ n = 8)$．

次に，A の第 3 列は $\begin{bmatrix} 1 \\ 0 \\ 0 \\ 0 \end{bmatrix} = \boldsymbol{e}_1$，第 6 列は $\begin{bmatrix} 0 \\ 1 \\ 0 \\ 0 \end{bmatrix} = \boldsymbol{e}_2$ なので，(ウ)をみたしている．

さて，(エ)の条件は，3 つあります($p = 2$ なので)．ひとつずつみていくと：

(1)　$1 \leqq j < 3,\ 1 \leqq i \leqq 4 \Longrightarrow a_{ij} = 0$．($k_1 = 3$，$m = 4$ を使った．)

これは「点線のわく(1)のなかの成分はすべて 0 である」ということを意味します．たしかにそうなっているので，みたしている．

(2)　$3 < j < 6,\ 2 \leqq i \leqq 4 \Longrightarrow a_{ij} = 0.$（**問 1**：　　　　）
これは「点線のわく(2)のなかの成分はすべて 0 である」ということを意味します．たしかにそうなっているので，みたしている．

(3)　$6 < j \leqq 8,\ 3 \leqq i \leqq 4 \Longrightarrow a_{ij} = 0.$（**問 1**：　　　　）
これは「点線のわく(3)のなかの成分はすべて 0 である」ということを意味します．たしかにそうなっているので，みたしている．

以上により，A は「段差数が 2 で，3 列と 6 列のところで段差がおきているような階段行列」であることがたしかめられた．

問 1　上の(2)と(3)の(**問 1**：　　　)に適切と考える言葉を入れよ．

問 2　定義 3.1 のまえの B と C は，どのような階段行列であるかを答えよ．そして，上の例と同様にして確かめてみよ．

定義 3.2（定義 3.1 の補足）　定義 3.1 の k_1 列，k_2 列，…，k_p 列のことを，「段差がおきている列」とよび，そのほかの列のことを「段差がおきていない列」とよぶ(ただし，この本だけのよび名で，よそでは通用しません．「段差数」もそうです)．そして，段差数が 0 の階段行列とは，ゼロ行列であると約束する．

さて，上の例の A は，次の条件をみたす階段行列の一般形になっています：

$$4 \times 8 \text{ 型で段差数 } p = 2,\ (k_1, k_2) = (3, 6).$$

◆ 例題 3.1 ◆

次の条件をみたすような階段行列の一般形を答えよ．

$$3 \times 6 \text{ 型で段差数 } p = 2,\ \text{そして } (k_1, k_2) = (2, 5).$$

解説　$(k_1, k_2) = (2, 5)$ より，求める一般形は次のようにおける：

$$A = \begin{array}{c} \\ 1 \\ 2 \\ 3 \end{array} \begin{array}{c} 1 \ \ ② \ \ 3 \ \ 4 \ \ ⑤ \ \ 6 \\ \left[\begin{array}{cccccc} & 1 & & & 0 & \\ & 0 & & & 1 & \\ & 0 & & & 0 & \end{array}\right] \\ \ \ \ \ e_1 \ \ \ \ \ \ \ \ e_2 \end{array}.$$

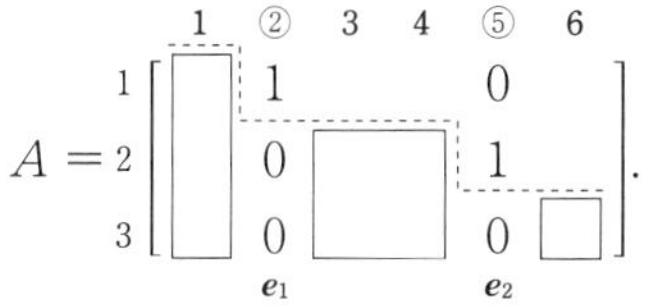

そして，わくで囲んだ部分の成分は，すべて0である．よって

$$A = \begin{bmatrix} 0 & 1 & & & 0 & \\ 0 & 0 & 0 & 0 & 1 & \\ 0 & 0 & 0 & 0 & 0 & 0 \end{bmatrix}.$$

答：$\begin{bmatrix} 0 & 1 & a & b & 0 & c \\ 0 & 0 & 0 & 0 & 1 & d \\ 0 & 0 & 0 & 0 & 0 & 0 \end{bmatrix}$ （a, b, c, d は任意）

問3 次の条件をみたすような階段行列の一般形を答えよ．
(1) 4×6 型で段差数 $p = 3$，そして $(k_1, k_2, k_3) = (1, 3, 4)$．
(2) 4×4 型で段差数 $p = 2$，そして $(k_1, k_2) = (2, 3)$．

特殊な形の階段行列

$p = n$ であるような（つまり，段差数と横はばが等しい）階段行列は，特殊です．

(1) 3×2 型の階段行列で $p = 2$ のときは $(k_1, k_2) = (1, 2)$ しかないので，$\boldsymbol{a}_1 = \boldsymbol{e}_1,\ \boldsymbol{a}_2 = \boldsymbol{e}_2$. よって $\begin{bmatrix} 1 & 0 \\ 0 & 1 \\ 0 & 0 \end{bmatrix}$.

(2) 3×3 型の階段行列で $p = 3$ のときは $(k_1, k_2, k_3) = (1, 2, 3)$ しかないので，$\boldsymbol{a}_1 = \boldsymbol{e}_1,\ \boldsymbol{a}_2 = \boldsymbol{e}_2,\ \boldsymbol{a}_3 = \boldsymbol{e}_3$. よって $\begin{bmatrix} 1 & 0 & 0 \\ 0 & 1 & 0 \\ 0 & 0 & 1 \end{bmatrix}$（単位行列）．一般に，$n \times n$ 型の階段行列で，段差数 $p = n$ のものは E_n （n次単位行列）です．

問4 5×3 型の階段行列で段差数 $p = 3$ であるものを答えよ．

§4 ◆ 行基本変形

いきなりですが,「行基本変形」を次のように定義します.

定義 4.1 行列に対する次の 3 種類の変形を**行基本変形**という.

(1) ある行を何倍(≠ 0 倍)かする.

(2) ある行に, 他の行の何倍かを加える.

(3) 2 つの行を入れかえる.

例 $$\begin{bmatrix} 0 & 1 & 1 \\ 2 & 4 & 6 \end{bmatrix} \xrightarrow{\text{a}} \begin{bmatrix} 0 & 1 & 1 \\ 1 & 2 & 3 \end{bmatrix} \xrightarrow{\text{b}} \begin{bmatrix} 1 & 2 & 3 \\ 0 & 1 & 1 \end{bmatrix} \xrightarrow{\text{c}} \begin{bmatrix} 1 & 0 & 1 \\ 0 & 1 & 1 \end{bmatrix}.$$

a:第 2 行を $\frac{1}{2}$ 倍する. b:第 1 行と第 2 行を入れかえる. c:第 1 行に第 2 行の (-2) 倍を加える.

少し計算練習をしましょう.

◆ 例題 4.1 ◆

行基本変形を 1 回だけおこなうことによって次の行列を階段行列に変形せよ. そして, えられた階段行列の段差数 p と $(k_1, \cdots, k_p)$ を答えよ.

$$A = \begin{bmatrix} 0 & 1 & 0 & 2 \\ 0 & 0 & 3 & 6 \\ 0 & 0 & 0 & 0 \end{bmatrix}, \quad B = \begin{bmatrix} 0 & 0 & 0 & 1 \\ 0 & 1 & 3 & 0 \\ 1 & 0 & 2 & 0 \end{bmatrix},$$

$$C = \begin{bmatrix} 1 & 2 & 0 & 4 \\ 0 & 0 & 1 & 2 \\ 0 & 0 & -3 & -6 \end{bmatrix}.$$

解説 行列の 1 行目, 2 行目, 3 行目を①, ②, ③で表わして, 変形のしかたを略記する.

$$A = \begin{bmatrix} 0 & 1 & 0 & 2 \\ 0 & 0 & 3 & 6 \\ 0 & 0 & 0 & 0 \end{bmatrix} \xrightarrow{\text{a}} \begin{bmatrix} 0 & 1 & 0 & 2 \\ 0 & 0 & 1 & 2 \\ 0 & 0 & 0 & 0 \end{bmatrix}$$

a：②×$\frac{1}{3}$（2 行目を $\frac{1}{3}$ 倍する）．$p=2$，$(k_1, k_2)=(2,3)$．

$$B=\begin{bmatrix}0&0&0&1\\0&1&3&0\\1&0&2&0\end{bmatrix}\xrightarrow{\text{b}}\begin{bmatrix}1&0&2&0\\0&1&3&0\\0&0&0&1\end{bmatrix}$$

b：①と③の入れかえ．$p=3$，$(k_1, k_2, k_3)=(1,2,4)$．

$$C=\begin{bmatrix}1&2&0&4\\0&0&1&2\\0&0&-3&-6\end{bmatrix}\xrightarrow{\text{c}}\begin{bmatrix}1&2&0&4\\0&0&1&2\\0&0&0&0\end{bmatrix}$$

c：③+②×3（3 行目に，2 行目の 3 倍を加える）．$p=2$，$(k_1, k_2)=(1,3)$．

問 1　次の行列について，例題 4.1 と同じ問に答えよ．

(1) $\begin{bmatrix}2&4&0\\0&0&1\\0&0&0\end{bmatrix}$　　(2) $\begin{bmatrix}0&1&3&0\\1&0&2&0\\0&0&0&1\end{bmatrix}$　　(3) $\begin{bmatrix}1&2&2&3\\0&0&1&1\\0&0&0&0\end{bmatrix}$

◆ 例題 4.2 ◆

行基本変形によって次の行列を階段行列に変形せよ．

$$A=\begin{bmatrix}1&1&1&3\\1&2&3&5\\3&4&5&11\end{bmatrix},\quad B=\begin{bmatrix}3&2&7\\2&1&5\end{bmatrix}.$$

解説　1 行目，2 行目，… を，①,②,… で表わす．

$$A=\begin{bmatrix}1&1&1&3\\1&2&3&5\\3&4&5&11\end{bmatrix}\xrightarrow{\text{a}}\begin{bmatrix}1&1&1&3\\0&1&2&2\\3&4&5&11\end{bmatrix}\xrightarrow{\text{b}}\begin{bmatrix}1&1&1&3\\0&1&2&2\\0&1&2&2\end{bmatrix}$$

$$\xrightarrow{\text{c}}\begin{bmatrix}1&1&1&3\\0&1&2&2\\0&0&0&0\end{bmatrix}\xrightarrow{\text{d}}\begin{bmatrix}1&0&-1&1\\0&1&2&2\\0&0&0&0\end{bmatrix}.$$

$(p=2,\ (k_1, k_2)=(1,2))$

a：②+①×(−1)．b：③+①×(−3)．c：③+②×(−1)．

d：①+②×(−1)．

B については，2 通りの変形のやり方を紹介する．

(解 1)　$B=\begin{bmatrix}3&2&7\\2&1&5\end{bmatrix}\xrightarrow{\text{a}}\begin{bmatrix}1&\frac{2}{3}&\frac{7}{3}\\2&1&5\end{bmatrix}\xrightarrow{\text{b}}\begin{bmatrix}1&\frac{2}{3}&\frac{7}{3}\\0&-\frac{1}{3}&\frac{1}{3}\end{bmatrix}$

$\xrightarrow{\text{c}}\begin{bmatrix}1&\frac{2}{3}&\frac{7}{3}\\0&1&-1\end{bmatrix}\xrightarrow{\text{d}}\begin{bmatrix}1&0&3\\0&1&-1\end{bmatrix}.$

a：①$\times\frac{1}{3}$．b：②+①×(−2)．c：②×(−3)．d：①+②$\times\left(-\frac{2}{3}\right)$．

(解 2)　$B=\begin{bmatrix}3&2&7\\2&1&5\end{bmatrix}\xrightarrow{\text{a}}\begin{bmatrix}1&1&2\\2&1&5\end{bmatrix}\xrightarrow{\text{b}}\begin{bmatrix}1&1&2\\0&-1&1\end{bmatrix}$

$\xrightarrow{\text{c}}\begin{bmatrix}1&1&2\\0&1&-1\end{bmatrix}\xrightarrow{\text{d}}\begin{bmatrix}1&0&3\\0&1&-1\end{bmatrix}.$

a：①+②×(−1)．b：②+①×(−2)．c：②×(−1)．
d：①+②×(−1)．　□

問 2　行基本変形によって，次の行列を階段行列に変形せよ．

$$A=\begin{bmatrix}1&1&1\\1&2&0\\2&3&3\end{bmatrix},\quad B=\begin{bmatrix}0&1&0&1\\1&1&1&1\\2&3&2&1\end{bmatrix},\quad C=\begin{bmatrix}0&1&2\\3&1&5\\2&1&4\\-2&0&-2\end{bmatrix}$$

あとの定理の予告

与えられた行列を階段行列に変形するやり方は，人によっていろいろです．しかし，どんなやり方をしても，必ず同じ階段行列にたどりつきます(計算ミスは別です)．あとで証明をやりますが，これはけっこう不思議なことです(定理 7.1)．

§5 ◆ 連立 1 次方程式を解く(2)

この節でガウス-ジョルダンの解法を説明して，実際に方程式を解く練習をします．

方程式の変形と拡大係数行列の変形

行基本変形は，行列に対する次のような変形でした．

(1)　ある行を何倍($\neq 0$ 倍)かする．

(2)　ある行に，他の行の何倍かを加える．

(3)　2つの行を入れかえる．

連立1次方程式は拡大係数行列で表わされます(§1)．方程式を表わす拡大係数行列に対して，上の変形(1)，(2)，(3)をおこなうことは，方程式のほうでみると何をすることなのか．それは，次のような変形(Ⅰ)，(Ⅱ)，(Ⅲ)をおこなうことです．

(Ⅰ)　ある式を何倍($\neq 0$ 倍)かする．

(Ⅱ)　ある式に，他の式の何倍かを加える．

(Ⅲ)　2つの式を入れかえる．

このことを例でたしかめてみます．

拡大係数行列	方程式
$\left[\begin{array}{ccc\|c} 0 & 1 & 1 & 1 \\ 2 & 4 & 6 & 8 \end{array}\right]$	$\begin{cases} y+z=1 \\ 2x+4y+6z=8 \end{cases}$
(1) ↓ ②$\times\frac{1}{2}$．	(Ⅰ) ↓ (第2式)を $\frac{1}{2}$ 倍する．
$\left[\begin{array}{ccc\|c} 0 & 1 & 1 & 1 \\ 1 & 2 & 3 & 4 \end{array}\right]$	$\begin{cases} y+z=1 \\ x+2y+3z=4 \end{cases}$
(3) ↓ ①と②の入れかえ．	(Ⅲ) ↓ (第1式)と(第2式)を入れかえる．
$\left[\begin{array}{ccc\|c} 1 & 2 & 3 & 4 \\ 0 & 1 & 1 & 1 \end{array}\right]$	$\begin{cases} x+2y+3z=4 \\ y+z=1 \end{cases}$
(2) ↓ ①+②×(−2)．	(Ⅱ) ↓ (第1式)に，(第2式)の(−2)倍を加える．
$\left[\begin{array}{ccc\|c} 1 & 0 & 1 & 1 \\ 0 & 1 & 1 & 1 \end{array}\right]$	$\begin{cases} x+z=2 \\ y+z=1 \end{cases}$

ガウス-ジョルダンの解法

与えられた方程式からスタートして，変形(Ⅰ)，(Ⅱ)，(Ⅲ)をおこなってえられる方程式は，はじめの方程式と同値です．このことに着目して，もとの方程式をなるべく簡単な形の方程式に変形してから解くことを考えます．このとき，方程式そのものを変形すると長くなるので，かわりに拡大係数行列を変形すると，ずっと楽になります．ただし，「なるべく簡単な形の方程式」とは，「拡大係数行列が階段行列になっているような方程式」のことです．この「階段型」の方程式の場合，「答をかくには，こうすればよい」という一定のやり方があります(このあと説明します)．したがって，「拡大係数行列を階段行列に変形できれば，もとの方程式が解けることになる」というのが，ガウス-ジョルダンの解法です．

あらためて，解法の手順をまとめておきます．

方程式 $A\boldsymbol{x} = \boldsymbol{b}$ の拡大係数行列 $[\,A \mid \boldsymbol{b}\,]$ を行基本変形によって階段行列に変形する．その結果，階段行列 $[\,R \mid \boldsymbol{d}\,]$ がえられたとする．そうすると，$A\boldsymbol{x} = \boldsymbol{b}$ と $R\boldsymbol{x} = \boldsymbol{d}$ は同値なので，$R\boldsymbol{x} = \boldsymbol{d}$ を解けばよい．

このとき，$[\,R \mid \boldsymbol{d}\,]$ が階段行列なので，R 自身も階段行列であることに注意します．

◆ 例題 5.1 ◆

拡大係数行列を階段行列に変形することによって，x_1, x_2, x_3 を未知数とする次の連立 1 次方程式を解け．

(1) $\begin{bmatrix} 1 & -1 & -1 \\ 0 & 1 & 2 \\ 2 & 1 & 4 \end{bmatrix}\begin{bmatrix} x_1 \\ x_2 \\ x_3 \end{bmatrix} = \begin{bmatrix} 0 \\ 0 \\ 1 \end{bmatrix}$　　(2) $\begin{cases} x_1 + x_2 + x_3 = 3 \\ x_1 + 2x_2 + 3x_3 = 5 \\ 3x_1 + 4x_2 + 5x_3 = 11 \end{cases}$

解説　(1)　たとえば，次のようにして階段行列に変形する．

$$\left[\begin{array}{ccc|c} 1 & -1 & -1 & 0 \\ 0 & 1 & 2 & 0 \\ 2 & 1 & 4 & 1 \end{array}\right] \xrightarrow{\text{a}} \left[\begin{array}{ccc|c} 1 & -1 & -1 & 0 \\ 0 & 1 & 2 & 0 \\ 0 & 3 & 6 & 1 \end{array}\right] \xrightarrow{\text{b}} \left[\begin{array}{ccc|c} 1 & 0 & 1 & 0 \\ 0 & 1 & 2 & 0 \\ 0 & 3 & 6 & 1 \end{array}\right]$$

$$\xrightarrow{c}\begin{array}{c} \begin{matrix} x_1 & x_2 & x_3 & \end{matrix} \\ \left[\begin{array}{ccc|c} 1 & 0 & 1 & 0 \\ 0 & 1 & 2 & 0 \\ 0 & 0 & 0 & 1 \end{array}\right] \end{array}. \quad (\text{階段行列})$$

a：③＋①×(−2)．b：①＋②．c：③＋②×(−3)．

方程式にもどすと

$$\begin{cases} 1\cdot x_1+0\cdot x_2+1\cdot x_3=0 \\ 0\cdot x_1+1\cdot x_2+2\cdot x_3=0 \\ 0\cdot x_1+0\cdot x_2+0\cdot x_3=1 \end{cases}$$

第３式をみればわかるように，この方程式は解をもたない．

(2)　拡大係数行列は

$$\begin{array}{c} \begin{matrix} x_1 & x_2 & x_3 & \end{matrix} \\ \left[\begin{array}{ccc|c} 1 & 1 & 1 & 3 \\ 1 & 2 & 3 & 5 \\ 3 & 4 & 5 & 11 \end{array}\right] \end{array}$$

この行列は，たて線を消して考えると例題 4.2 の A だから，例題 4.2 のときと同じやり方で変形すると，次の階段行列になる：

$$(*) \quad \begin{array}{c} \begin{matrix} x_1 & x_2 & x_3 & \end{matrix} \\ \left[\begin{array}{ccc|c} 1 & 0 & -1 & 1 \\ 0 & 1 & 2 & 2 \\ 0 & 0 & 0 & 0 \end{array}\right] \end{array}$$

方程式にもどすと

$$\begin{cases} 1\cdot x_1+0\cdot x_2+(-1)\cdot x_3=1 \\ 0\cdot x_1+1\cdot x_2+\quad 2\ \cdot x_3=2 \\ 0\cdot x_1+0\cdot x_2+\quad 0\ \cdot x_3=0 \end{cases}$$

第３式はなくても同じことだから，結局次の方程式を解けばよい．

$$(\sharp) \quad \begin{cases} x_1 \qquad - x_3=1 \\ \qquad x_2+2x_3=2 \end{cases}$$

(さて，階段行列(∗)において「段差がおきている列」は第１列と第２列です．そして，「段差がおきていない列」のところの未知数 x_3 に任意の値を与えると，(♯)より，それに応じて x_1 と x_2 の値が定まります．)

そこで，$x_3=c$ とおくと，(♯)は $x_1-c=1$，$x_2+2c=2$．移項すると $x_1=1+c$，$x_2=2-2c$，よって解は $x_1=1+c$，$x_2=2-2c$，$x_3=c$ (c は任意)．

ベクトルの形にかくと

$$\begin{bmatrix} x_1 \\ x_2 \\ x_3 \end{bmatrix} = \begin{bmatrix} 1+c \\ 2-2c \\ c \end{bmatrix} = \begin{bmatrix} 1 \\ 2 \\ 0 \end{bmatrix} + c\begin{bmatrix} 1 \\ -2 \\ 1 \end{bmatrix}. \qquad (c \text{ は任意})$$

◆ 例題 5.2 ◆ ($A\boldsymbol{x} = \boldsymbol{0}$ タイプ)

拡大係数行列を階段行列に変形することによって，次の次方程式を解け．

(1) $\begin{bmatrix} 1 & 2 & 0 & 1 \\ 1 & 2 & 1 & 2 \\ 1 & 2 & 2 & 3 \end{bmatrix}\begin{bmatrix} x_1 \\ x_2 \\ x_3 \\ x_4 \end{bmatrix} = \begin{bmatrix} 0 \\ 0 \\ 0 \end{bmatrix}$ (2) $\begin{bmatrix} 1 & 0 & 1 \\ 1 & 1 & 0 \\ 0 & 1 & 1 \\ 1 & 1 & 1 \end{bmatrix}\begin{bmatrix} x_1 \\ x_2 \\ x_3 \end{bmatrix} = \begin{bmatrix} 0 \\ 0 \\ 0 \\ 0 \end{bmatrix}$

解説 (1) たとえば，次のようにして階段行列に変形する：

$$\left[\begin{array}{cccc|c} 1 & 2 & 0 & 1 & 0 \\ 1 & 2 & 1 & 2 & 0 \\ 1 & 2 & 2 & 3 & 0 \end{array}\right] \xrightarrow{\text{a}} \cdots\cdots \xrightarrow{\text{c}} \begin{array}{c} \begin{array}{cccc} x_1 & x_2 & x_3 & x_4 \end{array} \\ \left[\begin{array}{cccc|c} 1 & 2 & 0 & 1 & 0 \\ 0 & 0 & 1 & 1 & 0 \\ 0 & 0 & 0 & 0 & 0 \end{array}\right] \end{array} \qquad (\text{階段行列})$$

a：②−①．b：③−①．c：③+②×(−2)．

方程式にもどすと，第 3 式は，$0 \cdot x_1 + 0 \cdot x_2 + 0 \cdot x_3 + 0 \cdot x_4 = 0$ となる．この式は，なくても同じことだから，次の方程式を解けばよい．

$$(\sharp) \quad \begin{cases} x_1 + 2x_2 + x_4 = 0 \\ x_3 + x_4 = 0 \end{cases}$$

(上の階段行列において，「段差がおきている列」は，1 列目と 3 列目です．そして，「段差がおきていない列」のところの未知数 x_2 と x_4 に任意の値を与えると，(♯)より，それに応じて x_1 と x_3 の値が定まります．)

そこで，$x_2 = c_1$，$x_4 = c_2$ とおくと，(♯)は $x_1 + 2c_1 + c_2 = 0$，$x_3 + c_2 = 0$．移項すると $x_1 = -2c_1 - c_2$，$x_3 = -c_2$．よって解は，

$$x_1 = -2c_1 - c_2, \quad x_2 = c_1, \quad x_3 = -c_2, \quad x_4 = c_2. \qquad (c_1, c_2 \text{ は任意})$$

ベクトルの形にかくと，

$$\begin{bmatrix} x_1 \\ x_2 \\ x_3 \\ x_4 \end{bmatrix} = \begin{bmatrix} -2c_1 - c_2 \\ c_1 \\ -c_2 \\ c_2 \end{bmatrix} = c_1\begin{bmatrix} -2 \\ 1 \\ 0 \\ 0 \end{bmatrix} + c_2\begin{bmatrix} -1 \\ 0 \\ -1 \\ 1 \end{bmatrix}. \qquad (c_1, c_2 \text{ は任意})$$

(2) たとえば，次のようにして階段行列に変形する：

$$\left[\begin{array}{ccc|c} 1 & 0 & 1 & 0 \\ 1 & 1 & 0 & 0 \\ 0 & 1 & 1 & 0 \\ 1 & 1 & 1 & 0 \end{array}\right] \xrightarrow{\text{a}} \cdots\cdots \xrightarrow{\text{h}} \begin{array}{c} \begin{array}{ccc} x_1 & x_2 & x_3 \end{array} \\ \left[\begin{array}{ccc|c} 1 & 0 & 0 & 0 \\ 0 & 1 & 0 & 0 \\ 0 & 0 & 1 & 0 \\ 0 & 0 & 0 & 0 \end{array}\right] \end{array} \quad \text{（階段行列）}$$

a：②－①．b：④－①．c：③－②．d：④－②．e：③$\times\frac{1}{2}$．f：①－③．g：②－③．h：④－③．

方程式にもどすと，

$$\begin{cases} 1\cdot x_1+0\cdot x_2+0\cdot x_3=0 \\ 0\cdot x_1+1\cdot x_2+0\cdot x_3=0 \\ 0\cdot x_1+0\cdot x_2+1\cdot x_3=0 \\ 0\cdot x_1+0\cdot x_2+0\cdot x_3=0 \end{cases} \iff \begin{cases} x_1=0 \\ x_2=0 \\ x_3=0 \end{cases}$$

よって，解は

$$\begin{bmatrix} x_1 \\ x_2 \\ x_3 \end{bmatrix} = \begin{bmatrix} 0 \\ 0 \\ 0 \end{bmatrix}.$$

つまり，この方程式の解は $\boldsymbol{x}=\boldsymbol{0}$ だけである．

注意　行列のある列の成分がすべて 0 であるときには，行基本変形してもその列の成分はずっと 0 のままです．このことに注意すると少し気楽になります．

問　拡大係数行列を階段行列に変形することによって，次の連立 1 次方程式を解け．ただし，解はベクトルの形で答えること．

(1) $\begin{bmatrix} 0 & 1 & 1 \\ 1 & 0 & 1 \\ 1 & 1 & 2 \end{bmatrix}\begin{bmatrix} x_1 \\ x_2 \\ x_3 \end{bmatrix} = \begin{bmatrix} 2 \\ 1 \\ 4 \end{bmatrix}$　　(2) $\begin{bmatrix} 1 & 1 & 2 & 3 \\ 2 & 3 & 5 & 7 \\ 3 & 4 & 7 & 10 \end{bmatrix}\begin{bmatrix} x_1 \\ x_2 \\ x_3 \\ x_4 \end{bmatrix} = \begin{bmatrix} 1 \\ 2 \\ 3 \end{bmatrix}$

(3) $\begin{bmatrix} 1 & 2 & 3 \\ 2 & 3 & 4 \\ 3 & 4 & 5 \end{bmatrix}\begin{bmatrix} x_1 \\ x_2 \\ x_3 \end{bmatrix} = \begin{bmatrix} 0 \\ 0 \\ 0 \end{bmatrix}$　　(4) $\begin{bmatrix} 1 & 1 & 0 & 1 \\ 2 & 3 & 1 & 5 \end{bmatrix}\begin{bmatrix} x_1 \\ x_2 \\ x_3 \\ x_4 \end{bmatrix} = \begin{bmatrix} 0 \\ 0 \end{bmatrix}$

斉次方程式

連立1次方程式 $A\boldsymbol{x}=\boldsymbol{b}$ において $\boldsymbol{b}=\boldsymbol{0}$ のとき，つまり

$$A\boldsymbol{x}=\boldsymbol{0}$$

の形のものを，**斉次**連立1次方程式といいます．例題5.2の方程式は，この形でした．

$A\boldsymbol{x}=\boldsymbol{b}$ で $\boldsymbol{b}\neq\boldsymbol{0}$ のときには，例題5.1の(1)のように，解をひとつも持たないこともあります．しかし，$A\boldsymbol{x}=\boldsymbol{0}$ の場合には，$A\boldsymbol{0}=\boldsymbol{0}$ なので，いつでも $\boldsymbol{x}=\boldsymbol{0}$ を解に持っています．この解のことを，$A\boldsymbol{x}=\boldsymbol{0}$ の**自明な解**といいます．

$A\boldsymbol{x}=\boldsymbol{0}$ の解は，$\boldsymbol{x}=\boldsymbol{0}$ だけのこともあるし(例題5.2(2))，そうでないこともあります(例題5.2(1))．$A\boldsymbol{x}=\boldsymbol{0}$ について，解が $\boldsymbol{x}=\boldsymbol{0}$ だけなのか，それとも $\boldsymbol{x}\neq\boldsymbol{0}$ をみたす解をもつのかという問題は，あとで大切になります．

大切な注意　今までだまっていましたが，もしも

「どんな行列も，必ず階段行列に変形できる」

のでない，つまり「階段行列に変形できないような行列がある」としたら，これまでやってきた解法によって**どんな**連立1次方程式でも解ける，とは言えなくなってしまいます．しかし，ここまでやってきたことを思い返してみれば，上のことは確かに正しいと納得できるでしょう．きちんと証明してみたい人は，たとえば，列の個数に関する帰納法で証明を試みるとよいでしょう．

§6◆「階段型」の方程式

§5の例題をふまえて，拡大係数行列が階段行列であるような連立1次方程式の解について整理しておきます．

R が $m\times n$ 型の階段行列で，段差数が p であるとします：

$$p=(R\text{ の段差数}).$$

そして，m 項列ベクトル $\boldsymbol{d}$ について，$m\times(n+1)$ 行列 $[\,R\ \boldsymbol{d}\,]$ も階段行列であるとします．このとき $\boldsymbol{d}$ は，($\boldsymbol{d}$ のところで段差がおきているかどうかによって)次のような形のベクトルのどちらかになります．

(6.1)　$\boldsymbol{d} = \begin{bmatrix} d_1 \\ \vdots \\ d_p \\ 0 \\ \vdots \\ 0 \end{bmatrix}.$　$\left(\begin{array}{l} (p+1)\text{ 番目から下の成分がすべて }0. \\ \boldsymbol{d}\text{ のところで段差はおきていない.} \end{array}\right)$

(6.2)　$\boldsymbol{d} = \boldsymbol{e}_{p+1}.$　$\left(\begin{array}{l} (p+1)\text{ 番目の基本ベクトル.} \\ \boldsymbol{d}\text{ のところで段差がおきている.} \end{array}\right)$

例　次のような R について考えてみます.

$$R = \begin{bmatrix} 1 & \alpha & 0 & \beta \\ 0 & 0 & 1 & \gamma \\ 0 & 0 & 0 & 0 \\ 0 & 0 & 0 & 0 \end{bmatrix}$$

この R は, 4×4 型の階段行列で, 段差数は, $p=2$ です. このとき, 4×5 行列 $[\,R\ \boldsymbol{d}\,]$ が階段行列になるのは, 下の(1)と(2)の 2 パターンしかない. これが上にのべたことです.

(1)　$[R\,\boldsymbol{d}] = \left[\begin{array}{cccc|c} 1 & \alpha & 0 & \beta & d_1 \\ 0 & 0 & 1 & \gamma & d_2 \\ 0 & 0 & 0 & 0 & 0 \\ 0 & 0 & 0 & 0 & 0 \end{array}\right],$　$(p=2,\ n=4)$

(2)　$[R\,\boldsymbol{d}] = \left[\begin{array}{cccc|c} 1 & \alpha & 0 & \beta & 0 \\ 0 & 0 & 1 & \gamma & 0 \\ 0 & 0 & 0 & 0 & 1 \\ 0 & 0 & 0 & 0 & 0 \end{array}\right].$　$(\boldsymbol{d} = \boldsymbol{e}_3)$

さて,「階段型」の方程式 $R\boldsymbol{x} = \boldsymbol{d}$ に関して, 次の(6.3), (6.4), (6.5)が成り立ちます.

(6.3)　$\boldsymbol{d}$ が(6.1)の形のベクトルであるならば, $R\boldsymbol{x} = \boldsymbol{d}$ は解をもつ.

証明　まず，上の例の(1)のように$p<n$のときを考える．このときには，「段差のおきていない列」のところの未知数を$c_1, \cdots, c_{n-p}$とおくことにより，$(n-p)$個の任意定数をふくむ形で解が求まる(例題5.2(1))．次に，$p=n$のときには，$[\,R \mid \boldsymbol{d}\,]$は次のような形をしているので，$x_1=d_1, \ \cdots, \ x_n=d_n$が$R\boldsymbol{x}=\boldsymbol{d}$の解である(例題5.2(2))．

$$[\,R \mid \boldsymbol{d}\,] = \left[\begin{array}{ccc|c} & & & d_1 \\ & E_n & & \vdots \\ & & & d_n \\ \hline 0 & \cdots & 0 & 0 \\ \vdots & \ddots & \vdots & \vdots \\ 0 & \cdots & 0 & 0 \end{array}\right].$$

$$\left(\text{たとえば，} m=4,\ p=n=2\text{ のとき，}\left[\begin{array}{cc|c} 1 & 0 & d_1 \\ 0 & 1 & d_2 \\ \hline 0 & 0 & 0 \\ 0 & 0 & 0 \end{array}\right]\right)$$

□

(6.4)　$R\boldsymbol{x}=\boldsymbol{d}$が解をもたないならば，$\boldsymbol{d}=\boldsymbol{e}_{p+1}$である．

証明　仮に，$\boldsymbol{d} \neq \boldsymbol{e}_{p+1}$であるとすると，$\boldsymbol{d}$は(6.1)の形のベクトルである．よって，(6.3)より，$R\boldsymbol{x}=\boldsymbol{d}$は解をもつ．これは，$R\boldsymbol{x}=\boldsymbol{d}$が解をもたないという前提に反する．よって$\boldsymbol{d}=\boldsymbol{e}_{p+1}$. □

(6.5)　$\boldsymbol{d}$が(6.2)の形のベクトルであるならば，$R\boldsymbol{x}=\boldsymbol{d}$は解をもたない．

証明　$\boldsymbol{d}$が(6.2)の形のベクトルであるならば，$R\boldsymbol{x}=\boldsymbol{d}$の$(p+1)$番目の方程式は，$0 \cdot x_1 + \cdots + 0 \cdot x_n = 1$となるので，$R\boldsymbol{x}=\boldsymbol{d}$は解をもたない(例題5.1(1))． □

§7◆一意性定理

§4のおわりに予告した「けっこう不思議」な定理を証明します．

◆ 定理 7.1 ◆

与えられた行列を行基本変形によって階段行列に変形したとき，変形の手順にかかわらず同じ階段行列がえられる．

証明　列の個数に関する帰納法で示そう．

$m\times 1$ 型の階段行列は $\begin{bmatrix} 0 \\ 0 \\ \vdots \\ 0 \end{bmatrix}$ と $\begin{bmatrix} 1 \\ 0 \\ \vdots \\ 0 \end{bmatrix}$ の 2 つだけである．そしてどのように行基本変形をおこなっても $\begin{bmatrix} 0 \\ 0 \\ \vdots \\ 0 \end{bmatrix}$ は $\begin{bmatrix} 0 \\ 0 \\ \vdots \\ 0 \end{bmatrix}$ のままであるから，$\begin{bmatrix} 1 \\ 0 \\ \vdots \\ 0 \end{bmatrix}$ に変形することはできない．よって，$m\times 1$ 行列の場合，定理の主張は正しい．

n を正の整数とする．そうすると，帰納法の仮定は次のとおりである．

(1)　$m\times n$ 行列について定理の主張は正しい．

さて，B を $m\times(n+1)$ 行列とする．そうすると次のようにおける：

$$B=[\,A\ \boldsymbol{b}\,],\ \text{ただし } A \text{ は } m\times n \text{ 行列，} \boldsymbol{b} \text{ は } m \text{ 項列ベクトル．}$$

そこで，ある手順で行基本変形をおこなって $B=[\,A\ \boldsymbol{b}\,]$ からえられる階段行列が $[\,R_1\ \boldsymbol{d}_1\,]$ であるとする．また，別の手順で行基本変形をおこなって $[\,A\ \boldsymbol{b}\,]$ からえられる階段行列が $[\,R_2\ \boldsymbol{d}_2\,]$ であるとする．

そうすると，次の(2)と(3)が成り立つ．

まず，R_1 と R_2 は，どちらも $m\times n$ 行列 A から行基本変形によってえられる階段行列である．よって帰納法の仮定(1)より，

(2)　$R_1=R_2$

そして，

(3)　3 つの方程式 $A\boldsymbol{x}=\boldsymbol{b}$，$R_1\boldsymbol{x}=\boldsymbol{d}_1$，$R_2\boldsymbol{x}=\boldsymbol{d}_2$ は同値である．

(ア)　$A\boldsymbol{x}=\boldsymbol{b}$ が解をもつとき

$\boldsymbol{u}$ が $A\boldsymbol{x}=\boldsymbol{b}$ の解であるとすると，(3) より，$\boldsymbol{u}$ は $R_1\boldsymbol{x}=\boldsymbol{d}_1$，$R_2\boldsymbol{x}=\boldsymbol{d}_2$ の解になる．よって，$R_1\boldsymbol{u}=\boldsymbol{d}_1$，$R_2\boldsymbol{u}=\boldsymbol{d}_2$．よって(2)より $\boldsymbol{d}_1=\boldsymbol{d}_2$．

(イ)　$A\boldsymbol{x}=\boldsymbol{b}$ が解をもたないとき

このとき(3)より

(4)　$R_1\boldsymbol{x} = \boldsymbol{d}_1$ も $R_2\boldsymbol{x} = \boldsymbol{d}_2$ も解をもたない．

そこで，$R_1 = R_2$ の段差数を p とおくと，(4) と (6.4) より，$\boldsymbol{d}_1 = \boldsymbol{e}_{p+1}$，$\boldsymbol{d}_2 = \boldsymbol{e}_{p+1}$．よって $\boldsymbol{d}_1 = \boldsymbol{d}_2$．

(ア)と(イ)のいずれの場合も $[\, R_1\ \boldsymbol{d}_1 \,] = [\, R_2\ \boldsymbol{d}_2 \,]$．これで $m \times (n+1)$ 行列についても定理の主張が正しいことが示されて，帰納法が完成した．□

§8 ◆ 第4章で使われる定理

行列の「型」と方程式の解に関する次の3つの定理は，第4章で役に立ちます．

◆ 定理 8.1 ◆

方程式の個数よりも未知数の個数のほうが多い斉次連立1次方程式は，必ず自明でない解をもつ．つまり，A を $m \times n$ 行列とするとき，もしも $m < n$ であるならば，$A\boldsymbol{x} = \boldsymbol{0}$ は $\boldsymbol{x} \neq \boldsymbol{0}$ をみたす解をもつ．

証明　行基本変形によって，拡大係数行列 $[\, A \mid \boldsymbol{0} \,]$ から階段行列 $[\, R \mid \boldsymbol{0} \,]$ がえられたとする．そして，R の段差数が p であるとする．そうすると，$A\boldsymbol{x} = \boldsymbol{0}$ の解は $(n-p)$ 個の任意定数をふくむ．ここで，$n-p=0$ となる可能性もあるが，今の場合は $n-p>0$ である．なぜならば，$m<n$ と仮定しているので，$p \leqq m$ であることを思いだすと，$p<n$．つまり $n-p>0$．したがって，$A\boldsymbol{x} = \boldsymbol{0}$ の解は，たしかに1個以上の任意定数をふくむ．よって，$A\boldsymbol{x} = \boldsymbol{0}$ は $\boldsymbol{x} \neq \boldsymbol{0}$ をみたす解をもつ．□

◆ 定理 8.2 ◆

$m \times n$ 行列 A が次の条件をみたすとする．

(*)　$A\boldsymbol{x} = \boldsymbol{0}$ の解は $x = \boldsymbol{0}$ だけである．

そうすると，必ず $n \leqq m$ である．

証明　(定理8.1からただちに示されます.)

仮に，$m < n$であるとすると，定理8.1より，$A\boldsymbol{x} = \boldsymbol{0}$は$\boldsymbol{x} \neq \boldsymbol{0}$をみたす解をもつ．これは(*)に反する．よって$n \leqq m$.　□

◆ 定理8.3 ◆

$m \times n$行列Aが次の条件をみたすとする．

(♯)　任意のm項列ベクトル$\boldsymbol{b}$に対して，$A\boldsymbol{x} = \boldsymbol{b}$は解をもつ．

そうすると，必ず$n \geqq m$である．

証明　Aを変形して階段行列Rがえられたとする．このとき次のことが成り立つ．

(♮)　任意のm項列ベクトル$\boldsymbol{u}$に対して，$R\boldsymbol{x} = \boldsymbol{u}$は解をもつ．

なぜならば：AをRに変形できるのだから，RをAに変形できる．そこで，$[\,R \mid \boldsymbol{u}\,]$に対して，$R$を$A$に変形するのと同じ変形をおこなう．そうすると$[\,A \mid \boldsymbol{b}\,]$の形の行列がえられる．(♯)により，$A\boldsymbol{x} = \boldsymbol{b}$は解をもつ．$A\boldsymbol{x} = \boldsymbol{b}$と$R\boldsymbol{x} = \boldsymbol{u}$は同値だから，$R\boldsymbol{x} = \boldsymbol{u}$は解をもつ．

さて，Rの段差数をpとする．仮に，$n < m$であるとする．そうすると，$p \leqq n$であることを思いだすと，$p < m$．よって，階段行列Rの第m行(一番下の行)の成分はすべて0である．そこで，$\boldsymbol{u}$をm番目の成分が1であるようなベクトルとする(たとえば$\boldsymbol{e}_m$)．そうすると，$R\boldsymbol{x} = \boldsymbol{u}$の$m$番目の方程式は

$$0 \cdot x_1 + \cdots + 0 \cdot x_n = 1.$$

したがって，$R\boldsymbol{x} = \boldsymbol{u}$は解をもたない．これは(♮)に反する．よって$n \geqq m$である．　□

§9 ◆ 階段化とランク

定理7.1にもとづいて，行列Aの「階段化」および「ランク」という言葉を，以下のように定義します．

定義 9.1 行列 A が与えられたとき，行基本変形によって A を階段行列に変形する．定理 7.1 により，この階段行列は A によって定まる．そこで，この階段行列のことを行列 A の**階段化**とよぶ（A がもともと階段行列であるときには，A の階段化は A 自身であるとします）．

定義 9.2 行列 A の階段化が R であるとする．このとき，R の段差数のことを行列 A の「階数」または**ランク**とよび，$r(A)$ という記号で表わす：

$r(A) = (R$ の段差数)．ただし，R は A の階段化．

例 $A = \begin{bmatrix} 1 & 2 & 0 & 3 \\ 0 & 0 & 1 & 4 \\ 2 & 4 & 0 & 6 \end{bmatrix}$ のとき，A の階段化は $\begin{bmatrix} 1 & 2 & 0 & 3 \\ 0 & 0 & 1 & 4 \\ 0 & 0 & 0 & 0 \end{bmatrix}$．そして A のランクは 2：$r(A) = 2$．

以下，階段行列の場合には，ランクといったり段差数といったりします．

◆ **定理 9.1** ◆

ランクは行基本変形に関して不変である．つまり，行基本変形によって A から B がえられたとすると，$r(A) = r(B)$ である．

証明 R を B の階段化とする．そうすると，R は A の階段化でもある（B を経由して R に変形できるから）．よって，$r(A)$ も $r(B)$ も R の段差数である．よって $r(A) = r(B)$． □

ランクはまたあとで登場します．ここでは連立方程式に関する次の定理を証明します．

◆ **定理 9.2** ◆

A を $m \times n$ 行列として，$A\boldsymbol{x} = \boldsymbol{b}$ について考える．このとき次のことが成り立つ．

(1) $A\boldsymbol{x} = \boldsymbol{b}$ が解をもつ $\Longleftrightarrow r([A\ \boldsymbol{b}]) = r(A)$．

(2)　$A\boldsymbol{x}=\boldsymbol{b}$ が解をもたない $\Longleftrightarrow r([\,A\ \boldsymbol{b}\,])=r(A)+1$.

証明　$[\,A\ \boldsymbol{b}\,]$ の階段化が $[\,R\ \boldsymbol{d}\,]$ であるとする．そして，A のランクが p であるとする：$r(A)=p$. ランクの定義より，R の段差数は p である．そうすると次のことが成り立つ．

（∗）　$R\boldsymbol{x}=\boldsymbol{d}$ が解をもつならば，$\boldsymbol{d}$ は(6.1)の形のベクトルである．

なぜならば：もしも $\boldsymbol{d}$ が(6.2)の形のベクトルであるならば，(6.5)より，$R\boldsymbol{x}=\boldsymbol{d}$ は解をもたない．これは前提に反する．

（ア）　$A\boldsymbol{x}=\boldsymbol{b}$ が解をもつならば，$r([\,A\ \boldsymbol{b}\,])=p$ である．

なぜならば：$A\boldsymbol{x}=\boldsymbol{b}$ が解をもつならば，$R\boldsymbol{x}=\boldsymbol{d}$ も解をもつ．よって，(∗)より，$\boldsymbol{d}$ は(6.1)の形のベクトルである．よって，$[\,R\ \boldsymbol{d}\,]$ の段差数は p である．ランクの定義より $[\,A\ \boldsymbol{b}\,]$ のランクは p である．

（イ）　$r([\,A\ \boldsymbol{b}\,])=p$ ならば，$A\boldsymbol{x}=\boldsymbol{b}$ は解をもつ．

なぜならば：仮に $A\boldsymbol{x}=\boldsymbol{b}$ が解をもたないとすると，$R\boldsymbol{x}=\boldsymbol{d}$ も解をもたない．よって，(6.4)より，$\boldsymbol{d}=\boldsymbol{e}_{p+1}$. よって，$[\,R\ \boldsymbol{d}\,]$ の段差数は $p+1$ である．ランクの定義より $[\,A\ \boldsymbol{b}\,]$ のランクは $p+1$ である．これは $r([\,A\ \boldsymbol{b}\,])=p$ に反する．

（ア）と（イ）より，(1)が示された．

(2)は，(1)から，次のようにしてわかる．まず，(1)より

$$A\boldsymbol{x}=\boldsymbol{b}\text{ が解をもたない}\Longleftrightarrow r([\,A\ \boldsymbol{b}\,])\neq r(A).$$

$r([\,A\ \boldsymbol{b}\,])$ は，$r(A)$ または $r(A)+1$ なので，

$$r([\,A\ \boldsymbol{b}\,])\neq r(A)\Longleftrightarrow r([\,A\ \boldsymbol{b}\,])=r(A)+1.$$

これで(2)が示された．　□

§10 ◆ 正則行列

この節では，行列はだいたい n 次正方行列，そしてベクトルは n 項列ベク

トルです．

n 次正方行列 A が**正則**であるとは，$AX = E_n$，$XA = E_n$ をみたす n 次正方行列 X が存在するときをいい，このような X のことを A の**逆行列**とよぶのでした(第2章定義3.6)．

まず，次のことをが成り立ちます．

◆ 定理 10.1 ◆

n 次正方行列 A が正則であるとき，A の逆行列はただ1つ定まる．つまり，n 次正方行列 X, Y が

$$AX = E_n, \quad XA = E_n, \quad AY = E_n, \quad YA = E_n$$

をみたすならば，$X = Y$ である．

証明 YAX を2通りに計算する．

$$\begin{cases} YAX = (YA)X = E_nX = X \\ YAX = Y(AX) = YE_n = Y \end{cases}$$

よって $X = Y$． □

記号 今後，A が正則行列のとき，A の逆行列を A^{-1} とかく．

さて，A が正則行列であるとき，つまり逆行列 A^{-1} をもつとき，次の(10.1)，(10.2)，(10.3)が成り立ちます．

(10.1) n 次正方行列 A が正則であるならば，$A\boldsymbol{x} = \boldsymbol{0}$ の解は $\boldsymbol{x} = \boldsymbol{0}$ だけである．

証明 $A\boldsymbol{x} = \boldsymbol{0}$ の両辺に左から A^{-1} をかけると，$A^{-1}(A\boldsymbol{x}) = A^{-1}\boldsymbol{0}$．$A^{-1}(A\boldsymbol{x}) = (A^{-1}A)\boldsymbol{x} = E_n\boldsymbol{x} = \boldsymbol{x}$，$A^{-1}\boldsymbol{0} = \boldsymbol{0}$ だから，$\boldsymbol{x} = \boldsymbol{0}$． □

(10.2) n 次正方行列 A が正則であるならば，任意の n 項列ベクトル $\boldsymbol{b}$ に対して，$A\boldsymbol{x} = \boldsymbol{b}$ は解をもつ．

証明　$\boldsymbol{x} = A^{-1}\boldsymbol{b}$ が $A\boldsymbol{x} = \boldsymbol{b}$ の解である．　□

(10.3)　n 次正方行列 A が正則であるならば，$AX = E_n$ は解をもつ．

証明　$X = A^{-1}$ が $AX = E_n$ の解である．　□

これから，(10.1), (10.2), (10.3)の逆が成り立つことを示します．
以下，A は n 次正方行列であるとします．

レンマ 1　A の階段化が E_n であるならば，$A\boldsymbol{x} = \boldsymbol{0}$ の解は $\boldsymbol{x} = \boldsymbol{0}$ だけである．

証明　A の階段化が E_n であるから，$A\boldsymbol{x} = \boldsymbol{0}$ の拡大係数行列 $[\, A \mid \boldsymbol{0} \,]$ の階段化は $[\, E_n \mid \boldsymbol{0} \,]$ である．よって $A\boldsymbol{x} = \boldsymbol{0}$ の解は $\boldsymbol{x} = \boldsymbol{0}$ だけである．　□

レンマ 2（レンマ 1 の逆）　$A\boldsymbol{x} = \boldsymbol{0}$ の解が $\boldsymbol{x} = \boldsymbol{0}$ だけであるならば，A の階段化は E_n である．

証明　A の階段化を R とおく．$A\boldsymbol{x} = \boldsymbol{0}$ と $R\boldsymbol{x} = \boldsymbol{0}$ は同値だから，仮定より，$R\boldsymbol{x} = \boldsymbol{0}$ の解は $\boldsymbol{x} = \boldsymbol{0}$ だけである．

仮に，R の段差数が $(n-1)$ 以下であるとすると，$R\boldsymbol{x} = \boldsymbol{0}$ の解は 1 個以上の任意定数をふくむ．よって $\boldsymbol{x} \neq \boldsymbol{0}$ をみたす解をもつ．これは，$R\boldsymbol{x} = \boldsymbol{0}$ の解が $\boldsymbol{x} = \boldsymbol{0}$ だけであることに反する．よって，R の段差数は n である．よって $R = E_n$.　□

レンマ 3　A の階段化が E_n であるならば，任意の n 項列ベクトル $\boldsymbol{b}$ に対して $A\boldsymbol{x} = \boldsymbol{b}$ は解をもつ．

証明　A の階段化が E_n であるから，$A\boldsymbol{x} = \boldsymbol{b}$ の拡大係数行列 $[\, A \mid \boldsymbol{b} \,]$ の階段化は $[\, E_n \mid \boldsymbol{d} \,]$ の形の行列である．そうすると，$\boldsymbol{x} = \boldsymbol{d}$ が $A\boldsymbol{x} = \boldsymbol{b}$ の解である．　□

レンマ 4　任意の n 項列ベクトル $\boldsymbol{b}$ に対して $A\boldsymbol{x} = \boldsymbol{b}$ が解をもつならば，

$AX = E_n$ は解をもつ.

証明　仮定より，基本ベクトル $\boldsymbol{e}_i\ (i = 1, \cdots, n)$ に対して，$A\boldsymbol{x} = \boldsymbol{e}_i$ は解をもつ．これを $\boldsymbol{u}_i$ とする：

$$A\boldsymbol{u}_1 = \boldsymbol{e}_1, \quad \cdots, \quad A\boldsymbol{u}_n = \boldsymbol{e}_n.$$

そこで，$X = [\,\boldsymbol{u}_1 \ \cdots \ \boldsymbol{u}_n\,]$ とおくと，第2章定理3.4より

$$AX = A[\,\boldsymbol{u}_1 \ \cdots \ \boldsymbol{u}_n\,] = [\,A\boldsymbol{u}_1 \ \cdots \ A\boldsymbol{u}_n\,] = [\,\boldsymbol{e}_1 \ \cdots \ \boldsymbol{e}_n\,] = E_n.$$

□

レンマ5　A の階段化が E_n であるならば，$AX = E_n$ は解をもつ．

証明　レンマ3とレンマ4からわかる：

$$A \text{ の階段化が } E_n \overset{\text{レンマ3}}{\Longrightarrow} \text{任意の } \boldsymbol{b} \text{ に対して解をもつ.}$$

$$\overset{\text{レンマ4}}{\Longrightarrow} AX = E_n \text{ は解をもつ.}$$

□

レンマ6（(10.3)の逆）　$AX = E_n$ が解をもつならば，A は正則である．

証明　$X = B$ が $AX = E_n$ の解であるとする：$AB = E_n$.

このとき，$B\boldsymbol{x} = \boldsymbol{0}$ の解は $\boldsymbol{x} = \boldsymbol{0}$ だけである．

なぜならば：$B\boldsymbol{x} = \boldsymbol{0}$ の両辺に左から A をかけると，$AB\boldsymbol{x} = A\boldsymbol{0}$．$AB\boldsymbol{x} = E_n\boldsymbol{x} = \boldsymbol{x}$，$A\boldsymbol{0} = \boldsymbol{0}$ だから $\boldsymbol{x} = \boldsymbol{0}$.

よって，レンマ2より，B の階段化は E_n である．よって，レンマ5より，$BX = E_n$ は解をもつ．この解を C とする：$BC = E_n$.

そうすると，$AB = E_n$ と $BC = E_n$ を使うと，$C = A$ であることが次のような計算によってみちびかれる：

$$\begin{cases} ABC = (AB)C = E_nC = C \\ ABC = A(BC) = AE_n = A \end{cases}$$

こうして，$AB = E_n$，$BA = E_n$．これは A が正則であることを示している．

□

レンマ 7　A の階段化が E_n であるならば，A は正則である．

証明　レンマ 5 とレンマ 6 からわかる．　□

レンマ 8（(10.1)の逆）　$A\boldsymbol{x}=\boldsymbol{0}$ の解が $\boldsymbol{x}=\boldsymbol{0}$ だけであるならば，A は正則である．

証明　レンマ 2 とレンマ 7 からわかる．　□

レンマ 9（(10.2)の逆）　任意の n 項列ベクトル $\boldsymbol{b}$ に対して $A\boldsymbol{x}=\boldsymbol{b}$ が解をもつならば，A は正則である．

証明　レンマ 4 とレンマ 6 からわかる．　□

以上のことを定理の形にまとめておきます．

◆ 定理 10.2 ◆

A を n 次正方行列とする．次の(1)-(4)は同値である．

(1)　A は正則である．

(2)　$A\boldsymbol{x}=\boldsymbol{0}$ の解は $\boldsymbol{x}=\boldsymbol{0}$ だけである．

(3)　任意の n 項列ベクトル $\boldsymbol{b}$ に対して $A\boldsymbol{x}=\boldsymbol{b}$ は解をもつ．

(4)　$AX=E_n$ は解をもつ．

次の定理もすぐにわかります．

◆ 定理 10.3 ◆

A を n 次正方行列とする．次の(1), (2), (3)は同値である．

(1)　A は正則である．

(2)　A の階段化は E_n である．

(3)　$r(A)=n$ である．

証明　(1) ⇒ (2) は，(10.1) とレンマ 2 からわかる．そして，(2) ⇒ (1) は，レンマ 7 そのもの．(2) ⇒ (3) は，ランクの定義より明らか．(3) ⇒ (2) は，次のようにしてわかる：

A の階段化を R とすると，R は $n \times n$ 行列で段差数が n である．よって，$R = E_n$. □

第4章 3次元から高次元へ：列ベクトル空間

ここからさきは「ベクトルの集団」について，いろいろなことを考えます．そのとき，集合に関することばと記号を使います．ということで，集合の復習からはじめます．

§1 ◆ 数学の日常語としての集合

集合は高校でも学びました．この節で説明することは，これからの数学の学習において日常的に使われるもので，どうしても身につけなくてはいけないものです．結局のところ，「使っておぼえる」のがいちばんです．そして，おぼえたつもりでも，すぐに忘れてしまいます．忘れたら，何回でも読み返してください．

(1) **集合**とは，数学的にはっきりしたものの集まりのことをいう．そして，集合をつくっている個々のものを，その集合の**要素**(あるいは元)という．

この本では，要素のことを**メンバー**ともいうことにします．

この本にでてくる集合は，数の集合かベクトルの集合です．したがってメンバーは，数またはベクトルです．

(2) もの x が集合 A のメンバー(要素)であることを

$$x \in A$$

という記号で表わす．x が集合 A のメンバーであるとき，x は集合 A に**属する**(あるいは，**ふくまれる**)ともいう．x が集合 A のメンバーでないことを，

$$x \notin A$$

という記号で表わす.

各 x について,「$x \in A$(属する)」と「$x \notin A$(属さない)」のどちらか, しかも, 一方だけが成り立ちます. なので,「$x \notin A$」を証明したいとき,

「$x \in A$」のほうが成り立っていると仮定して矛盾をみちびく,

というようなことをします.

(3) 集合を表わすのに, 次のような表わし方がよくでてくる.

$A = \{x \mid x$ は条件…をみたす$\}$.

たとえば,

$A = \{x \mid x$ は整数, かつ, $0 < x < 4\} = \{1, 2, 3\}$.

この表わし方の変形として, 次のようなかき方をよく使います.

$x \in A \Longleftrightarrow x$ は条件…をみたす.

(4) 集合 A と集合 B について, A が B に含まれているとき, 集合 A は集合 B の**部分集合**であるといい, $A \subset B$ という記号で表わす.

「集合 A が集合 B に含まれている」というのは,「集合 A のメンバーは, すべて集合 B のメンバーである」つまり,「x が集合 A のメンバーならば, x は集合 B のメンバーでもある」ということを意味します. したがって,「$A \subset B$」を「数式化」すると,「$x \in A \Rightarrow x \in B$」ということになります.

この先,「$A \subset B$」を証明したい場面が, たくさんあります. そのときには, 証明のはじめに「$x \in A$ とする」とかきます. そして,「したがって, $x \in B$」とかいて, 証明をおわります.

それから,「$x \in A \Rightarrow x \in A$」は自明ですから,「$A \subset A$」は, いつでも成り立ちます.

(5) 集合が同じであること：2つの集合 A, B について, A と B のメンバーがまったく同じであるとき, 集合 A と集合 B は同じであるといい, $A = B$ で表わす.

「メンバーがまったく同じ」というのは，集合 A のメンバーが必ず集合 B のメンバーであり，逆に，集合 B のメンバーは必ず集合 A のメンバーである，ということでしょう．つまり，「$A=B$」ということは，「$A\subset B$ かつ $B\subset A$」と同じことです．まとめておくと，

$A=B$ を証明したいときには，$A\subset B$ と $B\subset A$ の両方を証明する．

§2 ◆ m 項列ベクトル空間 V^m

以下，実数全体の集合を $\mathbb{R}$ で表わします：

$$x\in\mathbb{R} \Longleftrightarrow x \text{ は実数である．}$$

すべての m 項列ベクトルを集めて集合をつくります．

定義 2.1 m 項列ベクトル全体の集合を V^m で表わす：

$$V^m=\left\{\boldsymbol{u}=\begin{bmatrix}u_1\\ \vdots\\ u_m\end{bmatrix}\middle|\, u_1,\cdots,u_m\in\mathbb{R}\right\}.$$

（「$u_1,\cdots,u_m\in\mathbb{R}$」は「$u_1\in\mathbb{R},\ \cdots,\ u_m\in\mathbb{R}$」の省略形です．）

例 $V^2=\left\{\begin{bmatrix}u_1\\ u_2\end{bmatrix}\middle|\, u_1,u_2\in\mathbb{R}\right\}=\left\{\begin{bmatrix}x\\ y\end{bmatrix}\middle|\, x,y\in\mathbb{R}\right\}$ の図形的意味を考えてみます．

座標平面上の点 $\mathrm{P}=(x,y)$ に対して，点 P の位置ベクトル $\overrightarrow{\mathrm{OP}}$ を考えると，

$$\overrightarrow{\mathrm{OP}}=\begin{bmatrix}x\\ y\end{bmatrix}\in V^2$$

なので，V^2 は平面上の点の位置ベクトルの全体，いいかえると，平面上の各点の位置ベクトルを，すべて集めてつくった集合であると考えられます．

同様に，

$$V^3=\left\{\begin{bmatrix}u_1\\ u_2\\ u_3\end{bmatrix}\middle|\, u_1,u_2,u_3\in\mathbb{R}\right\}=\left\{\begin{bmatrix}x\\ y\\ z\end{bmatrix}\middle|\, x,y,z\in\mathbb{R}\right\}$$

は，xyz 空間の各点の位置ベクトルを，すべて集めてつくった集合であると考えられます．

集合 V^m のメンバー，つまり m 項列ベクトルのことを，「V^m のベクトル」ともいいます．そして，集合の記号を使うと，$\boldsymbol{u}$ が V^m のベクトルであることを，「$\boldsymbol{u} \in V^m$」とかくことができます．

第 2 章の §1 でやったように，V^m のベクトル $\boldsymbol{a}, \boldsymbol{b}$ に対して，和 $\boldsymbol{a}+\boldsymbol{b}$ が定まります：

$$\boldsymbol{a}, \boldsymbol{b} \in V^m \text{ に対して，} \boldsymbol{a}+\boldsymbol{b} \in V^m.$$

そして，実数 c とベクトル $\boldsymbol{a}$ に対して，実数倍 $c\boldsymbol{a}$ が定まります：

$$c \in \mathbb{R},\ \boldsymbol{a} \in V^m \text{ に対して，} c\boldsymbol{a} \in V^m.$$

V^m のことを，m **項列ベクトル空間**とよびます．

§3 ◆ 1 次独立

とりあえず，「1 次独立である」の定義をかきます．これは，V^m の「有限個のベクトルの集団」についての性質です．そして，そのような性質を考える理由を，そのあと説明します．

定義 3.1　V^m のベクトル $\boldsymbol{a}_1, \cdots, \boldsymbol{a}_n$ について，次の性質を考える．

$$(3.1)\quad x_1\boldsymbol{a}_1+\cdots+x_n\boldsymbol{a}_n=\boldsymbol{0} \Longrightarrow x_1=0,\ \cdots,\ x_n=0. \qquad \left(\begin{bmatrix} x_1 \\ \vdots \\ x_n \end{bmatrix}=\begin{bmatrix} 0 \\ \vdots \\ 0 \end{bmatrix}\right)$$

そこで，$\boldsymbol{a}_1, \cdots, \boldsymbol{a}_n$ が **1 次独立**であるとは，$\boldsymbol{a}_1, \cdots, \boldsymbol{a}_n$ が (3.1) をみたすことであると定める．

◆ 例題 3.1 ◆

V^2 のベクトル $\boldsymbol{a}_1=\begin{bmatrix} 1 \\ 1 \end{bmatrix}$，$\boldsymbol{a}_2=\begin{bmatrix} 1 \\ 2 \end{bmatrix}$ は 1 次独立であることを示せ．

解説

$$(*)\quad x_1\boldsymbol{a}_1+x_2\boldsymbol{a}_2=\boldsymbol{0}$$

とする．そうすると，

$$(*) \Longleftrightarrow x_1\begin{bmatrix}1\\1\end{bmatrix}+x_2\begin{bmatrix}1\\2\end{bmatrix}=\begin{bmatrix}0\\0\end{bmatrix} \Longleftrightarrow \begin{cases} x_1+x_2=0, \\ x_1+2x_2=0. \end{cases}$$

この方程式を解くと，$x_1=0$，$x_2=0$．よって，

「$(*) \Longrightarrow x_1=0,\ x_2=0$」

が成り立つ．つまり，$\boldsymbol{a}_1, \boldsymbol{a}_2$ は(3.1)をみたす．よって，1 次独立である．

なぜ上のように定義するのか

まず，高校でやったことを，ひとつ復習します．

問題　xyz 空間内の 3 角形 OAB を考える(図 1)．辺 OA の中点を M，辺 OB を 1：2 に内分する点を N として，線分 AN と線分 BM の交点を P とする．このとき，$\overrightarrow{\mathrm{OP}}$ を $\overrightarrow{\mathrm{OA}}=\boldsymbol{a}$ と $\overrightarrow{\mathrm{OB}}=\boldsymbol{b}$ で表わせ．
(△OAB は，「空間内の 3 角形」となっていますが，どうせ平面 OAB にのっているのだから，高校の平面ベクトルのところでやった問題と同じことです．したがって解き方も同じです．)

図 1

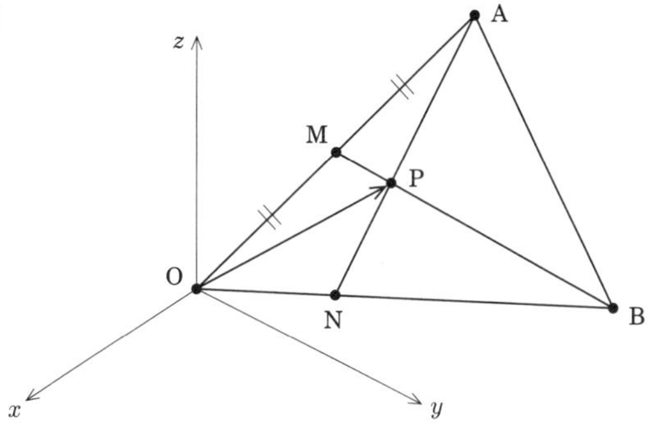

解答　$\overrightarrow{\mathrm{ON}}=\dfrac{1}{3}\boldsymbol{b}$ だから，AP：PN $= s:(1-s)$ とすると，

$$\overrightarrow{\mathrm{OP}}=(1-s)\overrightarrow{\mathrm{OA}}+s\overrightarrow{\mathrm{ON}}=(1-s)\boldsymbol{a}+\frac{s}{3}\cdot\boldsymbol{b}.$$

また，$\overrightarrow{\mathrm{OM}}=\dfrac{1}{2}\boldsymbol{a}$ だから，BP：PM $= t:(1-t)$ とすると，

$$\overrightarrow{\mathrm{OP}}=(1-t)\overrightarrow{\mathrm{OB}}+t\overrightarrow{\mathrm{OM}}=(1-t)\boldsymbol{b}+t\cdot\frac{\boldsymbol{a}}{2}=\frac{t}{2}\cdot\boldsymbol{a}+(1-t)\boldsymbol{b}.$$

ところで，$\overrightarrow{\mathrm{OP}}$ を $\boldsymbol{a}$ と $\boldsymbol{b}$ であらわす表わし方は，ただひとつとおりである．よって，$1-s=\frac{t}{2}$，$\frac{s}{3}=1-t$．これより $s=\frac{3}{5}$．よって，$\overrightarrow{\mathrm{OP}}=\frac{2}{5}\boldsymbol{a}+\frac{1}{5}\boldsymbol{b}$.

上の問題の解答のポイントは次のことでした．

$\overrightarrow{\mathrm{OP}}$ を $\boldsymbol{a}$ と $\boldsymbol{b}$ であらわす表わし方は，ただひとつとおりである．

このことを式でかくと次のようになります．

(♯)　$x\boldsymbol{a}+y\boldsymbol{b}=m\boldsymbol{a}+n\boldsymbol{b}\Longrightarrow x=m,\ y=n$

これはとても有用な性質です．そこで，この性質を V^m のベクトルに一般化してみます．つまり，V^m のベクトル $\boldsymbol{a}_1,\cdots,\boldsymbol{a}_n$ について，次の性質を考えます．

あるベクトルを $\boldsymbol{a}_1,\cdots,\boldsymbol{a}_n$ であらわす表わし方は，ただひとつとおりである．

式でかくと

(3.2)　$c_1\boldsymbol{a}_1+\cdots+c_n\boldsymbol{a}_n=d_1\boldsymbol{a}_1+\cdots d_n\boldsymbol{a}_n\Longrightarrow c_1=d_1,\ \cdots,\ c_n=d_n.$

そうすると，次のことが成り立ちます．

◆ 定理 3.1 ◆

V^m のベクトル $\boldsymbol{a}_1,\cdots,\boldsymbol{a}_n$ が，(3.1)をみたすことと(3.2)をみたすことは同値である．

証明　(形式的です．)

(3.2) ⇒ (3.1)：$\boldsymbol{a}_1,\cdots,\boldsymbol{a}_n$ が(3.2)をみたすとする．そこで(3.2)において，$c_1,\cdots,c_n$ を $x_1,\cdots,x_n$ とおき，$d_1,\cdots,d_n$ を $0,\cdots,0$ とおくと

$$x_1\boldsymbol{a}_1+\cdots+x_n\boldsymbol{a}_n=0\cdot\boldsymbol{a}_1+\cdots+0\cdot\boldsymbol{a}_n\Longrightarrow x_1=0,\ \cdots,\ x_n=0.$$

$0\cdot\boldsymbol{a}_1+\cdots+0\cdot\boldsymbol{a}_n=\boldsymbol{0}$ だから，これは(3.1)である．よって(3.1)をみたす．

(3.1) ⇒ (3.2)：$\boldsymbol{a}_1,\cdots,\boldsymbol{a}_n$ が(3.1)をみたすとする．そこで

$$c_1\boldsymbol{a}_1+\cdots+c_n\boldsymbol{a}_n=d_1\boldsymbol{a}_1+\cdots d_n\boldsymbol{a}_n$$

とする．移項すると

$$(c_1-d_1)\boldsymbol{a}_1+\cdots+(c_n-d_n)\boldsymbol{a}_n=\boldsymbol{0}.$$

$\boldsymbol{a}_1, \cdots, \boldsymbol{a}_n$ が (3.1) をみたすことより，$c_1-d_1=0$，$\cdots$，$c_n-d_n=0$．つまり，$c_1=d_1$，$\cdots$，$c_n=d_n$．よって，$\boldsymbol{a}_1, \cdots, \boldsymbol{a}_n$ は(3.2)をみたす． □

以上のことを標語的にいうと，

(3.1) = (3.2) =「(♯)の一般化」

つまり，「1次独立」というのは，有用な性質(♯)の一般化であるということです．

ところで，次のように考える人もいると思います：(♯)を一般化したいのなら，(3.2)のほうを使って，「$\boldsymbol{a}_1, \cdots, \boldsymbol{a}_n$ が1次独立であるとは，(3.2)をみたすことである」と定義するほうがわかり易いではないか．しかし，これだと，少し扱いにくいことが，たとえば例題3.1の $\boldsymbol{a}_1, \boldsymbol{a}_2$ が(3.2)をみたすことの証明をかいてみるとわかります．なので，扱い易いほうの(3.1)を使うということです．

この説明で少し納得してもらえるでしょうか．いずれにせよ，みんな(3.1)のほうでやっているので，これに慣れてもらうしかありません．ということで，使い方の練習をしてみましょう．

1次独立の定義の使い方の練習

◆ 例題 3.2 ◆

V^m のベクトル $\boldsymbol{a}_1, \boldsymbol{a}_2, \boldsymbol{a}_3$ が1次独立であると仮定する．このとき，$\boldsymbol{a}_2+\boldsymbol{a}_3$，$\boldsymbol{a}_1+\boldsymbol{a}_3$，$\boldsymbol{a}_1+\boldsymbol{a}_2$ も1次独立であることを示せ．

(3.1)において，$x_1, \cdots, x_n$ のかわりに $c_1, \cdots, c_n$ を使うことが多いので，ここは，「c」を使ってかきます．

解説

(＊)　$c_1(\boldsymbol{a}_2+\boldsymbol{a}_3)+c_2(\boldsymbol{a}_1+\boldsymbol{a}_3)+c_3(\boldsymbol{a}_1+\boldsymbol{a}_2)=\boldsymbol{0}$

とする．変形すると

$$(c_2+c_3)\boldsymbol{a}_1+(c_1+c_3)\boldsymbol{a}_2+(c_1+c_2)\boldsymbol{a}_3=\mathbf{0}.$$

仮定により $\boldsymbol{a}_1, \boldsymbol{a}_2, \boldsymbol{a}_3$ は 1 次独立であるから，

$$c_2+c_3=0, \quad c_1+c_3=0, \quad c_1+c_2=0.$$

これより，$c_1=0$, $c_2=0$, $c_3=0$. こうして

「$(*) \Longrightarrow c_1=0,\ c_2=0,\ c_3=0$」

が成り立つことがわかった．よって $\boldsymbol{a}_2+\boldsymbol{a}_3$，$\boldsymbol{a}_1+\boldsymbol{a}_3$，$\boldsymbol{a}_1+\boldsymbol{a}_2$ は 1 次独立である．

◆ 例題 3.3 ◆

次のベクトル $\boldsymbol{a}_1, \boldsymbol{a}_2, \boldsymbol{a}_3$ が 1 次独立であるかないかを判定せよ．

(1) $\boldsymbol{a}_1=\begin{bmatrix}1\\1\\0\\1\end{bmatrix}$, $\boldsymbol{a}_2=\begin{bmatrix}0\\1\\1\\1\end{bmatrix}$, $\boldsymbol{a}_3=\begin{bmatrix}1\\0\\1\\1\end{bmatrix}$

(2) $\boldsymbol{a}_1=\begin{bmatrix}1\\1\\0\end{bmatrix}$, $\boldsymbol{a}_2=\begin{bmatrix}0\\1\\1\end{bmatrix}$, $\boldsymbol{a}_3=\begin{bmatrix}3\\8\\5\end{bmatrix}$

解説　$\boldsymbol{a}_1, \boldsymbol{a}_2, \boldsymbol{a}_3$ が 1 次独立かどうかを判定するには，

$$x_1\boldsymbol{a}_1+x_2\boldsymbol{a}_2+x_3\boldsymbol{a}_3=\mathbf{0}$$

をみたす x_1, x_2, x_3 をすべて求めてみればよい．

(1)

(∗)　$x_1\boldsymbol{a}_1+x_2\boldsymbol{a}_2+x_3\boldsymbol{a}_3=\mathbf{0}$

とする．

$$(*) \Longleftrightarrow x_1\begin{bmatrix}1\\1\\0\\1\end{bmatrix}+x_2\begin{bmatrix}0\\1\\1\\1\end{bmatrix}+x_3\begin{bmatrix}1\\0\\1\\1\end{bmatrix}=\begin{bmatrix}0\\0\\0\\0\end{bmatrix}$$

$$\iff \begin{bmatrix} 1 & 0 & 1 \\ 1 & 1 & 0 \\ 0 & 1 & 1 \\ 1 & 1 & 1 \end{bmatrix} \begin{bmatrix} x_1 \\ x_2 \\ x_3 \end{bmatrix} = \begin{bmatrix} 0 \\ 0 \\ 0 \\ 0 \end{bmatrix}.$$

これは第３章の例題5.2(2)の方程式だから，解は $\boldsymbol{x}=\mathbf{0}$ だけ．よって，「$(*) \Longrightarrow x_1=0,\ x_2=0,\ x_3=0$」をみたすので，１次独立である．

(2)

$(*)\quad x_1\boldsymbol{a}_1+x_2\boldsymbol{a}_2+x_3\boldsymbol{a}_3=\mathbf{0}$

とする．

$$(*) \iff x_1\begin{bmatrix} 1 \\ 1 \\ 0 \end{bmatrix} + x_2\begin{bmatrix} 0 \\ 1 \\ 1 \end{bmatrix} + x_3\begin{bmatrix} 3 \\ 8 \\ 5 \end{bmatrix} = \begin{bmatrix} 0 \\ 0 \\ 0 \end{bmatrix}$$

$$\iff \begin{bmatrix} 1 & 0 & 3 \\ 1 & 1 & 8 \\ 0 & 1 & 5 \end{bmatrix} \begin{bmatrix} x_1 \\ x_2 \\ x_3 \end{bmatrix} = \begin{bmatrix} 0 \\ 0 \\ 0 \end{bmatrix}.$$

この方程式を解くために，拡大係数行列を階段行列に変形する：

$$\left[\begin{array}{ccc|c} 1 & 0 & 3 & 0 \\ 1 & 1 & 8 & 0 \\ 0 & 1 & 5 & 0 \end{array}\right] \xrightarrow{\text{a}} \left[\begin{array}{ccc|c} 1 & 0 & 3 & 0 \\ 0 & 1 & 5 & 0 \\ 0 & 1 & 5 & 0 \end{array}\right] \xrightarrow{\text{b}} \left[\begin{array}{ccc|c} 1 & 0 & 3 & 0 \\ 0 & 1 & 5 & 0 \\ 0 & 0 & 0 & 0 \end{array}\right].$$

a：②−①．b：③−②．

これより

$$(*) \iff \begin{cases} x_1 \qquad +3x_3=0, \\ \qquad x_2+5x_3=0. \end{cases}$$

$x_3=c$ とおくと，$x_1=-3c$，$x_2=-5c$．したがって，解は

$$x_1=-3c,\quad x_2=-5c,\quad x_3=c \qquad (c\text{ は任意}).$$

よって，「$(*) \Longrightarrow x_1=0,\ x_2=0,\ x_3=0$」をみたさないので，１次独立でない．

注意　(2)は，次のようにして解くこともできます．

計算してみるとわかるように，$\boldsymbol{a}_3=3\boldsymbol{a}_1+5\boldsymbol{a}_2$ が成り立ちます．移項すると，$3\boldsymbol{a}_1+5\boldsymbol{a}_2+(-1)\boldsymbol{a}_3=\mathbf{0}$．もしも，$\boldsymbol{a}_1, \boldsymbol{a}_2, \boldsymbol{a}_3$ が１次独立であるならば，$3=0$, $5=0, -1=0$ のはずですが，これはありえない．よって１次独立でありえません．

◆ 例題 3.4 ◆

V^m のベクトル $\boldsymbol{a}_1, \boldsymbol{a}_2, \boldsymbol{a}_3, \boldsymbol{a}_4$ が 1 次独立であるとする．このとき，$\boldsymbol{a}_2, \boldsymbol{a}_3$ は 1 次独立であることを示せ．

解説

(∗)　$x_2\boldsymbol{a}_2 + x_3\boldsymbol{a}_3 = \boldsymbol{0}$

とする．(∗)は次のように変形できる：

$$0\cdot \boldsymbol{a}_1 + x_2\boldsymbol{a}_2 + x_3\boldsymbol{a}_3 + 0\cdot \boldsymbol{a}_4 = \boldsymbol{0}.$$

$\boldsymbol{a}_1, \boldsymbol{a}_2, \boldsymbol{a}_3, \boldsymbol{a}_4$ は 1 次独立であるから

$$0 = 0, \quad x_2 = 0, \quad x_3 = 0, \quad 0 = 0.$$

「(∗) $\Longrightarrow x_2 = 0,\ x_3 = 0$」が成り立つので，$\boldsymbol{a}_2, \boldsymbol{a}_3$ は 1 次独立である．

基本的な定理

次の 2 つの定理は大切です．

◆ 定理 3.2 ◆

V^m の基本ベクトル $\boldsymbol{e}_1, \cdots, \boldsymbol{e}_m$ は 1 次独立である．

証明　一般の m の場合も同じことなので，$m = 3$ のときを証明する．

(∗)　$x_1\boldsymbol{e}_1 + x_2\boldsymbol{e}_2 + x_3\boldsymbol{e}_3 = \boldsymbol{0}$

とする．

$$(*) \Longleftrightarrow x_1\begin{bmatrix}1\\0\\0\end{bmatrix} + x_2\begin{bmatrix}0\\1\\0\end{bmatrix} + x_3\begin{bmatrix}0\\0\\1\end{bmatrix} = \begin{bmatrix}0\\0\\0\end{bmatrix} \Longleftrightarrow \begin{bmatrix}x_1\\x_2\\x_3\end{bmatrix} = \begin{bmatrix}0\\0\\0\end{bmatrix}.$$

「(∗) $\Longrightarrow x_1 = 0,\ x_2 = 0,\ x_3 = 0$」が成り立つので，$\boldsymbol{e}_1, \boldsymbol{e}_2, \boldsymbol{e}_3$ は 1 次独立である．

□

◆ 定理 3.3 ◆

V^m のベクトル $\boldsymbol{a}_1, \cdots, \boldsymbol{a}_n$ が 1 次独立であるならば，$n \leqq m$ である．

証明　$\boldsymbol{a}_1, \cdots, \boldsymbol{a}_n$ が1次独立であるから，次の(♯)が成り立つ(定義3.1)：

$$(\sharp)\quad x_1\boldsymbol{a}_1+\cdots+x_n\boldsymbol{a}_n=\boldsymbol{0} \Rightarrow \begin{bmatrix} x_1 \\ \vdots \\ x_n \end{bmatrix}=\begin{bmatrix} 0 \\ \vdots \\ 0 \end{bmatrix}.$$

$A=[\,\boldsymbol{a}_1, \cdots, \boldsymbol{a}_n\,]$，$\boldsymbol{x}=\begin{bmatrix} x_1 \\ \vdots \\ x_n \end{bmatrix}$ とおくと，第3章の定理1.1より

$$x_1\boldsymbol{a}_1+\cdots+x_n\boldsymbol{a}_n=\boldsymbol{0} \Longleftrightarrow A\boldsymbol{x}=\boldsymbol{0}.$$

よって，(♯)より次のことが成り立つ．

「$A\boldsymbol{x}=\boldsymbol{0} \Longrightarrow \boldsymbol{x}=\boldsymbol{0}$」いいかえると「$A\boldsymbol{x}=\boldsymbol{0}$ の解は $\boldsymbol{x}=\boldsymbol{0}$ だけ」.

よって，第3章の定理8.2より，$n \leqq m$.　□

問1　$\boldsymbol{a}_1=\begin{bmatrix} 1 \\ 1 \\ 0 \end{bmatrix}$，$\boldsymbol{a}_2=\begin{bmatrix} 0 \\ 1 \\ 1 \end{bmatrix}$，$\boldsymbol{a}_3=\begin{bmatrix} 0 \\ 0 \\ 1 \end{bmatrix}$ は1次独立であることを示せ.

問2　V^m のベクトル $\boldsymbol{a}_1, \boldsymbol{a}_2, \boldsymbol{a}_3, \boldsymbol{a}_4$ が1次独立であるならば，$\boldsymbol{a}_1, \boldsymbol{a}_1+\boldsymbol{a}_2$，$\boldsymbol{a}_1+\boldsymbol{a}_2+\boldsymbol{a}_3, \boldsymbol{a}_1+\boldsymbol{a}_2+\boldsymbol{a}_3+\boldsymbol{a}_4$ も1次独立であることを示せ.

問3　次のベクトル $\boldsymbol{a}_1, \boldsymbol{a}_2, \boldsymbol{a}_3$ が1次独立であるかないかを判定せよ.

(1)　$\boldsymbol{a}_1=\begin{bmatrix} 1 \\ 1 \\ 1 \end{bmatrix}$，$\boldsymbol{a}_2=\begin{bmatrix} 1 \\ 2 \\ -1 \end{bmatrix}$，$\boldsymbol{a}_3=\begin{bmatrix} 2 \\ 1 \\ 1 \end{bmatrix}$

(2)　$\boldsymbol{a}_1=\begin{bmatrix} 1 \\ 1 \\ 1 \end{bmatrix}$，$\boldsymbol{a}_2=\begin{bmatrix} 1 \\ 2 \\ -1 \end{bmatrix}$，$\boldsymbol{a}_3=\begin{bmatrix} 4 \\ 5 \\ 2 \end{bmatrix}$

問4　一般に，V^m のベクトル $\boldsymbol{a}_1, \cdots, \boldsymbol{a}_m$ が1次独立であるならば，その一部分も1次独立である．たとえば，$\boldsymbol{a}_1, \cdots, \boldsymbol{a}_k$ $(k<n)$ も1次独立であることを示せ.

§4 ◆ $\langle \boldsymbol{a}_1, \cdots, \boldsymbol{a}_n \rangle$

はじめの注意　この先，集合の考え方と記号($\in$, $\notin$, $\subset$ など)がたくさん使われます．§1を参照しながらすすんでください．

定義 4.1　$\boldsymbol{a}_1, \cdots, \boldsymbol{a}_n$ を V^m のベクトルとする．このとき

$$c_1\boldsymbol{a}_1 + \cdots + c_n\boldsymbol{a}_n$$

の形のベクトルのことを，$\boldsymbol{a}_1, \cdots, \boldsymbol{a}_n$ の **1 次結合**という．そして，

$$\boldsymbol{x} = c_1\boldsymbol{a}_1 + \cdots + c_n\boldsymbol{a}_n$$

のとき，「$\boldsymbol{x}$ は $\boldsymbol{a}_1, \cdots, \boldsymbol{a}_n$ で表わせる」という：

$$\boldsymbol{x} \text{ は } \boldsymbol{a}_1, \cdots, \boldsymbol{a}_n \text{ で表わせる} \Longleftrightarrow \boldsymbol{x} = c_1\boldsymbol{a}_1 + \cdots + c_n\boldsymbol{a}_n \text{ とおける．}$$

V^m のベクトル $\boldsymbol{a}_1, \cdots, \boldsymbol{a}_n$ に対して，$\boldsymbol{a}_1, \cdots, \boldsymbol{a}_n$ で表わせるようなベクトル全体の集合を考えます．この集合を $\langle \boldsymbol{a}_1, \cdots, \boldsymbol{a}_n \rangle$ という記号で表わします．いいかえると，集合 $\langle \boldsymbol{a}_1, \cdots, \boldsymbol{a}_n \rangle$ とは，$\boldsymbol{a}_1, \cdots, \boldsymbol{a}_n$ の 1 次結合をすべてつくって並べた，そういう集合のことです．正式にいうと，次のとおりです．

◆ 定理 4.1 ◆

V^m のベクトル $\boldsymbol{a}_1, \cdots, \boldsymbol{a}_n$ に対して，$\boldsymbol{a}_1, \cdots, \boldsymbol{a}_n$ の 1 次結合全体の集合を $\langle \boldsymbol{a}_1, \cdots, \boldsymbol{a}_n \rangle$ とする：

$$\langle \boldsymbol{a}_1, \cdots, \boldsymbol{a}_n \rangle = \{c_1\boldsymbol{a}_1 + \cdots + c_n\boldsymbol{a}_n \mid c_1, \cdots, c_n \in \mathbb{R}\}.$$

$$(\boldsymbol{x} \in \langle \boldsymbol{a}_1, \cdots, \boldsymbol{a}_n \rangle \Longleftrightarrow \boldsymbol{x} \text{ は } \boldsymbol{a}_1, \cdots, \boldsymbol{a}_n \text{ で表わせる．})$$

V^m の部分集合 $\langle \boldsymbol{a}_1, \cdots, \boldsymbol{a}_n \rangle$ は，以下の性質をもつ．

(1)　$\boldsymbol{0} \in \langle \boldsymbol{a}_1, \cdots, \boldsymbol{a}_n \rangle$

(2)　$\boldsymbol{x}, \boldsymbol{y} \in \langle \boldsymbol{a}_1, \cdots, \boldsymbol{a}_n \rangle \Longrightarrow \boldsymbol{x} + \boldsymbol{y} \in \langle \boldsymbol{a}_1, \cdots, \boldsymbol{a}_n \rangle$

(3)　$c \in \mathbb{R},\ \boldsymbol{u} \in \langle \boldsymbol{a}_1, \cdots, \boldsymbol{a}_n \rangle \Longrightarrow c\boldsymbol{u} \in \langle \boldsymbol{a}_1, \cdots, \boldsymbol{a}_n \rangle$

証明　(1)　$\boldsymbol{0} = 0 \cdot \boldsymbol{a}_1 + \cdots + 0 \cdot \boldsymbol{a}_n$ だから $\boldsymbol{0} \in \langle \boldsymbol{a}_1, \cdots, \boldsymbol{a}_n \rangle$.

(2)　$\boldsymbol{x}, \boldsymbol{y} \in \langle \boldsymbol{a}_1, \cdots, \boldsymbol{a}_n \rangle$ とする．

$$\begin{cases} \boldsymbol{x} \in \langle \boldsymbol{a}_1, \cdots, \boldsymbol{a}_n \rangle \Longleftrightarrow \boldsymbol{x} = c_1\boldsymbol{a}_1 + \cdots + c_n\boldsymbol{a}_n \text{ とおける.} \\ \boldsymbol{y} \in \langle \boldsymbol{a}_1, \cdots, \boldsymbol{a}_n \rangle \Longleftrightarrow \boldsymbol{y} = d_1\boldsymbol{a}_1 + \cdots + d_n\boldsymbol{a}_n \text{ とおける.} \end{cases}$$

よって

$$\boldsymbol{x} + \boldsymbol{y} = (c_1 + d_1)\boldsymbol{a}_1 + \cdots + (c_n + d_n)\boldsymbol{a}_n.$$

したがって，$\boldsymbol{x} + \boldsymbol{y} \in \langle \boldsymbol{a}_1, \cdots, \boldsymbol{a}_n \rangle$.

(3)　$c \in \mathbb{R}$，$\boldsymbol{u} \in \langle \boldsymbol{a}_1, \cdots, \boldsymbol{a}_n \rangle$ とする.

$$\boldsymbol{u} \in \langle \boldsymbol{a}_1, \cdots, \boldsymbol{a}_n \rangle \Longleftrightarrow \boldsymbol{u} = \alpha_1\boldsymbol{a}_1 + \cdots + \alpha_n\boldsymbol{a}_n \text{ とおける.}$$

よって,

$$c\boldsymbol{u} = (c\alpha_1)\boldsymbol{a}_1 + \cdots + (c\alpha_n)\boldsymbol{a}_n.$$

したがって，$c\boldsymbol{u} \in \langle \boldsymbol{a}_1, \cdots, \boldsymbol{a}_n \rangle$. □

$\langle \boldsymbol{a}_1, \cdots, \boldsymbol{a}_n \rangle$ の図形的意味

xyz 空間の原点O，そしてOとは異なる2点A, Bについて，3点O, A, Bは同一直線上にないとします．そうすると平面OABが定まります(図2).

$$\overrightarrow{\mathrm{OA}} = \boldsymbol{a},\quad \overrightarrow{\mathrm{OB}} = \boldsymbol{b}$$

とおいて,

$$\langle \boldsymbol{a}, \boldsymbol{b} \rangle = \{ s\boldsymbol{a} + t\boldsymbol{b} \mid s, t \in \mathbb{R} \}$$

について考えます．このとき，空間内の一般の点Pの位置ベクトル $\overrightarrow{\mathrm{OP}} = \boldsymbol{p}$ について,

$$\text{点Pが平面OAB上にある} \Longleftrightarrow \boldsymbol{p} = s\boldsymbol{a} + t\boldsymbol{b} \text{ とおける.}$$

図2

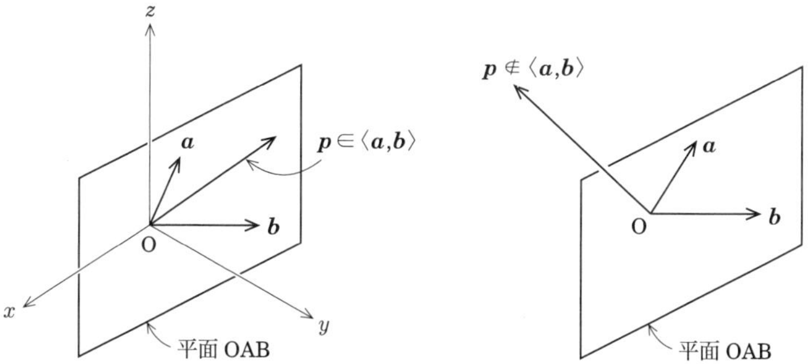

よって，次が成り立ちます．

$$\langle \boldsymbol{a}, \boldsymbol{b} \rangle = \text{平面OAB上の点の位置ベクトル全体の集合}.$$

したがって，次のように考えられます．

$\langle \boldsymbol{a}, \boldsymbol{b} \rangle$ は平面 OAB を表わしていて，

$$\begin{cases} \boldsymbol{p} \in \langle \boldsymbol{a}, \boldsymbol{b} \rangle \Longleftrightarrow \boldsymbol{p} \text{ は平面 OAB にふくまれる.} \\ \boldsymbol{p} \notin \langle \boldsymbol{a}, \boldsymbol{b} \rangle \Longleftrightarrow \boldsymbol{p} \text{ は平面 OAB からはみでている.} \end{cases}$$

また，$\boldsymbol{a} \neq \boldsymbol{0}$ のとき，

$$\langle \boldsymbol{a} \rangle = \{ s\boldsymbol{a} \mid s \in \mathbb{R} \}$$

は，原点を通り，ベクトル $\boldsymbol{a}$ の方向をむいた直線を表わしていると考えられます．

◆ 定理 4.2 ◆

$\boldsymbol{a}_1, \cdots, \boldsymbol{a}_n, \boldsymbol{b}$ を V^m のベクトルとする．このとき，次のことが成り立つ．

(1)　どの i についても，$\boldsymbol{a}_i \in \langle \boldsymbol{a}_1, \cdots, \boldsymbol{a}_n \rangle$

(2)　$\langle \boldsymbol{a}_1, \cdots, \boldsymbol{a}_n \rangle \subset \langle \boldsymbol{a}_1, \cdots, \boldsymbol{a}_n, \boldsymbol{b} \rangle$

(3)　$\boldsymbol{b} \in \langle \boldsymbol{a}_1, \cdots, \boldsymbol{a}_n \rangle \Longrightarrow \langle \boldsymbol{a}_1, \cdots, \boldsymbol{a}_n, \boldsymbol{b} \rangle = \langle \boldsymbol{a}_1, \cdots, \boldsymbol{a}_n \rangle$

証明　(1)　$\boldsymbol{a}_1 = 1 \cdot \boldsymbol{a}_1 + 0 \cdot \boldsymbol{a}_2 + \cdots + 0 \cdot \boldsymbol{a}_n$ だから $\boldsymbol{a}_1 \in \langle \boldsymbol{a}_1, \cdots, \boldsymbol{a}_n \rangle$．$\boldsymbol{a}_2, \cdots, \boldsymbol{a}_n$ についても同様である．

(2)「$\boldsymbol{x} \in \langle \boldsymbol{a}_1, \cdots, \boldsymbol{a}_n \rangle \Longrightarrow \boldsymbol{x} \in \langle \boldsymbol{a}_1, \cdots, \boldsymbol{a}_n, \boldsymbol{b} \rangle$」を示さなくてはいけない（この意味がわからないという人は，§1(4)をよみ返してください）．そこで，$\boldsymbol{x} \in \langle \boldsymbol{a}_1, \cdots, \boldsymbol{a}_n \rangle$ とする．そうすると，次のようにおける．

$$\boldsymbol{x} = c_1\boldsymbol{a}_1 + \cdots + c_n\boldsymbol{a}_n,$$

$$c_1\boldsymbol{a}_1 + \cdots + c_n\boldsymbol{a}_n = c_1\boldsymbol{a}_1 + \cdots + c_n\boldsymbol{a}_n + 0 \cdot \boldsymbol{b}.$$

だから，

$$\boldsymbol{x} = c_1\boldsymbol{a}_1 + \cdots + c_n\boldsymbol{a}_n + 0 \cdot \boldsymbol{b}.$$

よって，$\boldsymbol{x} \in \langle \boldsymbol{a}_1, \cdots, \boldsymbol{a}_n, \boldsymbol{b} \rangle$．こうして，

「$\boldsymbol{x} \in \langle \boldsymbol{a}_1, \cdots, \boldsymbol{a}_n \rangle \Longrightarrow \boldsymbol{x} \in \langle \boldsymbol{a}_1, \cdots, \boldsymbol{a}_n, \boldsymbol{b} \rangle$」

が示されたので，$\langle \boldsymbol{a}_1, \cdots, \boldsymbol{a}_n \rangle \subset \langle \boldsymbol{a}_1, \cdots, \boldsymbol{a}_n, \boldsymbol{b} \rangle$ が証明された．

(3)　$\boldsymbol{b} \in \langle \boldsymbol{a}_1, \cdots, \boldsymbol{a}_n \rangle$ と仮定する．このとき次が成り立つ．

（ア）　$\langle \boldsymbol{a}_1, \cdots, \boldsymbol{a}_n, \boldsymbol{b} \rangle \subset \langle \boldsymbol{a}_1, \cdots, \boldsymbol{a}_n \rangle$．

なぜならば：$\boldsymbol{x} \in \langle \boldsymbol{a}_1, \cdots, \boldsymbol{a}_n, \boldsymbol{b} \rangle$ とすると，次のようにおける．

$$(*) \quad \boldsymbol{x} = c_1\boldsymbol{a}_1 + \cdots + c_n\boldsymbol{a}_n + s\boldsymbol{b}$$

仮定 $\boldsymbol{b} \in \langle \boldsymbol{a}_1, \cdots, \boldsymbol{a}_n \rangle$ より，

$$\boldsymbol{b} = d_1\boldsymbol{a}_1 + \cdots + d_n\boldsymbol{a}_n$$

とおける．これを(＊)に代入して $\boldsymbol{b}$ を消すと，

$$\begin{aligned} \boldsymbol{x} &= c_1\boldsymbol{a}_1 + \cdots + c_n\boldsymbol{a}_n + s(d_1\boldsymbol{a}_1 + \cdots + d_n\boldsymbol{a}_n) \\ &= (c_1 + sd_1)\boldsymbol{a}_1 + \cdots + (c_n + sd_n)\boldsymbol{a}_n. \end{aligned}$$

よって，$\boldsymbol{x} \in \langle \boldsymbol{a}_1, \cdots, \boldsymbol{a}_n \rangle$．こうして，

「$\boldsymbol{x} \in \langle \boldsymbol{a}_1, \cdots, \boldsymbol{a}_n, \boldsymbol{b} \rangle \Longrightarrow \boldsymbol{x} \in \langle \boldsymbol{a}_1, \cdots, \boldsymbol{a}_n \rangle$」

がいえたので，(ア)が示された．

(ア)と(2)より，(3)が証明された． □

◆ 定理 4.3 ◆

$\boldsymbol{a}_1, \cdots, \boldsymbol{a}_k, \boldsymbol{b}_1, \cdots, \boldsymbol{b}_\ell, \boldsymbol{v}_1, \cdots, \boldsymbol{v}_n$ を V^m のベクトルとする．このとき，$\langle \boldsymbol{a}_1, \cdots, \boldsymbol{a}_k \rangle = \langle \boldsymbol{b}_1, \cdots, \boldsymbol{b}_\ell \rangle$ ならば，次のことが成り立つ．

$$\langle \boldsymbol{a}_1, \cdots, \boldsymbol{a}_k, \boldsymbol{v}_1, \cdots, \boldsymbol{v}_n \rangle = \langle \boldsymbol{b}_1, \cdots, \boldsymbol{b}_\ell, \boldsymbol{v}_1, \cdots, \boldsymbol{v}_n \rangle.$$

証明　まず次のことを示す．

(ア)　$\langle \boldsymbol{a}_1, \cdots, \boldsymbol{a}_k, \boldsymbol{v}_1, \cdots, \boldsymbol{v}_n \rangle \subset \langle \boldsymbol{b}_1, \cdots, \boldsymbol{b}_\ell, \boldsymbol{v}_1, \cdots, \boldsymbol{v}_n \rangle$.

なぜならば：$\boldsymbol{x} \in \langle \boldsymbol{a}_1, \cdots, \boldsymbol{a}_k, \boldsymbol{v}_1, \cdots, \boldsymbol{v}_n \rangle$ とする．そうすると次のようにおける．

$$\boldsymbol{x} = c_1\boldsymbol{a}_1 + \cdots + c_k\boldsymbol{a}_k + d_1\boldsymbol{v}_1 + \cdots + d_n\boldsymbol{v}_n.$$

$c_1\boldsymbol{a}_1 + \cdots + c_k\boldsymbol{a}_k \in \langle \boldsymbol{a}_1, \cdots, \boldsymbol{a}_k \rangle$ と $\langle \boldsymbol{a}_1, \cdots, \boldsymbol{a}_k \rangle = \langle \boldsymbol{b}_1, \cdots, \boldsymbol{b}_\ell \rangle$ より $c_1\boldsymbol{a}_1 + \cdots + c_k\boldsymbol{a}_k \in \langle \boldsymbol{b}_1, \cdots, \boldsymbol{b}_\ell \rangle$．よって，次のようにおける．

$$c_1\boldsymbol{a}_1 + \cdots + c_k\boldsymbol{a}_k = \alpha_1\boldsymbol{b}_1 + \cdots + \alpha_\ell\boldsymbol{b}_\ell.$$

したがって

$$\boldsymbol{x} = \alpha_1\boldsymbol{b}_1 + \cdots + \alpha_\ell\boldsymbol{b}_\ell + d_1\boldsymbol{v}_1 + \cdots + d_n\boldsymbol{v}_n \in \langle \boldsymbol{b}_1, \cdots, \boldsymbol{b}_\ell, \boldsymbol{v}_1, \cdots, \boldsymbol{v}_n \rangle.$$

こうして，

「$\boldsymbol{x} \in \langle \boldsymbol{a}_1, \cdots, \boldsymbol{a}_k, \boldsymbol{v}_1, \cdots, \boldsymbol{v}_n \rangle \Longrightarrow \boldsymbol{x} \in \langle \boldsymbol{b}_1, \cdots, \boldsymbol{b}_\ell, \boldsymbol{v}_1, \cdots, \boldsymbol{v}_n \rangle$」

がいえたので，(ア)が示された．

同様にして，次のことが示される(各自やってみよ).

(イ)　$\langle \boldsymbol{b}_1, \cdots, \boldsymbol{b}_\ell, \boldsymbol{v}_1, \cdots, \boldsymbol{v}_n \rangle \subset \langle \boldsymbol{a}_1, \cdots, \boldsymbol{a}_k, \boldsymbol{v}_1, \cdots, \boldsymbol{v}_n \rangle$.

(ア)と(イ)より，

$$\langle \boldsymbol{a}_1, \cdots, \boldsymbol{a}_k, \boldsymbol{v}_1, \cdots, \boldsymbol{v}_n \rangle = \langle \boldsymbol{b}_1, \cdots, \boldsymbol{b}_\ell, \boldsymbol{v}_1, \cdots, \boldsymbol{v}_n \rangle. \qquad \square$$

問 1　定理 4.3 は，定理 4.2 の(3)を使うと形式的に証明できる．そのような証明を考えよ．

練習

◆ 例題 4.1 ◆

V^3 のベクトル $\boldsymbol{a} = \begin{bmatrix} 1 \\ -1 \\ 2 \end{bmatrix}$，$\boldsymbol{b} = \begin{bmatrix} 2 \\ 1 \\ 1 \end{bmatrix}$，$\boldsymbol{u} = \begin{bmatrix} 1 \\ 0 \\ 0 \end{bmatrix}$ について，$\boldsymbol{u} \notin \langle \boldsymbol{a}, \boldsymbol{b} \rangle$ であることを示せ．

解説　仮に，$\boldsymbol{u} \in \langle \boldsymbol{a}, \boldsymbol{b} \rangle$ であるとする．そうすると，次のようにおける．

(＊)　$\boldsymbol{u} = x\boldsymbol{a} + y\boldsymbol{b}$.

このとき，

$$(*) \Longleftrightarrow \begin{bmatrix} 1 \\ 0 \\ 0 \end{bmatrix} = x \begin{bmatrix} 1 \\ -1 \\ 2 \end{bmatrix} + y \begin{bmatrix} 2 \\ 1 \\ 1 \end{bmatrix}$$

なので，x と y は次の 3 つの式をみたすことになる．

$$x+2y=1, \quad -x+y=0, \quad 2x+y=0$$

しかし，そのような x, y は存在しない．これは矛盾である．よって，$\boldsymbol{u} \notin \langle \boldsymbol{a}, \boldsymbol{b} \rangle$.

◆ 例題 4.2 ◆

V^m のベクトル $\boldsymbol{a}_1, \boldsymbol{a}_2, \boldsymbol{b}$ が次の(ア)と(イ)をみたすとする．

(ア)　$\boldsymbol{b} \in \langle \boldsymbol{a}_1, \boldsymbol{a}_2 \rangle$　　(イ)　$\boldsymbol{b} \notin \langle \boldsymbol{a}_1 \rangle$

このとき，$\boldsymbol{a}_2 \in \langle \boldsymbol{a}_1, \boldsymbol{b} \rangle$ であることを示せ．

解説　(ア)より，次のようにおける．

(1)　$\boldsymbol{b} = c_1\boldsymbol{a}_1 + c_2\boldsymbol{a}_2$.

仮に，$c_2 = 0$ であるとする．これを(1)に代入すると，$\boldsymbol{b} = c_1\boldsymbol{a}_1$．よって，$\boldsymbol{b} \in \langle \boldsymbol{a}_1 \rangle$．これは(イ)に反する．よって，$c_2 \neq 0$．したがって，(1)は $\boldsymbol{a}_2$ についてとける：まず，(1)を次のように変形する．

$$c_2\boldsymbol{a}_2 = (-c_1)\boldsymbol{a}_1 + \boldsymbol{b}.$$

$c_2 \neq 0$ なので，両辺に $\dfrac{1}{c_2}$ をかける(c_2 でわる)と，

$$\boldsymbol{a}_2 = \left(-\frac{c_1}{c_2}\right)\boldsymbol{a}_1 + \frac{1}{c_2}\boldsymbol{b}.$$

よって，$\boldsymbol{a}_2 \in \langle \boldsymbol{a}_1, \boldsymbol{b} \rangle$.

問 2　$\boldsymbol{a}, \boldsymbol{b}$ は例題 4.1 と同じとする．$\boldsymbol{v} = \begin{bmatrix} 1 \\ 2 \\ \alpha \end{bmatrix}$ について，$\boldsymbol{v} \in \langle \boldsymbol{a}, \boldsymbol{b} \rangle$ が成り立つための α の条件を求めよ．

問 3　V^m のベクトル $\boldsymbol{a}_1, \boldsymbol{a}_2, \boldsymbol{a}_3, \boldsymbol{b}$ が次の(ア)と(イ)をみたすとする．

(ア)　$\boldsymbol{b} \in \langle \boldsymbol{a}_1, \boldsymbol{a}_2, \boldsymbol{a}_3 \rangle$　　(イ)　$\boldsymbol{b} \notin \langle \boldsymbol{a}_1, \boldsymbol{a}_2 \rangle$

このとき，$\boldsymbol{a}_3 \in \langle \boldsymbol{a}_1, \boldsymbol{a}_2, \boldsymbol{b} \rangle$ であることを示せ．

◆ 定理 4.4 ◆

$\boldsymbol{e}_1, \cdots, \boldsymbol{e}_m$ を V^m の基本ベクトルとする．そうすると，次が成り立つ．

$$\langle \boldsymbol{e}_1, \cdots, \boldsymbol{e}_m \rangle = V^m.$$

いいかえると，V^m のどのベクトルも $\boldsymbol{e}_1, \cdots, \boldsymbol{e}_m$ で表わせる．

証明　一般の m の場合も同じことなので，$m = 3$ のときを証明する．

$$c_1\boldsymbol{e}_1 + c_2\boldsymbol{e}_2 + c_3\boldsymbol{e}_3 = c_1\begin{bmatrix} 1 \\ 0 \\ 0 \end{bmatrix} + c_2\begin{bmatrix} 0 \\ 1 \\ 0 \end{bmatrix} + c_3\begin{bmatrix} 0 \\ 0 \\ 1 \end{bmatrix} = \begin{bmatrix} c_1 \\ c_2 \\ c_3 \end{bmatrix}.$$

よって，

$$\langle \boldsymbol{e}_1, \boldsymbol{e}_2, \boldsymbol{e}_3 \rangle = \{c_1\boldsymbol{e}_1 + c_2\boldsymbol{e}_2 + c_3\boldsymbol{e}_3 \mid c_1, c_2, c_3 \in \mathbb{R}\}$$

$$= \left\{ \begin{bmatrix} c_1 \\ c_2 \\ c_3 \end{bmatrix} \middle| \ c_1, c_2, c_3 \in \mathbb{R} \right\} = V^3.$$ □

◆ 定理 4.5 ◆

V^m のベクトル $\boldsymbol{a}_1, \cdots, \boldsymbol{a}_n$ について，次が成り立つとする．

$$\langle \boldsymbol{a}_1, \cdots, \boldsymbol{a}_n \rangle = V^m.$$

このとき，$n \geqq m$ である．

証明　$A = [\,\boldsymbol{a}_1 \ \cdots \ \boldsymbol{a}_n\,]$ とおく．そうすると次が成り立つ．

(♯)　V^m の任意のベクトル $\boldsymbol{b}$ について，$A\boldsymbol{x} = \boldsymbol{b}$ は解をもつ．

なぜならば：$V^m = \langle \boldsymbol{a}_1, \cdots, \boldsymbol{a}_n \rangle$ だから，V^m のどのベクトルも $\boldsymbol{a}_1, \cdots, \boldsymbol{a}_n$ で表わせる．よって，次のようにおける．

$$\boldsymbol{b} = c_1\boldsymbol{a}_1 + \cdots + c_n\boldsymbol{a}_n.$$

そこで，$\boldsymbol{c} = \begin{bmatrix} c_1 \\ \vdots \\ c_n \end{bmatrix}$ とおく．第 3 章定理 1.1 より，

$$c_1\boldsymbol{a}_1 + \cdots + c_n\boldsymbol{a}_n = \boldsymbol{b} \Longleftrightarrow A\boldsymbol{c} = \boldsymbol{b}.$$

よって，$\boldsymbol{x} = \boldsymbol{c}$ は $A\boldsymbol{x} = \boldsymbol{b}$ の解である．

(♯)と第 3 章の定理 8.3 より，$n \geqq m$ である． □

次の定理は,「1 次独立」の図形的イメージをはっきりさせてくれると思います(証明のあとの図 3 をみよ)．

◆ 定理 4.6 ◆

V^m のベクトル $\boldsymbol{a}_1, \cdots, \boldsymbol{a}_n$ について，次の(ア)と(イ)は同値である．

(ア)　$\boldsymbol{a}_1, \cdots, \boldsymbol{a}_n$ は 1 次独立である．

(イ)　次の n 個の関係式(1)～(n)が成り立つ．

(1)　$\boldsymbol{a}_1 \neq \boldsymbol{0}$　　(2)　$\boldsymbol{a}_2 \notin \langle \boldsymbol{a}_1 \rangle$　　(3)　$\boldsymbol{a}_3 \notin \langle \boldsymbol{a}_1, \boldsymbol{a}_2 \rangle$　　$\cdots$

$\cdots$　(n)　$\boldsymbol{a}_n \notin \langle \boldsymbol{a}_1, \cdots, \boldsymbol{a}_{n-1} \rangle$

証明　(ア)⇒(イ)：$\boldsymbol{a}_1, \cdots, \boldsymbol{a}_n$ が1次独立であるとする．仮に，

「ある i について $\boldsymbol{a}_{i+1} \in \langle \boldsymbol{a}_1, \cdots, \boldsymbol{a}_i \rangle$ が成り立つ」

とする．そうすると次のようにおける．

$$\boldsymbol{a}_{i+1} = c_1\boldsymbol{a}_1 + \cdots + c_i\boldsymbol{a}_i.$$

この式は次のように変形できる．

$$c_1\boldsymbol{a}_1 + \cdots + c_i\boldsymbol{a}_i + (-1)\boldsymbol{a}_{i+1} + 0\cdot\boldsymbol{a}_{i+2} + \cdots + 0\cdot\boldsymbol{a}_n = \boldsymbol{0}.$$

$\boldsymbol{a}_1, \cdots, \boldsymbol{a}_n$ は1次独立であるから

$$c_1 = 0,\ \ \cdots,\ \ c_i = 0,\ \ -1 = 0,\ \ 0 = 0,\ \ \cdots,\ \ 0 = 0.$$

こうして，「-1 と 0 が等しい」ということになって矛盾．よって，

「すべての i について $\boldsymbol{a}_{i+1} \notin \langle \boldsymbol{a}_1, \cdots, \boldsymbol{a}_i \rangle$ が成り立つ」

これで，「(ア)⇒(イ)」が示された．

(イ)⇒(ア)：

(＊)　$c_1\boldsymbol{a}_1 + \cdots + c_n\boldsymbol{a}_n = \boldsymbol{0}$

とする．仮に，$c_n \neq 0$ であるとする．そうすると，(＊)は $\boldsymbol{a}_n$ についてとける：

$$\boldsymbol{a}_n = \left(-\frac{c_1}{c_n}\right)\boldsymbol{a}_1 + \cdots + \left(-\frac{c_{n-1}}{c_n}\right)\boldsymbol{a}_{n-1}.$$

よって，$\boldsymbol{a}_n \in \langle \boldsymbol{a}_1, \cdots, \boldsymbol{a}_{n-1} \rangle$．これは(n)に反する．よって，$c_n = 0$．これを(＊)に代入すると

$$c_1\boldsymbol{a}_1 + \cdots + c_{n-1}\boldsymbol{a}_{n-1} = \boldsymbol{0}.$$

上と同様にして，$c_{n-1} = 0$ がわかる．以下，同じ議論をくり返して，$c_{n-2} = c_{n-3} = \cdots = c_1 = 0$ がいえる．このように

「$(*) \Longrightarrow c_1 = 0,\ \ \cdots,\ \ c_n = 0$」

が成り立つ．よって，$\boldsymbol{a}_1, \cdots, \boldsymbol{a}_n$ は1次独立である．　□

図3
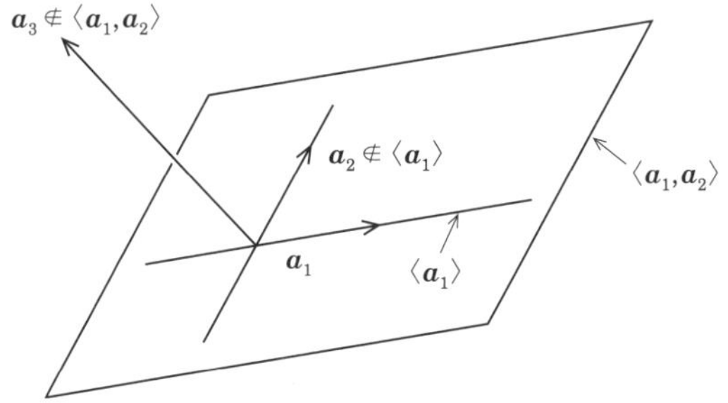

§5 ◆ V^m の部分空間

定義 5.1 V^m の部分集合 W が，V^m の(ベクトル)**部分空間**であるとは，次の(1), (2), (3)をみたすときをいう．

(1) $\mathbf{0} \in W$

(2) $\boldsymbol{x}, \boldsymbol{y} \in W \Longrightarrow \boldsymbol{x}+\boldsymbol{y} \in W$

(3) $c \in \mathbb{R},\ \boldsymbol{u} \in W \Longrightarrow c\boldsymbol{u} \in W$

◆ 定理 5.1 ◆

V^m のベクトル $\boldsymbol{a}_1, \cdots, \boldsymbol{a}_n$ に対して，$\langle \boldsymbol{a}_1, \cdots, \boldsymbol{a}_n \rangle$ は V^m の部分空間である．

証明 定理4.1より明らか． □

注意 あとでわかることですが，V^m のどの部分空間も，実際には，この形の部分空間です．

◆ 定理 5.2 ◆

A を $m \times n$ 行列とする．そこで，斉次方程式 $A\boldsymbol{x} = \mathbf{0}$ の解ベクトル全体の集合を W とする：

$$W = \{\boldsymbol{x} \in \mathbb{R}^n \mid A\boldsymbol{x} = \mathbf{0}\}. \quad (\boldsymbol{x} \in W \Longleftrightarrow A\boldsymbol{x} = \mathbf{0})$$

このとき，W は V^n の部分空間である．

証明 定義5.1の3条件をチェックする．

(1) $A\mathbf{0} = \mathbf{0}$ だから $\mathbf{0} \in W$．

(2) $\boldsymbol{x}, \boldsymbol{y} \in W$ とする．そうすると $A\boldsymbol{x} = \mathbf{0}$，$A\boldsymbol{y} = \mathbf{0}$．よって

$$\begin{aligned} A(\boldsymbol{x}+\boldsymbol{y}) &= A\boldsymbol{x}+A\boldsymbol{y} \qquad (\text{第2章の定理3.2(1)より}) \\ &= \mathbf{0}+\mathbf{0} = \mathbf{0}. \end{aligned}$$

よって，$\boldsymbol{x}+\boldsymbol{y} \in W$．

(3)　$c \in \mathbb{R}$，$\boldsymbol{u} \in W$ とする．そうすると $A\boldsymbol{u} = \mathbf{0}$．よって

$$\begin{aligned} A(c\boldsymbol{u}) &= c(A\boldsymbol{u}) \qquad (\text{第2章の定理3.2(2)より}) \\ &= c\mathbf{0} = \mathbf{0}. \end{aligned}$$

よって，$c\boldsymbol{u} \in W$． □

特別な部分空間

（ア）　V^m それ自身は，定義5.1の3条件をみたすので，V^m の部分空間です．

（イ）　V^m の $\mathbf{0}$ だけからなる部分集合 $\{\mathbf{0}\}$ は，

(1)　$\mathbf{0} \in \{\mathbf{0}\}$　　(2)　$\mathbf{0}+\mathbf{0} = \mathbf{0}$　　(3)　$c\mathbf{0} = \mathbf{0}$.

だから，V^m の部分空間です．$\{\mathbf{0}\}$ を**自明な部分空間**とよびます．なお，$\boldsymbol{a} = \mathbf{0}$ のときの $\langle \boldsymbol{a} \rangle$ について，

$$\langle \mathbf{0} \rangle = \{c\mathbf{0} \mid c \in \mathbb{R}\} = \{\mathbf{0}\}. \quad (c\mathbf{0} = \mathbf{0} \text{ だから})$$

◆ 定理 5.3 ◆

W を V の部分空間とする．このとき次のことが成り立つ．

（ア）　$\boldsymbol{u} \in W \Longrightarrow -\boldsymbol{u} \in W$

（イ）　$\boldsymbol{v}_1, \cdots, \boldsymbol{v}_n \in W \Longrightarrow \boldsymbol{v}_1 + \cdots + \boldsymbol{v}_n \in W$

（ウ）　$c_1, \cdots, c_n \in \mathbb{R}$，$\boldsymbol{a}_1, \cdots, \boldsymbol{a}_n \in W \Longrightarrow c_1\boldsymbol{a}_1 + \cdots + c_n\boldsymbol{a}_n \in W$

（エ）　$\boldsymbol{a}_1, \cdots, \boldsymbol{a}_n \in W \Longrightarrow \langle \boldsymbol{a}_1, \cdots, \boldsymbol{a}_n \rangle \subset W$

証明　（ア）　定義5.1の条件(3)で $c = -1$ とおくと

$$\boldsymbol{u} \in W \Longrightarrow (-1)\boldsymbol{u} \in W \Longrightarrow -\boldsymbol{u} \in W.$$

（イ）　$\boldsymbol{v}_1 + \cdots + \boldsymbol{v}_n = (\cdots((\boldsymbol{v}_1 + \boldsymbol{v}_2) + \boldsymbol{v}_3) + \cdots)$ だから，定義5.1の(2)をくり返し使えばよい．つまり

$$\boldsymbol{v}_1 + \boldsymbol{v}_2 \in W, \quad (\boldsymbol{v}_1 + \boldsymbol{v}_2) + \boldsymbol{v}_3 \in W, \quad \cdots, \\ (\cdots((\boldsymbol{v}_1 + \boldsymbol{v}_2) + \boldsymbol{v}_3) + \cdots) \in W.$$

（ウ）　定義5.1の(3)を使うと

$$c_1\boldsymbol{a}_1 \in W, \quad c_2\boldsymbol{a}_2 \in W, \quad \cdots, \quad c_n\boldsymbol{a}_n \in W.$$

よって，（イ）より，$c_1\boldsymbol{a}_1 + \cdots + c_n\boldsymbol{a}_n \in W$.

(エ)　次のことを示せばよい．

(*)　$\boldsymbol{x} \in \langle \boldsymbol{a}_1, \cdots, \boldsymbol{a}_n \rangle \Longrightarrow \boldsymbol{x} \in W$.

そこで，$\boldsymbol{x} \in \langle \boldsymbol{a}_1, \cdots, \boldsymbol{a}_n \rangle$ とする．そうすると次のようにおける．

$$\boldsymbol{x} = c_1\boldsymbol{a}_1 + \cdots + c_n\boldsymbol{a}_n.$$

よって，(ウ)より，$\boldsymbol{x} \in W$．(*)が示されたので(エ)の証明がおわった．□

§6 ◆ ベースと次元

定義 6.1　W を V^m の部分空間とする．ただし，W は $\{\mathbf{0}\}$ でないとする($W = V^m$ は可)．このとき，ベクトルの集まり $\{\boldsymbol{a}_1, \cdots, \boldsymbol{a}_k\}$ が部分空間 W の**ベース**(基底)であるとは，次の(1)と(2)をみたすときをいう．

(1)　$\boldsymbol{a}_1, \cdots, \boldsymbol{a}_k$ は 1 次独立である．

(2)　$\langle \boldsymbol{a}_1, \cdots, \boldsymbol{a}_k \rangle = W$．いいかえると，$W$ のどのベクトルも $\boldsymbol{a}_1, \cdots, \boldsymbol{a}_k$ で表わせる．

(i)　はじめに，V^m のベースについて考えます．

◆ 定理 6.1 ◆

$\boldsymbol{e}_1, \cdots, \boldsymbol{e}_m$ を V^m の基本ベクトルとする．$\{\boldsymbol{e}_1, \cdots, \boldsymbol{e}_m\}$ は V^m のベースである．

証明　定理 3.2 より，$\boldsymbol{e}_1, \cdots, \boldsymbol{e}_m$ は 1 次独立である．そして，定理 4.4 より，$\langle \boldsymbol{e}_1, \cdots, \boldsymbol{e}_m \rangle = V^m$ である．よって，$\{\boldsymbol{e}_1, \cdots, \boldsymbol{e}_m\}$ は V^m のベースである．□

$\{\boldsymbol{e}_1, \cdots, \boldsymbol{e}_m\}$ のことを，V^m のナチュラルベース(自然基底)とよびます．

定理 6.3 で示すように，V^m のベースはたくさんあります．しかし，次がいえます．

◆ **定理 6.2** ◆

V^m のどのベースも，ちょうど m 個のベクトルからなる．つまり，$\{\boldsymbol{a}_1, \cdots, \boldsymbol{a}_n\}$ が V^m のベースであるならば，$n = m$ である．

証明　$\{\boldsymbol{a}_1, \cdots, \boldsymbol{a}_n\}$ が V^m のベースであるとする．$\boldsymbol{a}_1, \cdots, \boldsymbol{a}_n$ は1次独立であるから，定理3.3より，$n \leqq m$．$\langle \boldsymbol{a}_1, \cdots, \boldsymbol{a}_n \rangle = V^m$ であるから，定理4.5より，$n \geqq m$．よって，$n = m$．□

◆ **定理 6.3** ◆

V^m のベクトル $\boldsymbol{a}_1, \cdots, \boldsymbol{a}_m$ が1次独立であるとする．このとき，$\{\boldsymbol{a}_1, \cdots, \boldsymbol{a}_m\}$ は V^m のベースである．

証明　$\boldsymbol{a}_1, \cdots, \boldsymbol{a}_m$ が1次独立であるから，定理4.6より，次が成り立つ．

(1)　$\boldsymbol{a}_1 \neq \boldsymbol{0}$，$\boldsymbol{a}_2 \notin \langle \boldsymbol{a}_1 \rangle$，$\cdots$，$\boldsymbol{a}_m \notin \langle \boldsymbol{a}_1, \cdots, \boldsymbol{a}_{m-1} \rangle$．

仮に，$\langle \boldsymbol{a}_1, \cdots, \boldsymbol{a}_m \rangle \neq V^m$ であるとする．そうすると，次をみたす $\boldsymbol{a}_{m+1}$ がある．

(2)　$\boldsymbol{a}_{m+1} \notin \langle \boldsymbol{a}_1, \cdots, \boldsymbol{a}_m \rangle$．

(1)と(2)より，$\boldsymbol{a}_1, \cdots, \boldsymbol{a}_{m+1}$ は1次独立である（定理4.6）．よって，定理3.3より，$m+1 \leqq m$．これは矛盾．よって $\langle \boldsymbol{a}_1, \cdots, \boldsymbol{a}_m \rangle = V^m$．このことと，$\boldsymbol{a}_1, \cdots, \boldsymbol{a}_m$ が1次独立であることより，$\{\boldsymbol{a}_1, \cdots, \boldsymbol{a}_m\}$ は V^m のベースである．□

(ii)　V^m の一般の部分空間 W のベースについて考えます．

◆ **定理 6.4** ◆

V^m の自明でない部分空間はベースをもつ．くわしくいうと：

W を V^m の部分空間とする．ただし W は，$\{\boldsymbol{0}\}$ でないとする：$W \neq \{\boldsymbol{0}\}$．このとき W のベースが存在する．

証明をはじめるまえに，課題を出しておきます．つまり，以下の証明において，定理5.3の(エ)を，ことわりなしで何回か使っています．どこで使っているかを考えてください．

証明 次のような作業をおこなう．

$\boldsymbol{a}_1 \in W$，$\boldsymbol{a}_1 \neq \boldsymbol{0}$ をみたす $\boldsymbol{a}_1$ をとる($W \neq \{\boldsymbol{0}\}$ だから，たしかにとれる)．もし $\langle \boldsymbol{a}_1 \rangle = W$ なら，それでおわりにし，$\langle \boldsymbol{a}_1 \rangle \neq W$ なら，$\boldsymbol{a}_2 \in W$，$\boldsymbol{a}_2 \notin \langle \boldsymbol{a}_1 \rangle$ をみたす $\boldsymbol{a}_2$ をとる．そして，もし $\langle \boldsymbol{a}_1, \boldsymbol{a}_2 \rangle = W$ なら，それでおわりにし，$\langle \boldsymbol{a}_1, \boldsymbol{a}_2 \rangle \neq W$ なら，$\boldsymbol{a}_3 \in W$，$\boldsymbol{a}_3 \notin \langle \boldsymbol{a}_1, \boldsymbol{a}_2 \rangle$ をみたす $\boldsymbol{a}_3$ をとる．

以下同様にくり返す．そうするとこの作業は，m 回以内に必ずおわる．

なぜならば：$(m+1)$ 回目がやれるということは，次をみたすような $\boldsymbol{a}_1, \cdots, \boldsymbol{a}_{m+1}$ が存在することを意味する．

$$\boldsymbol{a}_1 \neq \boldsymbol{0},\ \boldsymbol{a}_2 \notin \langle \boldsymbol{a}_1 \rangle,\ \cdots,\ \boldsymbol{a}_{m+1} \notin \langle \boldsymbol{a}_1, \cdots, \boldsymbol{a}_m \rangle$$

そうすると，$\boldsymbol{a}_1, \cdots, \boldsymbol{a}_{m+1}$ は1次独立である(定理4.6)．よって，定理3.3より，$m+1 \leqq m$．これは矛盾である．よって，m 回以内におわる．

したがって，m 以下の番号 k があって，次の(1)と(2)が成り立つ．

(1) $\boldsymbol{a}_1 \neq \boldsymbol{0}$，$\boldsymbol{a}_2 \notin \langle \boldsymbol{a}_1 \rangle$，$\cdots$，$\boldsymbol{a}_k \notin \langle \boldsymbol{a}_1, \cdots, \boldsymbol{a}_{k-1} \rangle$，

(2) $\langle \boldsymbol{a}_1, \cdots, \boldsymbol{a}_k \rangle = W$．

(1)と定理4.6より

(3) $\boldsymbol{a}_1, \boldsymbol{a}_2, \cdots, \boldsymbol{a}_k$ は1次独立である．

よって，(3)と(2)より，$\{\boldsymbol{a}_1, \cdots, \boldsymbol{a}_k\}$ は W のベースである． □

◆ 定理6.5 ◆

W が V^m の部分空間で，$\{\boldsymbol{0}\}$ でも V^m でもないとする．このとき，$\{\boldsymbol{a}_1, \cdots, \boldsymbol{a}_k\}$ が W のベースであるならば，$k < m$ である．

証明 $\{\boldsymbol{a}_1, \cdots, \boldsymbol{a}_k\}$ が W のベースであるとする．そうすると，$\boldsymbol{a}_1, \cdots, \boldsymbol{a}_k$ は1次独立である．よって，$k \leqq m$ である(定理3.3)．仮に，$k = m$ であるとする．そうすると，次の(1)と(2)が成り立つことになる．

(1) $\boldsymbol{a}_1, \cdots, \boldsymbol{a}_m$ は1次独立である，

(2)　$\langle \boldsymbol{a}_1, \cdots, \boldsymbol{a}_m \rangle = W$.

(1)より，$\{\boldsymbol{a}_1, \cdots, \boldsymbol{a}_m\}$ は V^m のベースである(定理6.3)．よって $\langle \boldsymbol{a}_1, \cdots, \boldsymbol{a}_m \rangle = V^m$．このことと(2)より，$W = V^m$．これは「$W \neq V^m$」という定理の前提に反する．よって，$k \neq m$．$k \leqq m$ と $k \neq m$ より，$k < m$．□

◆ 定理 6.6 ◆

V^m のベクトル $\boldsymbol{a}_1, \cdots, \boldsymbol{a}_k$ $(k < m)$ が1次独立であるとする．このとき $\{\boldsymbol{a}_1, \cdots, \boldsymbol{a}_k, \boldsymbol{a}_{k+1}, \cdots, \boldsymbol{a}_m\}$ が V^m のベースになるような $(m-k)$ 個のベクトル $\boldsymbol{a}_{k+1}, \cdots, \boldsymbol{a}_m$ をとることができる．

証明　$\boldsymbol{a}_1, \cdots, \boldsymbol{a}_k$ は1次独立であるから，定理4.6より，次が成り立つ．

(1)　$\boldsymbol{a}_1 \neq \boldsymbol{0}$，$\boldsymbol{a}_2 \notin \langle \boldsymbol{a}_1 \rangle$，$\cdots$，$\boldsymbol{a}_k \notin \langle \boldsymbol{a}_1, \cdots, \boldsymbol{a}_{k-1} \rangle$.

このとき，次をみたすような $\boldsymbol{a}_{k+1}, \cdots, \boldsymbol{a}_m$ がとれる．

(2)　$\boldsymbol{a}_{k+1} \notin \langle \boldsymbol{a}_1, \cdots, \boldsymbol{a}_k \rangle$，$\cdots$，$\boldsymbol{a}_m \notin \langle \boldsymbol{a}_1, \cdots, \boldsymbol{a}_{m-1} \rangle$.

なぜならば：定理4.5より，もし $\langle \boldsymbol{a}_1, \cdots, \boldsymbol{a}_i \rangle = V^m$ ならば $i \geqq m$ である．よって，$i < m$ ならば，$\langle \boldsymbol{a}_1, \cdots, \boldsymbol{a}_i \rangle \neq V^m$ である．したがって，$i < m$ ならば，$\boldsymbol{a}_{i+1} \notin \langle \boldsymbol{a}_1, \cdots, \boldsymbol{a}_i \rangle$ をみたす $\boldsymbol{a}_{i+1}$ をとることができる．したがって

「$\boldsymbol{a}_1, \cdots, \boldsymbol{a}_i$ に対して，$\boldsymbol{a}_{i+1} \notin \langle \boldsymbol{a}_1, \cdots, \boldsymbol{a}_i \rangle$ をみたす $\boldsymbol{a}_{i+1}$ をとる」

という作業を，$i = k$ からはじめて，$i = m-1$ までくり返しておこなうことができる．このようにして，(2)をみたす $\boldsymbol{a}_{k+1}, \cdots, \boldsymbol{a}_m$ がえられる．

そうすると，(1)と(2)より，$\boldsymbol{a}_1, \cdots, \boldsymbol{a}_m$ は1次独立である(定理4.6)．よって，$\{\boldsymbol{a}_1, \cdots, \boldsymbol{a}_m\}$ は V^m のベースである(定理6.3)．□

◆ 定理 6.7 ◆

W を V^m の部分空間とする．ただし，$\{\boldsymbol{0}\}$ でないとする：$W \neq \{\boldsymbol{0}\}$．このとき，$W$ のベースを構成するベクトルの個数は一定である．つまり，$\{\boldsymbol{a}_1, \cdots, \boldsymbol{a}_k\}$ と $\{\boldsymbol{b}_1, \cdots, \boldsymbol{b}_\ell\}$ が，どちらも W のベースであるならば，$k = \ell$ が成り立つ．

証明　$W=V^m$ の場合は，定理 6.2 より，$k=m$，$\ell=m$ であるから $k=\ell$ が成り立つ．

以下，$W\neq V^m$ とする．そうすると，定理 6.5 より，$k<m$ である．そして，$\boldsymbol{a}_1,\cdots,\boldsymbol{a}_k$ は 1 次独立である(ベースだから)．そこで，$\{\boldsymbol{a}_1,\cdots,\boldsymbol{a}_k,\boldsymbol{a}_{k+1},\cdots,\boldsymbol{a}_m\}$ が V^m のベースであるような $\boldsymbol{a}_{k+1},\cdots,\boldsymbol{a}_m$ をとる(これは，定理 6.6 により可能である)．

$\{\boldsymbol{a}_1,\cdots,\boldsymbol{a}_k\}$ と $\{\boldsymbol{b}_1,\cdots,\boldsymbol{b}_\ell\}$ は，どちらも W のベースであるから，$\langle\boldsymbol{a}_1,\cdots,\boldsymbol{a}_k\rangle=W$，$\langle\boldsymbol{b}_1,\cdots,\boldsymbol{b}_\ell\rangle=W$．よって，

$$\langle\boldsymbol{b}_1,\cdots,\boldsymbol{b}_\ell\rangle=\langle\boldsymbol{a}_1,\cdots,\boldsymbol{a}_k\rangle.$$

したがって，

(1)　$\langle\boldsymbol{b}_1,\cdots,\boldsymbol{b}_\ell,\boldsymbol{a}_{k+1},\cdots,\boldsymbol{a}_m\rangle=\langle\boldsymbol{a}_1,\cdots,\boldsymbol{a}_k,\boldsymbol{a}_{k+1},\cdots,\boldsymbol{a}_m\rangle$　　(定理 4.3 より)

$=V^m$.　($\{\boldsymbol{a}_1,\cdots,\boldsymbol{a}_m\}$ は V^m のベースだから)

そして，

(2)　$\boldsymbol{b}_1,\cdots,\boldsymbol{b}_\ell,\boldsymbol{a}_{k+1},\cdots,\boldsymbol{a}_m$ は 1 次独立である．

なぜならば：

(∗)　$\alpha_1\boldsymbol{b}_1+\cdots+\alpha_\ell\boldsymbol{b}_\ell+c_{k+1}\boldsymbol{a}_{k+1}+\cdots+c_m\boldsymbol{a}_m=\boldsymbol{0}$

とする．$\alpha_1\boldsymbol{b}_1+\cdots+\alpha_\ell\boldsymbol{b}_\ell\in\langle\boldsymbol{b}_1,\cdots,\boldsymbol{b}_\ell\rangle$ と $\langle\boldsymbol{b}_1,\cdots,\boldsymbol{b}_\ell\rangle=\langle\boldsymbol{a}_1,\cdots,\boldsymbol{a}_k\rangle$ より $\alpha_1\boldsymbol{b}_1+\cdots+\alpha_\ell\boldsymbol{b}_\ell\in\langle\boldsymbol{a}_1,\cdots,\boldsymbol{a}_k\rangle$．よって，次のようにおける．

(3)　$\alpha_1\boldsymbol{b}_1+\cdots+\alpha_\ell\boldsymbol{b}_\ell=c_1\boldsymbol{a}_1+\cdots+c_k\boldsymbol{a}_k.$

よって，(∗)は次のようになる．

$$c_1\boldsymbol{a}_1+\cdots+c_k\boldsymbol{a}_k+c_{k+1}\boldsymbol{a}_{k+1}+\cdots+c_m\boldsymbol{a}_m=\boldsymbol{0}.$$

$\boldsymbol{a}_1,\cdots,\boldsymbol{a}_m$ は 1 次独立である(ベースだから)．よって

$$c_1=0,\ \cdots,\ c_k=0,\ c_{k+1}=0,\ \cdots,\ c_m=0.$$

「$c_1=0,\ \cdots,\ c_k=0$」を(3)に代入すると，(右辺)$=\boldsymbol{0}$．よって，次が成り立つ．

$$\alpha_1\boldsymbol{b}_1+\cdots+\alpha_\ell\boldsymbol{b}_\ell=\boldsymbol{0}.$$

$\boldsymbol{b}_1,\cdots,\boldsymbol{b}_\ell$ は 1 次独立である(ベースだから)．よって，

$$\alpha_1=0,\ \cdots,\ \alpha_\ell=0.$$

このように

「(∗)$\Longrightarrow\alpha_1=0,\ \cdots,\ \alpha_\ell=0,\ c_{k+1}=0,\ \cdots,\ c_m=0$」

が成り立つので，$\boldsymbol{b}_1,\cdots,\boldsymbol{b}_\ell,\boldsymbol{a}_{k+1},\cdots,\boldsymbol{a}_m$ は 1 次独立である．

(1) と (2) より，$\{\boldsymbol{b}_1, \cdots, \boldsymbol{b}_\ell, \boldsymbol{a}_{k+1}, \cdots, \boldsymbol{a}_m\}$ は V^m のベースである．よって，定理 6.2 より，$\ell+(m-k)=m$．よって $k=\ell$．□

部分空間の次元

定理 6.2 より，V^m のベースを構成するベクトルの個数は，どのベースについても同じ m です．また，定理 6.7 より，$W \neq \{\mathbf{0}\}$，$W \neq V^m$ のとき，部分空間 W のベースを構成するベクトルの個数は一定です．そこで，V^m の部分空間の次元を次のように定義します．

定義 6.2　W を V^m の部分空間とする．このとき，$\dim(W)$ を以下のように定める．

（i）　$W=\{\mathbf{0}\}$ のとき，$\dim(W)$ は 0 であると約束する：

$$\dim(\{\mathbf{0}\})=0$$

（ii）　$W \neq \{\mathbf{0}\}$ のとき，$\dim(W)$ とは W のベースを構成するベクトルの個数のことであると定める．

そして，$\dim(W)$ のことを，部分空間 W の**次元**とよぶ．

このように定義すると，定理 6.2 より

◆ 定理 6.8 ◆

$\dim(V^m)=m$.

また，定理 6.5 より

◆ 定理 6.9 ◆

W が V^m の部分空間で，$W \neq \{\mathbf{0}\}$，$W \neq V^m$ をみたすとする．このとき，$1 \leqq \dim(W) \leqq m-1$ が成り立つ．

ベースおよび次元の定義から，次の定理は明らか．

◆ 定理 6.10 ◆

V^m のベクトル $\boldsymbol{a}_1, \cdots, \boldsymbol{a}_n$ が1次独立であるならば，$\{\boldsymbol{a}_1, \cdots, \boldsymbol{a}_n\}$ は $\langle \boldsymbol{a}_1, \cdots, \boldsymbol{a}_n \rangle$ のベースである．よって，$\boldsymbol{a}_1, \cdots, \boldsymbol{a}_n$ が1次独立であるならば，$\dim \langle \boldsymbol{a}_1, \cdots, \boldsymbol{a}_n \rangle = n$ である．

◆ 定理 6.11 ◆

V^m の部分空間 W の次元が $k(<m)$ であるとする．このとき，V^m のベース $\{\boldsymbol{a}_1, \cdots, \boldsymbol{a}_m\}$ で，$\{\boldsymbol{a}_1, \cdots, \boldsymbol{a}_k\}$ が W のベースであるようなものをとることができる．

証明　まず W のベース $\{\boldsymbol{a}_1, \cdots, \boldsymbol{a}_k\}$ をとり，次に定理6.6を使って $\boldsymbol{a}_{k+1}, \cdots, \boldsymbol{a}_m$ をとって，$\{\boldsymbol{a}_1, \cdots, \boldsymbol{a}_m\}$ をつくればよい．□

§7 ◆ $A\boldsymbol{x} = \boldsymbol{0}$ の解空間のベース

斉次連立1次方程式 $A\boldsymbol{x} = \boldsymbol{0}$ の解空間のベースと次元は，方程式をといてやると自然に求まります．

◆ 例題 7.1 ◆

V^4 の部分空間

$$W = \left\{ \boldsymbol{x} \in V^4 \left| \begin{bmatrix} 1 & 2 & 0 & 1 \\ 1 & 2 & 1 & 2 \\ 1 & 2 & 2 & 3 \end{bmatrix} \boldsymbol{x} = \boldsymbol{0} \right. \right\}$$

のベースを求めよ．そして W の次元を答えよ．

解説　上の方程式は，第3章の例題5.2(1)の方程式だから，解は次のように求まっている：

$$(1)\quad \begin{bmatrix} x_1 \\ x_2 \\ x_3 \\ x_4 \end{bmatrix} = \begin{bmatrix} -2c_1 - c_2 \\ c_1 \\ -c_2 \\ c_2 \end{bmatrix} = c_1 \begin{bmatrix} -2 \\ 1 \\ 0 \\ 0 \end{bmatrix} + c_2 \begin{bmatrix} -1 \\ 0 \\ -1 \\ 1 \end{bmatrix}$$

$$= c_1\boldsymbol{a}_1 + c_2\boldsymbol{a}_2. \qquad \left(c_1, c_2 \text{ は任意.}\ \ \boldsymbol{a}_1 = \begin{bmatrix} -2 \\ 1 \\ 0 \\ 0 \end{bmatrix},\ \ \boldsymbol{a}_2 = \begin{bmatrix} -1 \\ 0 \\ -1 \\ 1 \end{bmatrix} \right)$$

これより

$$\begin{aligned} W &= \{c_1\boldsymbol{a}_1 + c_2\boldsymbol{a}_2 \mid c_1, c_2 \in \mathbb{R}\} \\ &= \langle \boldsymbol{a}_1, \boldsymbol{a}_2 \rangle. \end{aligned}$$

そして，$\boldsymbol{a}_1, \boldsymbol{a}_2$ が 1 次独立であることは，次のようにしてわかる：

$$(*) \quad c_1\boldsymbol{a}_1 + c_2\boldsymbol{a}_2 = \boldsymbol{0}$$

とする．上の(1)より，

$$(*) \Longleftrightarrow \begin{bmatrix} -2c_1 - c_2 \\ c_1 \\ -c_2 \\ c_2 \end{bmatrix} = \begin{bmatrix} 0 \\ 0 \\ 0 \\ 0 \end{bmatrix}.$$

両辺の第 2 成分を比べると，$c_1 = 0$．第 4 成分を比べると，$c_2 = 0$．よって，「$(*) \Longrightarrow c_1 = 0,\ c_2 = 0$」が成り立つので，$\boldsymbol{a}_1, \boldsymbol{a}_2$ は 1 次独立である．

以上により，$\{\boldsymbol{a}_1, \boldsymbol{a}_2\}$ は W のベースである．そして，$\dim(W) = 2$.

注意　$\boldsymbol{a}_1, \boldsymbol{a}_2$ が 1 次独立であることは，「$x_2 = c_1,\ x_4 = c_2$」とおいた(例題 5.2(1)の解説をみよ)，そのときすでにきまっています．上の証明をよくみると，このことがわかると思います．以下の例題でも同様です．

◆ **例題 7.2** ◆

V^3 の部分空間

$$W=\left\{\begin{bmatrix}x\\y\\z\end{bmatrix}\in V^3\;\middle|\; x-3y-4z=0\right\}$$

のベースを求めよ．そして，W の次元を答えよ．

解説　$y=s$，$z=t$ とおくと，$x=3s+4t$．よって，解は

$$\begin{bmatrix}x\\y\\z\end{bmatrix}=\begin{bmatrix}3s+4t\\s\\t\end{bmatrix}=s\begin{bmatrix}3\\1\\0\end{bmatrix}+t\begin{bmatrix}4\\0\\1\end{bmatrix}.\quad (s,t \text{ は任意})$$

よって，

$$W=\left\{s\begin{bmatrix}3\\1\\0\end{bmatrix}+t\begin{bmatrix}4\\0\\1\end{bmatrix}\;\middle|\; s,t\in\mathbb{R}\right\}=\left\langle\begin{bmatrix}3\\1\\0\end{bmatrix},\begin{bmatrix}4\\0\\1\end{bmatrix}\right\rangle.$$

そして，$s\begin{bmatrix}3\\1\\0\end{bmatrix}+t\begin{bmatrix}4\\0\\1\end{bmatrix}=\begin{bmatrix}0\\0\\0\end{bmatrix}$ とすると，$\begin{bmatrix}3s+4t\\s\\t\end{bmatrix}=\begin{bmatrix}0\\0\\0\end{bmatrix}$．よって，$s=0$，$t=0$．したがって，$\begin{bmatrix}3\\1\\0\end{bmatrix},\begin{bmatrix}4\\0\\1\end{bmatrix}$ は 1 次独立である．

以上により，$\left\{\begin{bmatrix}3\\1\\0\end{bmatrix},\begin{bmatrix}4\\0\\1\end{bmatrix}\right\}$ は W のベースである．そして，$\dim(W)=2$.

注意　この例題は，第 3 章 §2 の例 2 を，「ベースと次元」の観点から，見直したものです．

◆ 例題 7.3 ◆

V^4 の部分空間

$$W=\left\{\begin{bmatrix}x_1\\x_2\\x_3\\x_4\end{bmatrix}\in V^4 \;\middle|\; x_1-2x_2-3x_3-4x_4=0\right\}$$

のベースを求めよ．そして，W の次元を答えよ．

解説　$x_2=c_1$，$x_3=c_2$，$x_4=c_3$ とおくと，$x_1=2c_1+3c_2+4c_3$．よって，

$$(1)\quad \begin{bmatrix}x_1\\x_2\\x_3\\x_4\end{bmatrix}=\begin{bmatrix}2c_1+3c_2+4c_3\\c_1\\c_2\\c_3\end{bmatrix}=c_1\begin{bmatrix}2\\1\\0\\0\end{bmatrix}+c_2\begin{bmatrix}3\\0\\1\\0\end{bmatrix}+c_3\begin{bmatrix}4\\0\\0\\1\end{bmatrix}$$

$$=c_1\boldsymbol{a}_1+c_2\boldsymbol{a}_2+c_3\boldsymbol{a}_3.$$

$$\left(c_1, c_2, c_3\text{は任意．}\quad \boldsymbol{a}_1=\begin{bmatrix}2\\1\\0\\0\end{bmatrix},\quad \boldsymbol{a}_2=\begin{bmatrix}3\\0\\1\\0\end{bmatrix},\quad \boldsymbol{a}_3=\begin{bmatrix}4\\0\\0\\1\end{bmatrix}\right)$$

これより

$$W=\{c_1\boldsymbol{a}_1+c_2\boldsymbol{a}_2+c_3\boldsymbol{a}_3 \mid c_1, c_2, c_3\in\mathbb{R}\}$$
$$=\langle\boldsymbol{a}_1, \boldsymbol{a}_2, \boldsymbol{a}_3\rangle.$$

そして，

$$(*)\quad c_1\boldsymbol{a}_1+c_2\boldsymbol{a}_2+c_3\boldsymbol{a}_3=\boldsymbol{0}$$

とする．上の(1)より

$$(*)\Longleftrightarrow\begin{bmatrix}2c_1+3c_2+4c_3\\c_1\\c_2\\c_3\end{bmatrix}=\begin{bmatrix}0\\0\\0\\0\end{bmatrix}.$$

よって，$c_1=0$，$c_2=0$，$c_3=0$．よって，$\boldsymbol{a}_1, \boldsymbol{a}_2, \boldsymbol{a}_3$ は 1 次独立である．

以上により，$\{\boldsymbol{a}_1, \boldsymbol{a}_2, \boldsymbol{a}_3\}$ は W のベースである．そして，$\dim(W)=3$．

問　次の W のベースを求めよ．そして，W の次元を答えよ．

(1)　$W = \left\{ \boldsymbol{x} \in V^4 \,\middle|\, \begin{bmatrix} 1 & 1 & 1 & -1 \\ 2 & 1 & -3 & 1 \end{bmatrix} \boldsymbol{x} = \boldsymbol{0} \right\}$

(2)　$W = \left\{ \boldsymbol{x} \in V^3 \,\middle|\, \begin{bmatrix} 1 & 2 & 1 \\ 2 & 4 & 3 \end{bmatrix} \boldsymbol{x} = \boldsymbol{0} \right\}$

(3)　$W = \left\{ \begin{bmatrix} x \\ y \\ z \end{bmatrix} \in V^3 \,\middle|\, y - 3z = 0 \right\}$

§8 ◆ $\langle \boldsymbol{a}_1, \cdots, \boldsymbol{a}_n \rangle$ のベース

V^m のベクトル $\boldsymbol{a}_1, \cdots, \boldsymbol{a}_n$ に対して，V^m の部分空間 $\langle \boldsymbol{a}_1, \cdots, \boldsymbol{a}_n \rangle$ のベースの求め方を説明します．それは，2 段階の作業によっておこなわれます．

第 1 段階：$\boldsymbol{a}_1, \cdots, \boldsymbol{a}_n$ に対して，次のような作業をおこなう．

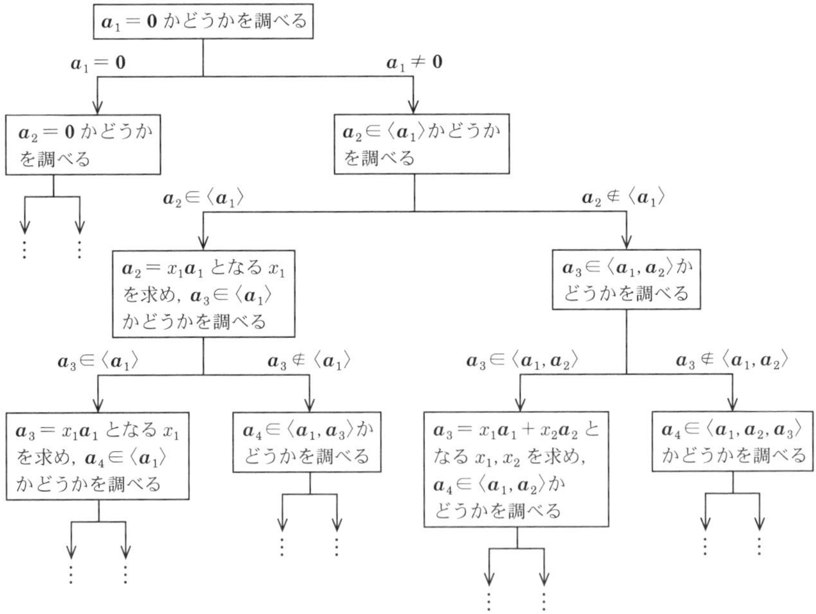

第 2 段階：第 1 段階の作業によってえられた情報を使って，$\langle \boldsymbol{a}_1, \cdots, \boldsymbol{a}_n \rangle$ のベースを求める．

以上のことを，例を使って説明します．

例 1　$\boldsymbol{a}_1=\begin{bmatrix}1\\-1\\0\end{bmatrix}$，$\boldsymbol{a}_2=\begin{bmatrix}1\\0\\1\end{bmatrix}$，$\boldsymbol{a}_3=\begin{bmatrix}5\\-2\\3\end{bmatrix}$とします．

第 1 段階　$\boldsymbol{a}_1, \boldsymbol{a}_2, \boldsymbol{a}_3$ に対して，上の作業をおこないます．実際にやることは，連立方程式をとくことです．忘れた人は，第 3 章を復習してください．

（i）　$\boldsymbol{a}_1=\mathbf{0}$ かどうかを調べます．明らかに

(1)　$\boldsymbol{a}_1\neq\mathbf{0}$.

（ii）　$\boldsymbol{a}_2\in\langle\boldsymbol{a}_1\rangle$ かどうかを調べます．そのために，次の方程式を考えます．

$$\boldsymbol{a}_2=x_1\boldsymbol{a}_1\Longleftrightarrow\begin{bmatrix}1\\0\\1\end{bmatrix}=x_1\begin{bmatrix}1\\-1\\0\end{bmatrix}.$$

第 3 式をみると「$1=0\cdot x_1$」なので，この方程式は解をもちません．よって

(2)　$\boldsymbol{a}_2\notin\langle\boldsymbol{a}_1\rangle$.

（iii）　$\boldsymbol{a}_3\in\langle\boldsymbol{a}_1, \boldsymbol{a}_2\rangle$ かどうかを調べます．そのために，次の方程式を考えます．

(♯)　$\boldsymbol{a}_3=x_1\boldsymbol{a}_1+x_2\boldsymbol{a}_2$.

$$(\sharp)\Longleftrightarrow\begin{bmatrix}5\\-2\\3\end{bmatrix}=x_1\begin{bmatrix}1\\-1\\0\end{bmatrix}+x_2\begin{bmatrix}1\\0\\1\end{bmatrix}\Longleftrightarrow\begin{bmatrix}1&1\\-1&0\\0&1\end{bmatrix}\begin{bmatrix}x_1\\x_2\end{bmatrix}=\begin{bmatrix}5\\-2\\3\end{bmatrix}.$$

そこで，方程式(♯)の拡大係数行列を階段行列に変形すると

$$\begin{array}{c}\begin{matrix}x_1&x_2&\end{matrix}\\\left[\begin{array}{cc|c}1&1&5\\-1&0&-2\\0&1&3\end{array}\right]\end{array}\xrightarrow{\text{a}}\left[\begin{array}{cc|c}1&1&5\\0&1&3\\0&1&3\end{array}\right]\xrightarrow{\text{b}}\left[\begin{array}{cc|c}1&0&2\\0&1&3\\0&1&3\end{array}\right]\xrightarrow{\text{c}}\begin{array}{c}\begin{matrix}x_1&x_2&\end{matrix}\\\left[\begin{array}{cc|c}1&0&2\\0&1&3\\0&0&0\end{array}\right]\end{array}.$$

(a：②＋①．b：①－②．c：③－②．)

よって，方程式(♯)は解をもち，それは $x_1=2$，$x_2=3$ です．したがって，次の式が成り立ち，$\boldsymbol{a}_3\in\langle\boldsymbol{a}_1, \boldsymbol{a}_2\rangle$ です．

(3)　$\boldsymbol{a}_3=2\boldsymbol{a}_1+3\boldsymbol{a}_2$.

第 2 段階　第 1 段階でえられた情報を使って，V^3 の部分空間 $\langle \boldsymbol{a}_1, \boldsymbol{a}_2, \boldsymbol{a}_3 \rangle$ のベースを求めます．

まず，(1)と(2)より，$\boldsymbol{a}_1, \boldsymbol{a}_2$ は 1 次独立です(定理 4.6)．次に，$\boldsymbol{a}_3 \in \langle \boldsymbol{a}_1, \boldsymbol{a}_2 \rangle$ と定理 4.2 の(3)より，$\langle \boldsymbol{a}_1, \boldsymbol{a}_2, \boldsymbol{a}_3 \rangle = \langle \boldsymbol{a}_1, \boldsymbol{a}_2 \rangle$．
以上により，$\{\boldsymbol{a}_1, \boldsymbol{a}_2\}$ は部分空間 $\langle \boldsymbol{a}_1, \boldsymbol{a}_2, \boldsymbol{a}_3 \rangle$ のベースです．

例 2　$\boldsymbol{a}_1 = \begin{bmatrix} 1 \\ -1 \\ 0 \end{bmatrix}$，$\boldsymbol{a}_2 = \begin{bmatrix} 3 \\ -3 \\ 0 \end{bmatrix}$，$\boldsymbol{a}_3 = \begin{bmatrix} 1 \\ 1 \\ 1 \end{bmatrix}$，$\boldsymbol{a}_4 = \begin{bmatrix} 7 \\ 3 \\ 5 \end{bmatrix}$ とします．例 1 と同様に，$\boldsymbol{a}_1, \boldsymbol{a}_2, \boldsymbol{a}_3, \boldsymbol{a}_4$ に対して第 1 段階の作業をおこなうと，次のような関係式がえられます(各自作業を実行してみよ)．

(1)　$\boldsymbol{a}_1 \neq \boldsymbol{0}$

(2)　$\boldsymbol{a}_2 = 3\boldsymbol{a}_1 \ (\Longrightarrow \boldsymbol{a}_2 \in \langle \boldsymbol{a}_1 \rangle)$

(3)　$\boldsymbol{a}_3 \notin \langle \boldsymbol{a}_1 \rangle$

(4)　$\boldsymbol{a}_4 = 2\boldsymbol{a}_1 + 5\boldsymbol{a}_3 \ (\Longrightarrow \boldsymbol{a}_4 \in \langle \boldsymbol{a}_1, \boldsymbol{a}_3 \rangle)$

そうすると，(1)と(3)より，$\boldsymbol{a}_1, \boldsymbol{a}_3$ は 1 次独立です．そして，(2)と(4)より $\boldsymbol{a}_2, \boldsymbol{a}_4 \in \langle \boldsymbol{a}_1, \boldsymbol{a}_3 \rangle$ だから，$\langle \boldsymbol{a}_1, \boldsymbol{a}_2, \boldsymbol{a}_3, \boldsymbol{a}_4 \rangle = \langle \boldsymbol{a}_1, \boldsymbol{a}_3 \rangle$．
よって，$\{\boldsymbol{a}_1, \boldsymbol{a}_3\}$ は部分空間 $\langle \boldsymbol{a}_1, \boldsymbol{a}_2, \boldsymbol{a}_3, \boldsymbol{a}_4 \rangle$ のベースです．

問 1　$\boldsymbol{a}_1 = \begin{bmatrix} 1 \\ -1 \\ 2 \end{bmatrix}$，$\boldsymbol{a}_2 = \begin{bmatrix} 2 \\ -2 \\ 4 \end{bmatrix}$，$\boldsymbol{a}_3 = \begin{bmatrix} 1 \\ 0 \\ 1 \end{bmatrix}$，$\boldsymbol{a}_4 = \begin{bmatrix} 0 \\ -1 \\ 1 \end{bmatrix}$ のとき，V^3 の部分空間 $\langle \boldsymbol{a}_1, \boldsymbol{a}_2, \boldsymbol{a}_3, \boldsymbol{a}_4 \rangle$ のベースを求めよ．

問 2　$\boldsymbol{a}_1 = \begin{bmatrix} 1 \\ 2 \\ 3 \end{bmatrix}$，$\boldsymbol{a}_2 = \begin{bmatrix} -2 \\ -4 \\ -6 \end{bmatrix}$，$\boldsymbol{a}_3 = \begin{bmatrix} -3 \\ -6 \\ -9 \end{bmatrix}$ のとき，V^3 の部分空間 $\langle \boldsymbol{a}_1, \boldsymbol{a}_2, \boldsymbol{a}_3 \rangle$ のベースを求めよ．

一般に，部分空間 $\langle \boldsymbol{a}_1, \cdots, \boldsymbol{a}_n \rangle$ の次元について，次の定理が成り立ちます．証明は「補足」(192 ページ)をみてください．

◆ 定理 8.1 ◆

A を $m\times n$ 行列とし，$A=[\,\boldsymbol{a}_1 \ \ \cdots \ \ \boldsymbol{a}_n\,]$ が A の列ベクトル表示であるとする．このとき，V^m の部分空間 $\langle \boldsymbol{a}_1, \cdots, \boldsymbol{a}_n\rangle$ の次元は，行列 A のランクに等しい：

$$\dim\langle \boldsymbol{a}_1, \cdots, \boldsymbol{a}_n\rangle = r(A).$$

§9 ◆ 部分空間の共通部分

一般に，集合 A と集合 B の両方に属するものを，すべて集めてつくった集合のことを，集合 A と集合 B の**共通部分**あるいは**交わり**といい，$A\cap B$ で表わします：

$$A\cap B=\{x \mid x\in A \text{ かつ } x\in B\}.$$
$$(x\in A\cap B \Longleftrightarrow x\in A \text{ かつ } x\in B)$$

◆ 定理 9.1 ◆

W_1 と W_2 を V^m の部分空間とする．このとき

$$W_1\cap W_2=\{\boldsymbol{x}\in V^m \mid \boldsymbol{x}\in W_1 \text{ かつ } \boldsymbol{x}\in W_2\}$$

は，V^m の部分空間である．

証明　W_1 は部分空間だから $\mathbf{0}\in W_1$．W_2 は部分空間だから $\mathbf{0}\in W_2$．よって，$\mathbf{0}\in W_1\cap W_2$．

$\boldsymbol{x}, \boldsymbol{y}\in W_1\cap W_2$ とする．

$$\boldsymbol{x}\in W_1\cap W_2 \Longleftrightarrow (1)\ \boldsymbol{x}\in W_1 \quad \text{かつ} \quad (2)\ \boldsymbol{x}\in W_2,$$
$$\boldsymbol{y}\in W_1\cap W_2 \Longleftrightarrow (3)\ \boldsymbol{y}\in W_1 \quad \text{かつ} \quad (4)\ \boldsymbol{y}\in W_2.$$

W_1 は部分空間だから，(1) と (3) より，$\boldsymbol{x}+\boldsymbol{y}\in W_1$．$W_2$ は部分空間だから，(2) と (4) より，$\boldsymbol{x}+\boldsymbol{y}\in W_2$．よって，$\boldsymbol{x}+\boldsymbol{y}\in W_1\cap W_2$．

「$c\in\mathbb{R}$，$\boldsymbol{x}\in W_1\cap W_2 \Longrightarrow c\boldsymbol{x}\in W_1\cap W_2$」は，**問 1** とします．　□

問 1　V^m のベクトル $\boldsymbol{a}_1, \boldsymbol{a}_2, \boldsymbol{a}_3, \boldsymbol{a}_4$ が 1 次独立であるとする．このとき，$\langle \boldsymbol{a}_1, \boldsymbol{a}_2\rangle\cap\langle \boldsymbol{a}_3, \boldsymbol{a}_4\rangle=\{\mathbf{0}\}$ が成り立つことを示せ．

第5章 3次元から高次元へ：座標空間

座標平面は，2つの座標軸をもつ「空間」であり，xyz 空間は，3つの座標軸をもつ空間です．これを一般化して，「m 個の座標軸をもつ空間」を定義して，そのなかにある「直線」や「平面」について考えます．

§1◆ m 次元座標空間 $\mathbb{R}^m$

定義 1.1　m を正の整数とする．m 個の実数の組 $(x_1, \cdots, x_m)$ 全部の集合を $\mathbb{R}^m$ という記号で表わす：

$$\mathbb{R}^m = \{(x_1, \cdots, x_m) \mid x_1, \cdots, x_m \in \mathbb{R}\}.$$

集合 $\mathbb{R}^m$ のことを，m **次元座標空間**とよぶ．そして，集合 $\mathbb{R}^m$ の各要素 $(x_1, \cdots, x_m)$ のことを，$\mathbb{R}^m$ の**点**とよぶ．とくに，$\mathbb{R}^m$ の点 $(0, \cdots, 0)$ のことを O で表わし，$\mathbb{R}^m$ の**原点**とよぶ：$\mathrm{O} = (0, \cdots, 0)$.

$m = 2, 3, 4$ のときをかいてみます．

$$\mathbb{R}^2 = \{ (x_1, x_2) \mid x_1, x_2 \in \mathbb{R} \} = \{(x, y) \mid x, y \in \mathbb{R}\}$$

$$\mathbb{R}^3 = \{ (x_1, x_2, x_3) \mid x_1, x_2, x_3 \in \mathbb{R} \} = \{(x, y, z) \mid x, y, z \in \mathbb{R}\}$$

したがって，2次元座標空間 $\mathbb{R}^2$ は，座標平面のことであり，3次元座標空間は，xyz 空間のことです．

$$\begin{aligned}\mathbb{R}^4 &= \{ (x_1, x_2, x_3, x_4) \mid x_1, x_2, x_3, x_4 \in \mathbb{R} \} \\ &= \{ (x, y, z, u) \mid x, y, z, u \in \mathbb{R} \}\end{aligned}$$

4次元ぐらいまでは，(x_1, x_2, x_3, x_4) とかくよりも，(x, y, z, u) のようにかくことが多いと思います．

位置ベクトル

$\mathbb{R}^2$ や $\mathbb{R}^3$ の場合をまねて，次のように定義します．

定義 1.2　V^m を m 項列ベクトル空間とする．m 次元座標空間 $\mathbb{R}^m$ の 2 点 $\mathrm{A}=(a_1, \cdots, a_m)$，$\mathrm{B}=(b_1, \cdots, b_m)$ に対して，V^m のベクトル $\overrightarrow{\mathrm{AB}}$ を次の式で定める：

$$\overrightarrow{\mathrm{AB}}=\begin{bmatrix} b_1-a_1 \\ \vdots \\ b_m-a_m \end{bmatrix}.$$

とくに，$\mathbb{R}^m$ の点 $\mathrm{X}=(x_1, \cdots, x_m)$ に対して，V^m のベクトル

$$\overrightarrow{\mathrm{OX}}=\begin{bmatrix} x_1 \\ \vdots \\ x_m \end{bmatrix}$$

のことを，点 X の**位置ベクトル**とよぶ．

上のように定義すると，たとえば，以下の式が成り立ちます．

(1)　$\overrightarrow{\mathrm{AB}}=\overrightarrow{\mathrm{OB}}-\overrightarrow{\mathrm{OA}}$.

$$\left(\overrightarrow{\mathrm{AB}}=\begin{bmatrix} b_1-a_1 \\ \vdots \\ b_m-a_m \end{bmatrix}=\begin{bmatrix} b_1 \\ \vdots \\ b_m \end{bmatrix}-\begin{bmatrix} a_1 \\ \vdots \\ a_m \end{bmatrix}=\overrightarrow{\mathrm{OB}}-\overrightarrow{\mathrm{OA}}\right)$$

(2)　$\overrightarrow{\mathrm{AB}}+\overrightarrow{\mathrm{BC}}=\overrightarrow{\mathrm{AC}}$.

$$(\overrightarrow{\mathrm{AB}}+\overrightarrow{\mathrm{BC}}=(\overrightarrow{\mathrm{OB}}-\overrightarrow{\mathrm{OA}})+(\overrightarrow{\mathrm{OC}}-\overrightarrow{\mathrm{OB}})=\overrightarrow{\mathrm{OC}}-\overrightarrow{\mathrm{OA}}=\overrightarrow{\mathrm{AC}})$$

§2 ◆ 座標空間内の直線と平面

「$\mathbb{R}^m$ の図形」というのは，m 次元座標空間 $\mathbb{R}^m$ の点の集合，つまり $\mathbb{R}^m$ の部分集合のことです．

$\mathbb{R}^m$ の定点 P と，V^m の定ベクトル $\boldsymbol{u}\,(\neq \boldsymbol{0})$ に対して，媒介変数 t に関する次のような方程式を考えます：

$$\overrightarrow{\mathrm{OX}}=\overrightarrow{\mathrm{OP}}+t\boldsymbol{u}. \qquad (t\in\mathbb{R})$$

この方程式で表わされる $\mathbb{R}^m$ の図形のことを，「点 P を通り，ベクトル $\boldsymbol{u}$ に平

行な直線」とよびます．

正式にいうと次のとおりです．

定義 2.1　m 次元座標空間 $\mathbb{R}^m$ の点 $\mathrm{P}=(p_1,\cdots,p_m)$ と，$\mathbf{0}$ でない V^m のベクトル $\boldsymbol{u}$ に対して，次のようにして定義される $\mathbb{R}^m$ の図形(部分集合)L のことを，点 P を通り，ベクトル $\boldsymbol{u}$ に平行な**直線**という：

$$L=\{\,\mathrm{X}\in\mathbb{R}^m \mid \overrightarrow{\mathrm{OX}}=\overrightarrow{\mathrm{OP}}+t\boldsymbol{u},\ \ t\in\mathbb{R}\,\}.$$

$(\mathrm{X}\in L \Longleftrightarrow \overrightarrow{\mathrm{OX}}=\overrightarrow{\mathrm{OP}}+t\boldsymbol{u},\ \ t\in\mathbb{R}$ とおける$)$

そして，

$$(2.1)\quad \overrightarrow{\mathrm{OX}}=\overrightarrow{\mathrm{OP}}+t\boldsymbol{u}\qquad (t\in\mathbb{R})$$

のことを，**直線 L のベクトル方程式**とよぶ．

$\mathrm{X}=(x_1,\cdots,x_m)$ とおいて，(2.1)を成分でかくと

$$(2.2)\quad \begin{bmatrix} x_1 \\ \vdots \\ x_m \end{bmatrix}=\begin{bmatrix} p_1 \\ \vdots \\ p_m \end{bmatrix}+t\boldsymbol{u}.\qquad (t\in\mathbb{R})$$

$m=2,3$ の場合，上の定義は高校でやったことと合致します(第 1 章の §1，第 3 章の §2 参照)．

$\mathbb{R}^m$ の原点 O と，2 点 A, B について，$\overrightarrow{\mathrm{OA}}$，$\overrightarrow{\mathrm{OB}}$ は 1 次独立であるとします．このとき，媒介変数 s と t に関する次のような方程式によって表わされる $\mathbb{R}^m$ の図形のことを，「平面 OAB」とよびます：

$$\overrightarrow{\mathrm{OX}}=s\overrightarrow{\mathrm{OA}}+t\overrightarrow{\mathrm{OB}}.\qquad (s,t\in\mathbb{R})$$

正式にいうと次のとおりです．

定義 2.2　$m\geqq 3$ とする．m 次元座標空間 $\mathbb{R}^m$ の原点 O と，O とは異なる 2 点 $\mathrm{A}=(a_1,\cdots,a_m)$，$\mathrm{B}=(b_1,\cdots,b_m)$ について，V^m のベクトル $\overrightarrow{\mathrm{OA}}$, $\overrightarrow{\mathrm{OB}}$ は 1 次独立であるとする．このとき，次のようにして定義される $\mathbb{R}^m$ の図形 Π のことを，**平面** OAB という：

$$\Pi=\{\,\mathrm{X}\in\mathbb{R}^m \mid \overrightarrow{\mathrm{OX}}=s\overrightarrow{\mathrm{OA}}+t\overrightarrow{\mathrm{OB}},\ \ s,t\in\mathbb{R}\,\}.$$

$(\mathrm{X}\in \Pi \Longleftrightarrow \overrightarrow{\mathrm{OX}}=s\overrightarrow{\mathrm{OA}}+t\overrightarrow{\mathrm{OB}},\ \ s,t\in\mathbb{R}$ とおける$)$

そして，

$$(2.3)\quad \overrightarrow{\mathrm{OX}}=s\overrightarrow{\mathrm{OA}}+t\overrightarrow{\mathrm{OB}}\qquad (s,t\in\mathbb{R})$$

のことを，**平面** OAB の**ベクトル方程式**とよぶ．

X $=(x_1, \cdots, x_m)$ とおいて，(2.3)を成分でかくと

$$(2.4)\quad \begin{bmatrix} x_1 \\ \vdots \\ x_m \end{bmatrix} = s\begin{bmatrix} a_1 \\ \vdots \\ a_m \end{bmatrix} + t\begin{bmatrix} b_1 \\ \vdots \\ b_m \end{bmatrix}.$$

$m=3$ の場合，上の定義は高校でやったことと合致します(第3章§2)．

§3◆例

第3章§2の例3において，x, y, z, u を未知数とする次の連立1次方程式を考えました．

$$(1)\quad \begin{cases} x-2y \quad -3u=0 \\ \qquad\qquad z-4u=0 \end{cases}$$

そして，$y=s$，$u=t$ とおいて，次の式に変形しました．

$$(2)\quad \begin{bmatrix} x \\ y \\ z \\ u \end{bmatrix} = s\begin{bmatrix} 2 \\ 1 \\ 0 \\ 0 \end{bmatrix} + t\begin{bmatrix} 3 \\ 0 \\ 4 \\ 1 \end{bmatrix}. \qquad (s, t \in \mathbb{R})$$

そのとき，次のような問題が残されました．

はじめの方程式(1)を，(2)式に変形した結果として，何が得られたか．

この問題に対して，ここでは「半分」答えることができます．つまり，A $=(2, 1, 0, 0)$，B $=(3, 0, 4, 1)$ とおくと，(2)式は，4次元座標空間 $\mathbb{R}^4$ 内の平面 OAB のベクトル方程式です(式(2.4)をみよ)．ということで，(1)を(2)に変形することにより，次のことがえられました：

方程式(1)は，$\mathbb{R}^4$ 内の(原点を通る)平面を表わしている．

答の「もう半分」は，第8章をよむとき，考えてみてください．

§4 ◆ $\mathbb{R}^m$ の座標部分空間

$\mathbb{R}^m$ 内の直線や平面を一般化します．くり返しますが，「$\mathbb{R}^m$ の図形」というのは，$\mathbb{R}^m$ の部分集合のことです．

定義 4.1 $\mathbb{R}^m$ の図形 S が，次のように表わされるとする：

$$S = \{ \mathrm{X} \in \mathbb{R}^m \mid \overrightarrow{\mathrm{OX}} = \overrightarrow{\mathrm{OP}} + t_1\boldsymbol{u}_1 + \cdots + t_k\boldsymbol{u}_k,\ \ t_1, \cdots, t_k \in \mathbb{R} \}.$$

ただし，$\mathrm{P} = (p_1, \cdots, p_m)$ は $\mathbb{R}^m$ の点，$\boldsymbol{u}_1, \cdots, \boldsymbol{u}_k$ は V^m のベクトルであって，1 次独立であるとする．

このような図形 S のことを，$\mathbb{R}^m$ の k **次元座標部分空間**とよぶ．そして，

$$(4.1)\quad \overrightarrow{\mathrm{OX}} = \overrightarrow{\mathrm{OP}} + t_1\boldsymbol{u}_1 + \cdots + t_k\boldsymbol{u}_k \qquad (t_1, \cdots, t_k \in \mathbb{R})$$

のことを，**座標部分空間** S の**ベクトル方程式**とよぶ．

例 1 $k = 1$ のときの(4.1)は，次のようになります．

$$\overrightarrow{\mathrm{OX}} = \overrightarrow{\mathrm{OP}} + t_1\boldsymbol{u}_1. \qquad (t_1 \in \mathbb{R})$$

そこで，$t_1 = t$，$\boldsymbol{u}_1 = \boldsymbol{u}$ とおくと，次の式になります．

$$\overrightarrow{\mathrm{OX}} = \overrightarrow{\mathrm{OP}} + t\boldsymbol{u}. \qquad (t \in \mathbb{R})$$

これは，定義 2.1 の(2.1)式と同じです．したがって，「$\mathbb{R}^m$ の直線」というのは，$\mathbb{R}^m$ の 1 次元座標部分空間のことです．

例 2 $k = 2$ のときの(4.1)は，次のようになります．

$$(4.2)\quad \overrightarrow{\mathrm{OX}} = \overrightarrow{\mathrm{OP}} + t_1\boldsymbol{u}_1 + t_2\boldsymbol{u}_2. \qquad (t_1, t_2 \in \mathbb{R})$$

とくに，$\mathrm{P} = \mathrm{O}$ (原点)の場合，$t_1 = s$，$t_2 = t$，$\boldsymbol{u}_1 = \overrightarrow{\mathrm{OA}}$，$\boldsymbol{u}_2 = \overrightarrow{\mathrm{OB}}$ とおくと，(2.2)式になります．したがって，「$\mathbb{R}^m$ の平面 OAB」というのは，原点を通るような $\mathbb{R}^m$ の 2 次元座標部分空間のことです．

§5 ◆ 4 次元空間内の 2 つの平面の交わり

ここまでの知識の応用として，次のことを示してみます．

◆ 定理 5.1 ◆

V^4 のベクトル $\boldsymbol{a}, \boldsymbol{b}, \boldsymbol{c}, \boldsymbol{d}$ について，$\{\boldsymbol{a}, \boldsymbol{b}, \boldsymbol{c}, \boldsymbol{d}\}$ は V^4 のベースであるとする．そこで，次の方程式で表わされる $\mathbb{R}^4$ の平面 Π_1 と Π_2 を考える．

$$\begin{cases} \Pi_1 : \overrightarrow{\mathrm{OX}} = \overrightarrow{\mathrm{OP}} + s\boldsymbol{a} + t\boldsymbol{b}, & (s, t \in \mathbb{R}) \\ \Pi_2 : \overrightarrow{\mathrm{OX}} = \overrightarrow{\mathrm{OQ}} + z\boldsymbol{c} + u\boldsymbol{d}. & (z, u \in \mathbb{R}) \end{cases}$$

このとき，2 つの平面 Π_1 と Π_2 は，ただひとつの点で交わる：

$$\Pi_1 \cap \Pi_2 = \{1\text{ 点}\}.$$

証明　$\mathbb{R}^4$ の点 G について，$\mathrm{G} \in \Pi_1 \cap \Pi_2$ とする．

$$\mathrm{G} \in \Pi_1 \cap \Pi_2 \Longleftrightarrow \mathrm{G} \in \Pi_1 \quad \text{かつ} \quad \mathrm{G} \in \Pi_2$$

だから，まず，$\mathrm{G} \in \Pi_1$ より，次のようにおける．

$$\overrightarrow{\mathrm{OG}} = \overrightarrow{\mathrm{OP}} + s\boldsymbol{a} + t\boldsymbol{b}.$$

そして，$\mathrm{G} \in \Pi_2$ より，次のようにもおける．

$$\overrightarrow{\mathrm{OG}} = \overrightarrow{\mathrm{OQ}} + z\boldsymbol{c} + u\boldsymbol{d}.$$

よって，次の式が成り立つ．

$$\overrightarrow{\mathrm{OP}} + s\boldsymbol{a} + t\boldsymbol{b} = \overrightarrow{\mathrm{OQ}} + z\boldsymbol{c} + u\boldsymbol{d}.$$

変形すると

$$\overrightarrow{\mathrm{OQ}} - \overrightarrow{\mathrm{OP}} = s\boldsymbol{a} + t\boldsymbol{b} + (-z)\boldsymbol{c} + (-u)\boldsymbol{d}.$$

$\overrightarrow{\mathrm{OQ}} - \overrightarrow{\mathrm{OP}} = \overrightarrow{\mathrm{PQ}}$ だから，次の式がえられる．

(1)　$\overrightarrow{\mathrm{PQ}} = s\boldsymbol{a} + t\boldsymbol{b} + (-z)\boldsymbol{c} + (-u)\boldsymbol{d}.$

ところで，定理の前提により，$\{\boldsymbol{a}, \boldsymbol{b}, \boldsymbol{c}, \boldsymbol{d}\}$ は V^4 のベースである．よって，V^4 のベクトル $\overrightarrow{\mathrm{PQ}}$ は，$\boldsymbol{a}, \boldsymbol{b}, \boldsymbol{c}, \boldsymbol{d}$ によってただひととおりに表わされる．つまり，次の式をみたすような $\alpha, \beta, \gamma, \delta$ が，ただひと組定まる：

$$\overrightarrow{\mathrm{PQ}} = \alpha\boldsymbol{a} + \beta\boldsymbol{b} + \gamma\boldsymbol{c} + \delta\boldsymbol{d}.$$

よって，(1) をみたす s, t, z, u は，$s = \alpha$，$t = \beta$，$z = -\gamma$，$u = -\delta$ だけである．よって，$\overrightarrow{\mathrm{OG}} = \overrightarrow{\mathrm{OP}} + \alpha\boldsymbol{a} + \beta\boldsymbol{b}$.

以上のことより，

(2)　$\mathrm{G} \in \Pi_1 \cap \Pi_2 \Longrightarrow \overrightarrow{\mathrm{OG}} = \overrightarrow{\mathrm{OP}} + \alpha\boldsymbol{a} + \beta\boldsymbol{b}.$

あらためて，点 X_0 を，

$$\overrightarrow{\mathrm{OX_0}} = \overrightarrow{\mathrm{OP}} + \alpha\boldsymbol{a} + \beta\boldsymbol{b}$$

によって定まる $\mathbb{R}^4$ の点とする．そうすると，(2) より，

$$\mathrm{G} \in \Pi_1 \cap \Pi_2 \Longrightarrow \mathrm{G} = \mathrm{X}_0.$$

したがって，$\Pi_1 \cap \Pi_2 = \{\mathrm{X}_0\}$． □

§6 ◆ 独立の位置

これまで「3 点が同一直線上にない」というようないい方をしてきました．これを任意個数の点に一般化します．

定義 6.1 $\mathbb{R}^m$ の ℓ 個の点が**独立の位置にある**とは，それら ℓ 個の点をふくむような座標部分空間の次元の最小値が $(\ell-1)$ であるときをいう．

例 「3 点 B_1, B_2, B_3 が独立の位置にある」というのは「B_1, B_2, B_3 をふくむような座標部分空間はいろいろあるけれども，そのうちで次元が最小のものは，$3-1=2$ 次元である」ということです．いいかえると「B_1, B_2, B_3 をふくむような 1 次元座標部分空間はない」ということです．1 次元座標部分空間は直線のことだから，「3 点が独立の位置にある」というのは「3 点が同一直線上にない」ということです．

◆ 定理 6.1 ◆

$\mathbb{R}^m$ の $(n+1)$ 個の点 $\mathrm{A}_0, \mathrm{A}_1, \cdots, \mathrm{A}_n$ について，以下の(ア)と(イ)は同値である．

（ア） $\mathrm{A}_0, \mathrm{A}_1, \cdots, \mathrm{A}_n$ は独立の位置にある．

（イ） V^m の n 個のベクトル $\overrightarrow{\mathrm{A}_0\mathrm{A}_1}, \cdots, \overrightarrow{\mathrm{A}_0\mathrm{A}_n}$ は 1 次独立である．

証明 (ア) ⇒ (イ)：

$$\overrightarrow{\mathrm{A}_0\mathrm{A}_1} = \boldsymbol{a}_1, \quad \cdots, \quad \overrightarrow{\mathrm{A}_0\mathrm{A}_n} = \boldsymbol{a}_n, \quad \dim\langle \boldsymbol{a}_1, \cdots, \boldsymbol{a}_n \rangle = k$$

とおく．そして $\langle \boldsymbol{a}_1, \cdots, \boldsymbol{a}_n \rangle$ のベース $\{\boldsymbol{u}_1, \cdots, \boldsymbol{u}_k\}$ をとる．あとで説明するレンマ 1 の(1)より，$k \leqq n$ である．

そこで次のようにおく．

$$S = \{X \in \mathbb{R}^m \mid \overrightarrow{\mathrm{OX}} = \overrightarrow{\mathrm{OA}_0} + t_1\boldsymbol{u}_1 + \cdots + t_k\boldsymbol{u}_k, \quad t_1, \cdots, t_k \in \mathbb{R}\}.$$

そうするとSはk次元座標部分空間である．そして，Sは点$\mathrm{A}_0, \mathrm{A}_1, \cdots, \mathrm{A}_n$をふくむ：$\mathrm{A}_0, \mathrm{A}_1, \cdots, \mathrm{A}_n \in S$.

なぜならば：$\overrightarrow{\mathrm{A}_0\mathrm{A}_i} = \boldsymbol{a}_i \in \langle \boldsymbol{a}_1, \cdots, \boldsymbol{a}_n \rangle = \langle \boldsymbol{u}_1, \cdots, \boldsymbol{u}_k \rangle$より，$\overrightarrow{\mathrm{A}_0\mathrm{A}_i} = t_1\boldsymbol{u}_1 + \cdots + t_k\boldsymbol{u}_k$とおける．よって

$$\overrightarrow{\mathrm{OA}_i} = \overrightarrow{\mathrm{OA}_0} + \overrightarrow{\mathrm{A}_0\mathrm{A}_i} = \overrightarrow{\mathrm{OA}_0} + t_1\boldsymbol{u}_1 + \cdots + t_k\boldsymbol{u}_k.$$

よって，$A_i \in S$.

以上のことと(ア)より，$k \geqq n$. $k \leqq n$とあわせると，$k = n$. つまり，$\dim\langle \boldsymbol{a}_1, \cdots, \boldsymbol{a}_n \rangle = n$. よって，レンマ1の(2)より，$\boldsymbol{a}_1, \cdots, \boldsymbol{a}_n$は1次独立である．

(イ)⇒(ア)：仮に，$\mathrm{A}_0, \cdots, \mathrm{A}_n$が独立の位置にないとする．そうすると，次の(1), (2), (3)をみたすような座標部分空間Sがある．

(1) $S = \{X \in \mathbb{R}^m \mid \overrightarrow{\mathrm{OX}} = \overrightarrow{\mathrm{OP}} + t_1\boldsymbol{u}_1 + \cdots + t_k\boldsymbol{u}_k,\ t_1, \cdots, t_k \in \mathbb{R}\}$，ただし，$\boldsymbol{u}_1, \cdots, \boldsymbol{u}_k$は1次独立である．

(2) $\mathrm{A}_0, \mathrm{A}_1, \cdots, \mathrm{A}_n$は$S$の点である：$\mathrm{A}_0, \mathrm{A}_1, \cdots, \mathrm{A}_n \in S$.

(3) $k < n$.

このとき，次が成り立つ．

(4) $\overrightarrow{\mathrm{A}_0\mathrm{A}_1}, \cdots, \overrightarrow{\mathrm{A}_0\mathrm{A}_n} \in \langle \boldsymbol{u}_1, \cdots, \boldsymbol{u}_k \rangle$.

なぜならば：(2)より次のようにおける．

$$\overrightarrow{\mathrm{OA}_i} = \overrightarrow{\mathrm{OP}} + s_1\boldsymbol{u}_1 + \cdots + s_k\boldsymbol{u}_k, \qquad \overrightarrow{\mathrm{OA}_0} = \overrightarrow{\mathrm{OP}} + t_1\boldsymbol{u}_1 + \cdots + t_k\boldsymbol{u}_k.$$

よって

$$\overrightarrow{\mathrm{A}_0\mathrm{A}_i} = \overrightarrow{\mathrm{OA}_i} - \overrightarrow{\mathrm{OA}_0} = (s_1 - t_1)\boldsymbol{u}_1 + \cdots + (s_k - t_k)\boldsymbol{u}_k \in \langle \boldsymbol{u}_1, \cdots, \boldsymbol{u}_k \rangle.$$

ところで，$\boldsymbol{u}_1, \cdots, \boldsymbol{u}_k$は1次独立であるから，$\dim\langle \boldsymbol{u}_1, \cdots, \boldsymbol{u}_k \rangle = k$. $\overrightarrow{\mathrm{A}_0\mathrm{A}_1}, \cdots, \overrightarrow{\mathrm{A}_0\mathrm{A}_n}$は1次独立であるから，あとのレンマ2と(4)より，$n \leqq k$. これは(3)に反する．よって(ア)が成り立つ． □

次の定理は「同一直線上にない3点は，ただひとつの平面を定める」ことの一般化にあたります．

◆ **定理 6.2** ◆

$\mathbb{R}^m$ の $(n+1)$ 個の点 $A_0, A_1 \cdots, A_n$ は独立の位置にあるとする．このとき，$A_0, A_1, \cdots, A_n$ をふくむ n 次元座標部分空間がただひとつ存在する．

証明　$\overrightarrow{A_0A_1} = \boldsymbol{a}_1$, $\cdots$, $\overrightarrow{A_0A_n} = \boldsymbol{a}_n$ とおく．定理 6.1 より，$\boldsymbol{a}_1, \cdots, \boldsymbol{a}_n$ は 1 次独立である．よって，次の S は n 次元座標部分空間である．

$$S = \{X \in \mathbb{R}^m \mid \overrightarrow{OX} = \overrightarrow{OA_0} + t_1\boldsymbol{a}_1 + \cdots + t_n\boldsymbol{a}_n,\ \ t_1, \cdots, t_k \in \mathbb{R}\}.$$

そして，S は点 $A_0, A_1, \cdots, A_n$ をふくむ(たとえば，$t_1 = \cdots = t_n = 0$ とすると，$\overrightarrow{OX} = \overrightarrow{OA_0}$．よって $A_0 \in S$)．これで「存在」がいえた．

次に，T が，点 $A_0, A_1, \cdots, A_n$ をふくむ(S とはちがうかも知れない) n 次元座標部分空間であるとする．T は次のようにおける．

$$T = \{X \in \mathbb{R}^m \mid \overrightarrow{OX} = \overrightarrow{OP} + y_1\boldsymbol{b}_1 + \cdots + y_n\boldsymbol{b}_n,\ \ y_1, \cdots, y_n \in \mathbb{R}\}.$$

ただし，次の(1)と(2)をみたす．

(1)　$\boldsymbol{b}_1, \cdots, \boldsymbol{b}_n$ は 1 次独立である．

(2)　$A_0, A_1, \cdots, A_n \in T$.

$A_0 \in T$ より，次のような $\beta_1, \cdots, \beta_n$ が定まる．

(3)　$\overrightarrow{OA_0} = \overrightarrow{OP} + \beta_1\boldsymbol{b}_1 + \cdots + \beta_n\boldsymbol{b}_n$.

さらに，次が成り立つ．

(4)　$\boldsymbol{a}_1, \cdots, \boldsymbol{a}_n \in \langle \boldsymbol{b}_1, \cdots, \boldsymbol{b}_n \rangle$.

なぜならば：$A_i \in T$ より，

$$\overrightarrow{OA_i} = \overrightarrow{OP} + \gamma_1\boldsymbol{b}_1 + \cdots + \gamma_n\boldsymbol{b}_n$$

をみたす $\gamma_1, \cdots, \gamma_n$ が定まるので，

$$\begin{aligned}\boldsymbol{a}_i &= \overrightarrow{A_0A_i} = \overrightarrow{OA_i} - \overrightarrow{OA_0}\\ &= (\gamma_1 - \beta_1)\boldsymbol{b}_1 + \cdots + (\gamma_n - \beta_n)\boldsymbol{b}_n \in \langle \boldsymbol{b}_1, \cdots, \boldsymbol{b}_n \rangle.\end{aligned}$$

$\boldsymbol{a}_1, \cdots, \boldsymbol{a}_n$ は 1 次独立だから，(4)とあわせると，$\{\boldsymbol{a}_1, \cdots, \boldsymbol{a}_n\}$ は $\langle \boldsymbol{b}_1, \cdots, \boldsymbol{b}_n \rangle$ のベースである．このことから次の(5)と(6)がわかる．まず，(3)の $\beta_1, \cdots, \beta_n$ に対して，

$$\beta_1\boldsymbol{b}_1 + \cdots + \beta_n\boldsymbol{b}_n = \alpha_1\boldsymbol{a}_1 + \cdots + \alpha_n\boldsymbol{a}_n$$

となる $\alpha_1, \cdots, \alpha_n$，いいかえると次をみたす $\alpha_1, \cdots, \alpha_n$ が定まる．

(5)　$\overrightarrow{\mathrm{OA_0}} = \overrightarrow{\mathrm{OP}} + \alpha_1 \boldsymbol{a}_1 + \cdots + \alpha_n \boldsymbol{a}_n.$

それから

(6)　$\langle \boldsymbol{a}_1, \cdots, \boldsymbol{a}_n \rangle = \langle \boldsymbol{b}_1, \cdots, \boldsymbol{b}_n \rangle.$

そうすると，「$T \subset S$」つまり「$X \in T \Longrightarrow X \in S$」が以下のようにしてわかる：

(6)より，任意の $y_1, \cdots, y_n$ に対して，次をみたす $x_1, \cdots, x_n$ が存在する．

(7)　$y_1 \boldsymbol{b}_1 + \cdots + y_n \boldsymbol{b}_n = x_1 \boldsymbol{a}_1 + \cdots + x_n \boldsymbol{a}_n.$

よって

$$\begin{aligned} X \in T &\Longrightarrow \overrightarrow{\mathrm{OX}} = \overrightarrow{\mathrm{OP}} + y_1 \boldsymbol{b}_1 + \cdots + y_n \boldsymbol{b}_n \\ &\Longrightarrow \overrightarrow{\mathrm{OX}} = \overrightarrow{\mathrm{OA_0}} - (\alpha_1 \boldsymbol{a}_1 + \cdots + \alpha_n \boldsymbol{a}_n) + x_1 \boldsymbol{a}_1 + \cdots + x_n \boldsymbol{a}_n \\ &\qquad\qquad\qquad\qquad\qquad\qquad\qquad\qquad ((5)\text{と}(7)\text{より}) \\ &\Longrightarrow \overrightarrow{\mathrm{OX}} = \overrightarrow{\mathrm{OA_0}} + (x_1 - \alpha_1) \boldsymbol{a}_1 + \cdots + (x_n - \alpha_n) \boldsymbol{a}_n \\ &\Longrightarrow X \in S. \end{aligned}$$

同様にして，「$S \subset T$」もわかる(各自やってみよ)．

これで，$T = S$ がいえたので，「ただひとつ」が示された．　□

レンマ1　$\boldsymbol{a}_1, \cdots, \boldsymbol{a}_n$ を V^m のベクトルとすると，次が成り立つ．

(1)　$\dim \langle \boldsymbol{a}_1, \cdots, \boldsymbol{a}_n \rangle \leqq n$ である．

(2)　$\dim \langle \boldsymbol{a}_1, \cdots, \boldsymbol{a}_n \rangle = n$ ならば，$\boldsymbol{a}_1, \cdots, \boldsymbol{a}_n$ は1次独立である．

証明　(1)　$\dim \langle \boldsymbol{a}_1, \cdots, \boldsymbol{a}_n \rangle = k$ とする．そして V^m のベース $\{\boldsymbol{u}_1, \cdots, \boldsymbol{u}_m\}$ で $\{\boldsymbol{u}_1, \cdots, \boldsymbol{u}_k\}$ が $\langle \boldsymbol{a}_1, \cdots, \boldsymbol{a}_n \rangle$ のベースになっているようなものをとる(第4章定理6.11より可能である)．そうすると，$\langle \boldsymbol{a}_1, \cdots, \boldsymbol{a}_n \rangle = \langle \boldsymbol{u}_1, \cdots, \boldsymbol{u}_k \rangle$ だから，

$$\begin{aligned} \langle \boldsymbol{a}_1, \cdots, \boldsymbol{a}_n, \boldsymbol{u}_{k+1}, \cdots, \boldsymbol{u}_m \rangle &= \langle \boldsymbol{u}_1, \cdots, \boldsymbol{u}_k, \boldsymbol{u}_{k+1}, \cdots, \boldsymbol{u}_m \rangle \\ &\qquad\qquad\qquad (\text{第4章定理4.3より}) \\ &= V^m \qquad (\text{ベースだから}) \end{aligned}$$

よって，第4章定理4.5より，$n + (m - k) \geqq m$．よって，$k \leqq n$．

(2)　仮に，$\boldsymbol{a}_1, \cdots, \boldsymbol{a}_n$ が1次独立でないとすると，第4章定理4.6より，$\boldsymbol{a}_i \in \langle \boldsymbol{a}_1, \cdots, \boldsymbol{a}_{i-1} \rangle$ をみたす番号 i がある．よって

$$\langle \boldsymbol{a}_1, \cdots, \boldsymbol{a}_n \rangle = \langle \boldsymbol{a}_1, \cdots, \boldsymbol{a}_{i-1}, \ \boldsymbol{a}_{i+1}, \cdots, \boldsymbol{a}_n \rangle. \qquad (\boldsymbol{a}_i \text{を除いた})$$

(1)より，$\dim \langle \boldsymbol{a}_1, \cdots, \boldsymbol{a}_{i-1}, \ \boldsymbol{a}_{i+1}, \cdots, \boldsymbol{a}_n \rangle \leqq n-1$．よって，$\dim \langle \boldsymbol{a}_1, \cdots, \boldsymbol{a}_n \rangle \leqq n-1$．これは $\dim \langle \boldsymbol{a}_1, \cdots, \boldsymbol{a}_n \rangle = n$ に反する．よって $\boldsymbol{a}_1, \cdots, \boldsymbol{a}_n$ は1次独立であ

る． □

レンマ 2 W を V^m の部分空間とする．そして，ベクトル $\boldsymbol{a}_1, \cdots, \boldsymbol{a}_n$ は W に属するとする：$\boldsymbol{a}_1, \cdots, \boldsymbol{a}_n \in W$．このとき，$\boldsymbol{a}_1, \cdots, \boldsymbol{a}_n$ が 1 次独立であるならば，$n \leqq \dim(W)$ が成り立つ．いいかえると，$n > \dim(W)$ ならば，$\boldsymbol{a}_1, \cdots, \boldsymbol{a}_n$ は 1 次独立でない．

証明 $\dim(W) = k$ とする．そして，V^m のベース $\{\boldsymbol{u}_1, \cdots, \boldsymbol{u}_m\}$ で $\{\boldsymbol{u}_1, \cdots, \boldsymbol{u}_k\}$ が W のベースになっているようなものをとる(第 4 章定理 6.11)．そうすると，$\boldsymbol{a}_1, \cdots, \boldsymbol{a}_n, \boldsymbol{u}_{k+1}, \cdots, \boldsymbol{u}_m$ は 1 次独立である．それは，第 4 章定理 6.7 の証明中の(2)の証明と同様にして示される(各自やってみよ)．したがって，第 4 章定理 3.3 より，$n + (m-k) \leqq m$．つまり，$n \leqq k = \dim(W)$． □

第6章 線形写像

§1 ◆ 写像

「集合 A から集合 B への写像」というのは，集合 A のそれぞれの要素 x に対して，集合 B の要素のうちのどれかひとつを対応させるような規則のことです．A の要素 x に対応する B の要素を $f(x)$ で表わすとき，

$$f : A \longrightarrow B$$

とかきます．この記号は，「集合 A から集合 B への写像 f」というような読み方をします．そして $f(x)$ のことを，f による x の**像**といいます．

例 1（図 1） 3 角形 ABC の辺 AB 上に点 D をとり，辺 AC 上に点 E をとります．そこで，線分 DE 上の点 P に対して，直線 AP と辺 BC の交点 Q を対応させるという規則を f とする，つまり，Q を $f(\mathrm{P})$ と表わすことにします．そうすると，この規則 f は線分 DE から辺 BC への写像です：

$$f : (\text{線分 DE}) \longrightarrow (\text{辺 BC}),$$

$$f(\mathrm{P}) = (\text{直線 AP と辺 BC の交点 Q}).$$

図 1

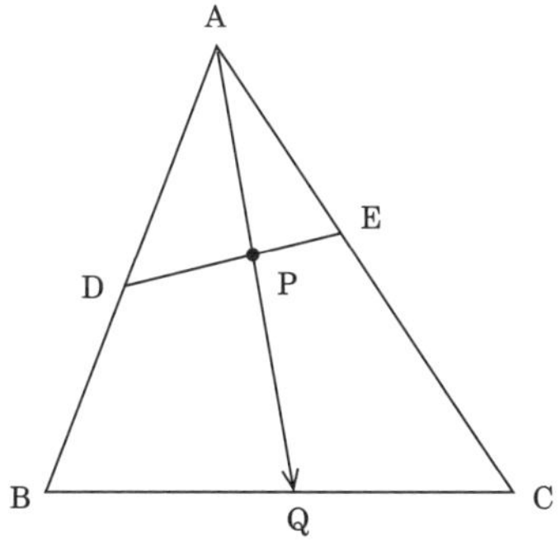

例 2（図 2）　歴史上もっとも有名な写像のひとつ「立体射影」を紹介します．

立体射影というのは，次のような写像のことです．

図 2 のように空間内の線分 NT を考え，それを直径とする球面を S とします．そして点 T における S の接平面を β とします．

そこで球面 S から点 N を除いた残りの図形 $S-\{\mathrm{N}\}$ から接平面 β への写像 g を次のように定めます：

$$g : S-\{\mathrm{N}\} \longrightarrow \beta$$

$$g(\mathrm{P}) = (\text{直線 NP と } \beta \text{ の交点 Q}).$$

このような写像 g のことを**立体射影**といいます．

図 2

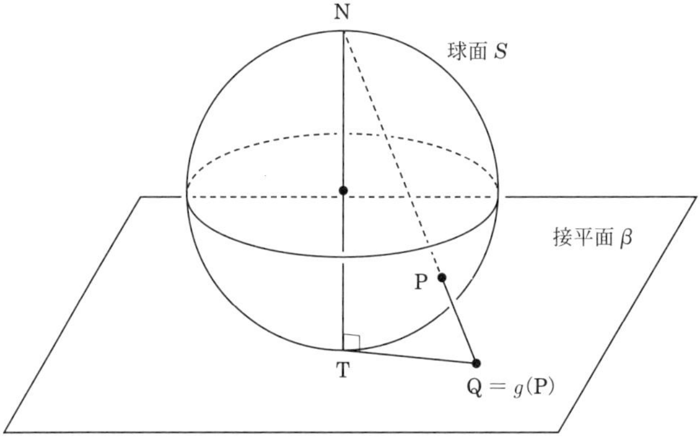

例 3　第 1 章 §7 の 1 次変換は，座標平面 $\mathbb{R}^2$ から $\mathbb{R}^2$ 自身への写像です．これに関連することを，このあと説明します（§5）．

像

$f : A \longrightarrow B$ を集合 A から集合 B への写像とします．そして L を集合 A の部分集合とします．このとき，L の各要素 x の像 $f(x)$ をすべて並べてつくった集合

$$\{\cdots, f(x), \cdots\} \qquad (\text{ただし，} x \text{ は } L \text{ のすべての要素をうごく})$$

のことを，$f(L)$ という記号で表わし，f による部分集合 L の**像**とよびます．

$f(L)$ は，$\{f(x) \mid x \in L\}$ とも表わされます：

$$f(L) = \{f(x) \mid x \in L\}. \quad (=\{\cdots, f(x), \cdots\})$$

とくに，$L = A$ の場合の像，つまり

$$f(A) = \{f(x) \mid x \in A\}$$

のことを，たんに，f **の像**といいます．

集合 A, B が「図形」の場合，A の部分図形 L に対する $f(L)$ というのは，点 x が図形 L 上をうごくとき点 $f(x)$ が図形 B 内にえがく軌跡のことです．

§2 ◆ 線形写像

とりあえず定義をかいて，それから考えます．

定義 2.1　n 項列ベクトル空間 V^n から m 項列ベクトル空間 V^m への写像

$$T : V^n \longrightarrow V^m$$

が，**線形写像**であるとは，次の(1)と(2)をみたすときをいう．

(1)　$T(\boldsymbol{x}+\boldsymbol{y}) = T(\boldsymbol{x}) + T(\boldsymbol{y}) \qquad (\boldsymbol{x}, \boldsymbol{y} \in V^n)$

(2)　$T(c\boldsymbol{x}) = cT(\boldsymbol{x}) \qquad (\boldsymbol{x} \in V^n,\ c \in \mathbb{R})$

注意　もちろん，「任意の $\boldsymbol{x}$ と任意の $\boldsymbol{y}$ と任意の c について」という意味です．

次の定理からわかるように，線形写像は，正比例の関数 $y = ax$ の一般化です．しかし，だれも想像できないような一般化です．

◆ 定理 2.1 ◆

A を $m \times n$ 行列とする．「V^n のベクトル $\boldsymbol{x}$ に対して，V^m のベクトル $A\boldsymbol{x}$ を対応させる」という規則によって，V^n から V^m への写像 T_A を定める：

$$T_A : V^n \longrightarrow V^m, \quad T_A(\boldsymbol{x}) = A\boldsymbol{x}.$$

このとき，T_A は線形写像である．

証明　定義2.1の条件をみたすことは，次のようにしてたしかめられる．

(1)　$\boldsymbol{x}, \boldsymbol{y} \in V^n$ とすると

$$T_A(\boldsymbol{x}+\boldsymbol{y}) = A(\boldsymbol{x}+\boldsymbol{y}) = A\boldsymbol{x}+A\boldsymbol{y} = T_A(\boldsymbol{x})+T_A(\boldsymbol{y}).$$

ただし，2番目の等号で，第2章の定理3.2を使った．

(2)　「$T_A(c\boldsymbol{x}) = cT_A(\boldsymbol{x})$」をたしかめることは，練習問題とします．　□

◆ 定理2.2 ◆

$T : V^n \longrightarrow V^m$ を線形写像とする．このとき，次のことが成り立つ．

(i)　$T(\mathbf{0}) = \mathbf{0}$（ただし，左辺の $\mathbf{0}$ は V^n のゼロベクトル，右辺の $\mathbf{0}$ は V^m のゼロベクトルであることに注意．）

(ii)　$T(\boldsymbol{x}_1+\cdots+\boldsymbol{x}_k) = T(\boldsymbol{x}_1)+\cdots+T(\boldsymbol{x}_k)$

(iii)　$T(c_1\boldsymbol{u}_1+\cdots+c_k\boldsymbol{u}_k) = c_1T(\boldsymbol{u}_1)+\cdots+c_kT(\boldsymbol{u}_k)$

証明　(i)　定義2.1の条件(2)で $c=0$ とおくと

$$T(0\cdot\boldsymbol{x}) = 0\cdot T(\boldsymbol{x}).$$

$0\cdot\boldsymbol{x} = \mathbf{0}$，$0\cdot T(\boldsymbol{x}) = \mathbf{0}$ だから，$T(\mathbf{0}) = \mathbf{0}$．

(ii)　一般の k でも同じことなので，$k=3$ のときを考える．

定義2.1の条件(1)をくり返し使うと

$$T(\boldsymbol{x}_1+\boldsymbol{x}_2+\boldsymbol{x}_3) = T(\boldsymbol{x}_1+\boldsymbol{x}_2)+T(\boldsymbol{x}_3) = T(\boldsymbol{x}_1)+T(\boldsymbol{x}_2)+T(\boldsymbol{x}_3).$$

(iii)　(ii)より

$$T(c_1\boldsymbol{u}_1+\cdots+c_k\boldsymbol{u}_k) = T(c_1\boldsymbol{u}_1)+\cdots+T(c_k\boldsymbol{u}_k).$$

定義2.1の条件(2)より

$$T(c_1\boldsymbol{u}_1) = c_1T(\boldsymbol{u}_1),\ \cdots,\ T(c_k\boldsymbol{u}_k) = c_kT(\boldsymbol{u}_k).$$

よって(iii)がえられる．　□

§3 ◆ 核・像・退化次数・階数

次の節において

線形写像は，退化次数と階数で形がわかる

ということを説明します．その準備として，本節の見出しに紹介した4つのことばを導入します．はじめのうちは抽象的ですが，だんだん具体的になります．

計算例は，次の節でやります．

◆ **定理 3.1** ◆

線形写像 $T: V^n \longrightarrow V^m$ に対して，V^n の部分集合 $T^{-1}(\mathbf{0})$ を次のように定める：

$$T^{-1}(\mathbf{0}) = \{\boldsymbol{x} \in V^n \mid T(\boldsymbol{x}) = \mathbf{0}\}.$$

$$(\boldsymbol{x} \in T^{-1}(\mathbf{0}) \Longleftrightarrow T(\boldsymbol{x}) = \mathbf{0})$$

そうすると，$T^{-1}(\mathbf{0})$ は V^n の部分空間である．

証明　部分空間の条件（第 4 章定義 5.1）を，ひとつずつチェックする．

(1)　$T(\mathbf{0}) = \mathbf{0}$ だから，$\mathbf{0} \in T^{-1}(\mathbf{0})$．

(2)　$\boldsymbol{x}, \boldsymbol{y} \in T^{-1}(\mathbf{0})$ とすると，$T(\boldsymbol{x}) = \mathbf{0}$，$T(\boldsymbol{y}) = \mathbf{0}$. よって

$$T(\boldsymbol{x}+\boldsymbol{y}) = T(\boldsymbol{x}) + T(\boldsymbol{y}) = \mathbf{0}+\mathbf{0} = \mathbf{0}.$$

よって，$\boldsymbol{x}+\boldsymbol{y} \in T^{-1}(\mathbf{0})$.

(3)「$\boldsymbol{x} \in T^{-1}(\mathbf{0})$，$c \in \mathbb{R} \Longrightarrow c\boldsymbol{x} \in T^{-1}(\mathbf{0})$」をたしかめることは，練習問題とします．　□

定義 3.1　$T^{-1}(\mathbf{0})$ のことを，線形写像 $T: V^n \longrightarrow V^m$ の**核**（または核空間）とよぶ．そして，核の次元を T の**退化次数**とよぶ：

$$(T \text{ の退化次数}) = \dim T^{-1}(\mathbf{0}).$$

◆ **定理 3.2** ◆

線形写像 $T: V^n \longrightarrow V^m$ に対して，V^m の部分集合 $T(V^n)$ を次のように定める：

$$T(V^n) = \{T(\boldsymbol{x}) \mid \boldsymbol{x} \in V^n\}.$$

$$(\boldsymbol{u} \in T(V^n) \Longleftrightarrow \boldsymbol{u} = T(x),\ \boldsymbol{x} \in V^n \text{ とおける})$$

そうすると，$T(V^n)$ は V^m の部分空間である．

証明　(1)　$\mathbf{0} = T(\mathbf{0})$ だから，$\mathbf{0} \in T(V^n)$.

(2)　$\boldsymbol{u}, \boldsymbol{v} \in T(V^n)$ とすると，

$$\boldsymbol{u} \in T(V^n) \Longleftrightarrow \boldsymbol{u} = T(\boldsymbol{x}),\ \boldsymbol{x} \in V^n \text{ とおける．}$$
$$\boldsymbol{v} \in T(V^n) \Longleftrightarrow \boldsymbol{v} = T(\boldsymbol{y}),\ \boldsymbol{y} \in V^n \text{ とおける．}$$

したがって，

$$\boldsymbol{u} + \boldsymbol{v} = T(\boldsymbol{x}) + T(\boldsymbol{y}) = T(\boldsymbol{x} + \boldsymbol{y}).$$

よって，$\boldsymbol{u} + \boldsymbol{v} \in T(V^n)$．

(3)「$\boldsymbol{u} \in T(V^n)$，$c \in \mathbb{R} \Longrightarrow c\boldsymbol{u} \in T(V^n)$」をたしかめることは，練習問題とします．　□

定義 3.2　$T(V^n)$ を，線形写像 $T : V^n \longrightarrow V^m$ の**像**(または像空間)とよぶ．そして，像の次元を線形写像 T の**階数**といい，$\mathrm{rank}(T)$ と表わす：

$$\mathrm{rank}(T) = \dim T(V^n).$$

◆ 定理 3.3 ◆

$T : V^n \to V^m$ が線形写像であるとする．$\{\boldsymbol{u}_1, \cdots, \boldsymbol{u}_n\}$ が V^n のベースならば次が成り立つ．

$$T(V^n) = \langle T(\boldsymbol{u}_1), \cdots, T(\boldsymbol{u}_n) \rangle.$$

証明　$\{\boldsymbol{u}_1, \cdots, \boldsymbol{u}_n\}$ は V^n のベースだから，$V^n = \langle \boldsymbol{u}_1, \cdots, \boldsymbol{u}_n \rangle$，　つまり

$$V^n = \{c_1\boldsymbol{u}_1 + \cdots + c_n\boldsymbol{u}_n \mid c_1, \cdots, c_n \in \mathbb{R}\}.$$

したがって

$$\begin{aligned} T(V^n) &= \{T(c_1\boldsymbol{u}_1 + \cdots + c_n\boldsymbol{u}_n) \mid c_1, \cdots, c_n \in \mathbb{R}\} \\ &= \{c_1 T(\boldsymbol{u}_1) + \cdots + c_n T(\boldsymbol{u}_n) \mid c_1, \cdots, c_n \in \mathbb{R}\} \\ &= \langle T(\boldsymbol{u}_1), \cdots, T(\boldsymbol{u}_n) \rangle. \end{aligned}$$
□

◆ 定理 3.4 ◆

定理 2.1 のタイプの線形写像

$$T_A : V^n \longrightarrow V^m,$$
$$T_A(\boldsymbol{x}) = A\boldsymbol{x}, \quad A = [\,\boldsymbol{a}_1 \ \cdots \ \boldsymbol{a}_n\,] : m \times n \text{ 行列}$$

の場合，核と像は次のように求まる．

(1)　$T_A^{-1}(\mathbf{0}) = \{\boldsymbol{x} \in V^n \mid T_A(\boldsymbol{x}) = \mathbf{0}\}$
$= \{\boldsymbol{x} \in V^n \mid A\boldsymbol{x} = \mathbf{0}\}$　（$A\boldsymbol{x} = \mathbf{0}$ の解空間）

(2)　$T_A(V^n) = \langle \boldsymbol{a}_1, \cdots, \boldsymbol{a}_n \rangle$
よって，$\mathrm{rank}\,(T_A) = \dim T_A(V^n) = \dim\langle \boldsymbol{a}_1, \cdots, \boldsymbol{a}_n \rangle$.

(3)　$\mathrm{rank}\,(T_A) = r(A)$
ただし，$r(A)$ は行列 A のランク(第3章§9).

証明　(1)　明らか.

(2)　$\{\boldsymbol{e}_1, \cdots, \boldsymbol{e}_n\}$ は V^n のベースである(第4章定理4.4)．よって，定理3.3より

$$T_A(V^n) = \langle T_A(\boldsymbol{e}_1), \cdots, T_A(\boldsymbol{e}_n) \rangle$$
$$= \langle \boldsymbol{a}_1, \cdots, \boldsymbol{a}_n \rangle. \qquad \text{（第2章定理3.5）}$$

(3)　(2)と第4章の定理8.1より，明らか.　□

定理3.4(1)より，$T_A^{-1}(\mathbf{0})$ のベースは，第4章§7のやり方で求まります．また，(2)より，$T_A(V^n)$ のベースは，第4章§8のやり方で求まります.

§4 ◆ 線形写像をみる

線形写像は，核と像が求まると，どんな写像か絵にかくことができます．このことを説明するのが，この節の目標です.

◆ 例題4.1 ◆

$$T_A : V^3 \longrightarrow V^2, \quad T_A(\boldsymbol{x}) = A\boldsymbol{x}, \quad A = \begin{bmatrix} 1 & 2 & 4 \\ -1 & 1 & -1 \end{bmatrix}$$

について，次の問いに答えよ.

(1)　$T_A^{-1}(\mathbf{0})$ と $T_A(V^3)$ のベースを求めて，次元を答えよ.

(2)　(1)をもとにして，T_A がどんな写像であるかを，図をかいて説明せよ.

解説　(1)　定理3.4の(1)より，$T_A^{-1}(\mathbf{0})$ は $A\boldsymbol{x}=\mathbf{0}$ つまり

$$\begin{bmatrix} 1 & 2 & 4 \\ -1 & 1 & -1 \end{bmatrix}\begin{bmatrix} x_1 \\ x_2 \\ x_3 \end{bmatrix}=\begin{bmatrix} 0 \\ 0 \end{bmatrix}$$

の解空間である．

$$\left[\begin{array}{ccc|c} 1 & 2 & 4 & 0 \\ -1 & 1 & -1 & 0 \end{array}\right]\xrightarrow{\text{a}}\left[\begin{array}{ccc|c} 1 & 2 & 4 & 0 \\ 0 & 3 & 3 & 0 \end{array}\right]\xrightarrow{\text{b}}\left[\begin{array}{ccc|c} 1 & 2 & 4 & 0 \\ 0 & 1 & 1 & 0 \end{array}\right]$$

$$\xrightarrow{\text{c}}\left[\begin{array}{ccc|c} 1 & 0 & 2 & 0 \\ 0 & 1 & 1 & 0 \end{array}\right]$$

a：②+①．b：②×$\frac{1}{3}$．c：①−②×2.

なので，$x_3=c$ とおくと，$x_1=-2c$，$x_2=-c$. よって

$$T_A^{-1}(\mathbf{0})=\left\{\begin{bmatrix} -2c \\ -c \\ c \end{bmatrix}\middle|\, c\in\mathbb{R}\right\}=\left\{c\begin{bmatrix} -2 \\ -1 \\ 1 \end{bmatrix}\middle|\, c\in\mathbb{R}\right\}.$$

したがって，$\left\{\begin{bmatrix} -2 \\ -1 \\ 1 \end{bmatrix}\right\}$ は $T_A^{-1}(\mathbf{0})$ のベースであって，$\dim T_A^{-1}(\mathbf{0})=1$.

次に，定理3.4の(2)より，

$$T_A(V^3)=\left\langle\begin{bmatrix} 1 \\ -1 \end{bmatrix},\begin{bmatrix} 2 \\ 1 \end{bmatrix},\begin{bmatrix} 4 \\ -1 \end{bmatrix}\right\rangle.$$

そこで，$\boldsymbol{a}_1=\begin{bmatrix} 1 \\ -1 \end{bmatrix}$，$\boldsymbol{a}_2=\begin{bmatrix} 2 \\ 1 \end{bmatrix}$，$\boldsymbol{a}_3=\begin{bmatrix} 4 \\ -1 \end{bmatrix}$ とおくと，

$$\boldsymbol{a}_1\neq\mathbf{0},\quad \boldsymbol{a}_2\notin\langle\boldsymbol{a}_1\rangle,\quad \boldsymbol{a}_3=2\boldsymbol{a}_1+\boldsymbol{a}_2\in\langle\boldsymbol{a}_1,\boldsymbol{a}_2\rangle.$$

よって，$\{\boldsymbol{a}_1,\boldsymbol{a}_2\}$ は $T_A(V^3)$ のベースであり，$\dim T_A(V^3)=2$.

(2)　$\dim T_A(V^3)=2$ だから，$T_A(V^3)=V^2$ である．よって，$T_A(V^3)$ は，“平面全体”である．そして，T_A によって，“原点を通る直線” $T_A^{-1}(\mathbf{0})$ は V^2 の“原点” $\mathbf{0}$ につぶれ，“$T_A^{-1}(\mathbf{0})$ に平行な直線”は，それぞれ“平面” V^2 のどこかの“1点”につぶれる．

図 3

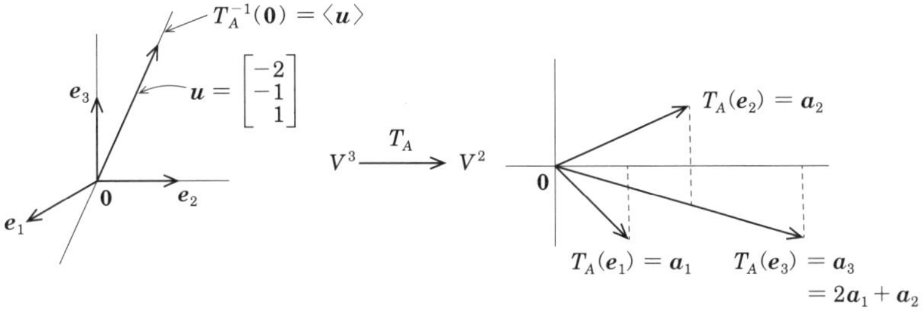

問　A が次の行列のとき，例題 4.1 と同様の問に答えよ．

(1) $\begin{bmatrix} 1 & 2 & 3 \\ 2 & 4 & 6 \end{bmatrix}$　　(2) $\begin{bmatrix} 1 & 0 & 2 \\ 2 & 1 & 7 \\ 3 & 1 & 9 \end{bmatrix}$

(3) $\begin{bmatrix} 1 & -1 & 2 \\ 2 & -2 & 4 \\ 1 & -1 & 2 \end{bmatrix}$　　(4) $\begin{bmatrix} 1 & 0 \\ 2 & 1 \\ 1 & 1 \end{bmatrix}$

§5 ◆ 1 次写像

この節は，第 1 章の「1 次変換」のところと，対照しながら読んでほしいと思います．

定義 5.1　$\mathbb{R}^n$ と $\mathbb{R}^m$ を，n 次元および m 次元の座標空間とする：

$$\mathbb{R}^n = \{(x_1, \cdots, x_n) \mid x_1, \cdots, x_n \in \mathbb{R}\},$$
$$\mathbb{R}^m = \{(y_1, \cdots, y_m) \mid y_1, \cdots, y_m \in \mathbb{R}\}.$$

そして，$A = [\, a_{ij} \,]$ を $m \times n$ 行列とする．

このとき，$\mathbb{R}^{\mathrm{n}}$ の点 X に $\mathbb{R}^{\mathrm{m}}$ の点 Y を対応させる次のような規則 f_A を考える．

f_A：$\mathbb{R}^n$ の点 $\mathrm{X} = (x_1, \cdots, x_n)$ に対して，下の (5.1) 式によって定まる $\mathbb{R}^m$ の点 $\mathrm{Y} = (y_1, \cdots, y_m)$ を対応させる．

$$(5.1)\quad \begin{bmatrix} y_1 \\ \vdots \\ y_m \end{bmatrix} = \begin{bmatrix} a_{11} & \cdots & a_{1n} \\ \vdots & & \vdots \\ a_{m1} & \cdots & a_{mn} \end{bmatrix} \begin{bmatrix} x_1 \\ \vdots \\ x_n \end{bmatrix}. \qquad (\overrightarrow{\mathrm{OY}} = A\overrightarrow{\mathrm{OX}})$$

そうすると，f_A は $\mathbb{R}^n$ から $\mathbb{R}^m$ への写像である．

$$f_A : \mathbb{R}^n \longrightarrow \mathbb{R}^m, \quad f_A(\mathrm{X}) = \mathrm{Y}.$$

この写像 f_A を，行列 A の定める **1次写像** とよぶ．

A が 2×2 行列のとき，つまり $A=\begin{bmatrix} a & b \\ c & d \end{bmatrix}$ のとき，定義5.1の f_A は，第1章§7でやった平面の1次変換です．ただし，第1章では，(x_1, x_2) を (x, y) とかき，(y_1, y_2) を (x', y') とかきました．

注意 $\overrightarrow{\mathrm{OY}}=\begin{bmatrix} y_1 \\ \vdots \\ y_m \end{bmatrix}$ を $\boldsymbol{y}$，$\overrightarrow{\mathrm{OX}}=\begin{bmatrix} x_1 \\ \vdots \\ x_n \end{bmatrix}$ を $\boldsymbol{x}$ とおくと，(5.1)は次のようにもかけます．

$$\boldsymbol{y} = A\boldsymbol{x} \quad \text{あるいは} \quad \boldsymbol{y} = T_A(\boldsymbol{x}).$$

像図形

A を $m\times n$ 行列，$f_A : \mathbb{R}^n \longrightarrow \mathbb{R}^m$ を A の定める1次写像とします．

$\mathbb{R}^n$ の図形 L に対して，L の像

$$f_A(L) = \{f_A(\mathrm{X}) \mid \mathrm{X} \in L\}$$

のことを，f_A による L の**像図形**とよぶことにします．

例として，L が $\mathbb{R}^n$ の直線の場合に像図形 $f_A(L)$ がどのような図形になるか調べてみます．

例 $\mathbb{R}^n$ の点 $\mathrm{P}=(p_1, \cdots, p_n)$ を通り，$\mathbf{0}$ でない V^n のベクトル $\boldsymbol{u}$ に平行な直線を L とします．直線 L は次の方程式で表わされます(第5章§2)．

$$(5.2) \quad \begin{bmatrix} x_1 \\ \vdots \\ x_n \end{bmatrix} = \begin{bmatrix} p_1 \\ \vdots \\ p_n \end{bmatrix} + t\boldsymbol{u}. \qquad (t \in \mathbb{R}) \qquad (\overrightarrow{\mathrm{OX}} = \overrightarrow{\mathrm{OP}} + t\boldsymbol{u})$$

そこで，1次写像 f_A による直線 L の像図形 $f_A(L)$ を求めます．

まず，f_A による P の像点 $f_A(\mathrm{P})$ を Q とおきます：

$$f_A(\mathrm{P}) = \mathrm{Q}, \quad \mathrm{Q} = (q_1, \cdots, q_m), \quad A\begin{bmatrix} p_1 \\ \vdots \\ p_n \end{bmatrix} = \begin{bmatrix} q_1 \\ \vdots \\ q_m \end{bmatrix}. \qquad (A\overrightarrow{\mathrm{OP}} = \overrightarrow{\mathrm{OQ}})$$

(5.2)を(5.1)に代入すると

$$\begin{bmatrix} y_1 \\ \vdots \\ y_m \end{bmatrix} = A\left(\begin{bmatrix} p_1 \\ \vdots \\ p_n \end{bmatrix} + t\boldsymbol{u}\right) = A\begin{bmatrix} p_1 \\ \vdots \\ p_n \end{bmatrix} + t(A\boldsymbol{u}).$$

$$(\overrightarrow{\mathrm{OY}} = A(\overrightarrow{\mathrm{OP}} + t\boldsymbol{u}) = A\overrightarrow{\mathrm{OP}} + t(A\boldsymbol{u}))$$

よって，像図形 $f_A(L)$ は次の方程式で表わされます．

$$(5.3) \quad \begin{bmatrix} y_1 \\ \vdots \\ y_m \end{bmatrix} = \begin{bmatrix} q_1 \\ \vdots \\ q_m \end{bmatrix} + t(A\boldsymbol{u}). \qquad (t \in \mathbb{R}) \qquad (\overrightarrow{\mathrm{OY}} = \overrightarrow{\mathrm{OQ}} + t(A\boldsymbol{u}))$$

ここで，V^m のベクトル $A\boldsymbol{u}$ が $\boldsymbol{0}$ であるかないかによって場合分けが必要です．

（ア）　$A\boldsymbol{u} \neq \boldsymbol{0}$ の場合

このとき(5.3)式は，点 Q を通り，ベクトル $A\boldsymbol{u}$ に平行な $\mathbb{R}^m$ の直線を表わしています．よって，像図形 $f_A(L)$ は直線です．

（イ）　$A\boldsymbol{u} = \boldsymbol{0}$ の場合

このとき，(5.3)より，t の値が何であっても

$$\begin{bmatrix} y_1 \\ \vdots \\ y_m \end{bmatrix} = \begin{bmatrix} q_1 \\ \vdots \\ q_m \end{bmatrix}. \qquad (\text{一定}) \qquad (\overrightarrow{\mathrm{OY}} = \overrightarrow{\mathrm{OQ}}\ (\text{一定}))$$

これより，直線 L 上のすべての点は，同じ点 $(q_1, \cdots, q_m) = \mathrm{Q}$ に対応することになります．よって像図形 $f_A(L)$ は，1 点 Q だけからなる図形です：

$$f_A(L) = \{\mathrm{Q}\}. \qquad (1\ \text{点図形})$$

以上により，次のようになります．

1 次写像 f_A による直線の像図形は，直線または 1 点図形になる．そして，どれになるかは，$A\boldsymbol{u}$ を計算してみるとわかる．

課題　$\mathbb{R}^n$ の平面 S が第 5 章§4 の(4.2)式で与えられているとする．このとき，f_A による S の像図形 $f_A(S)$ について，上の例と同様のことを調べよ．

第7章 行列式

第1章では，2次の行列式を定義しました．あらためて，一般の正方行列の行列式を定義します．この章では正方行列しかでてこないので，n 次正方行列のことを，たんに n 次行列ともいいます．

§1 ◆ 行列式の定義

正方行列 $A = [\, a_{ij} \,]$ の行列式というのは，ある規則にしたがって A の成分を使って計算をする，その計算結果としてえられる数のことです．

定義 1.1　n 次正方行列 $A = [\, a_{ij} \,]$ の行列式は

$$|A|, \quad \det A, \quad \begin{vmatrix} a_{11} & a_{12} & \cdots & a_{1n} \\ a_{21} & a_{22} & \cdots & a_{2n} \\ \vdots & \vdots & \ddots & \vdots \\ a_{n1} & a_{n2} & \cdots & a_{nn} \end{vmatrix}$$

などの記号で表わされる．これを次のように定義する．

(1)　$A = \begin{bmatrix} a_{11} & a_{12} \\ a_{21} & a_{22} \end{bmatrix}$ に対して，$\begin{vmatrix} a_{11} & a_{12} \\ a_{21} & a_{22} \end{vmatrix} = a_{11}a_{22} - a_{12}a_{21}$ と定める．

(2)　$A = \begin{bmatrix} a_{11} & a_{12} & a_{13} \\ a_{21} & a_{22} & a_{23} \\ a_{31} & a_{32} & a_{33} \end{bmatrix}$ に対しては，次のように計算する．

$$\begin{vmatrix} a_{11} & a_{12} & a_{13} \\ a_{21} & a_{22} & a_{23} \\ a_{31} & a_{32} & a_{33} \end{vmatrix} = a_{11} \begin{vmatrix} a_{11} & a_{12} & a_{13} \\ a_{21} & a_{22} & a_{23} \\ a_{31} & a_{32} & a_{33} \end{vmatrix} - a_{21} \begin{vmatrix} a_{11} & a_{12} & a_{13} \\ a_{21} & a_{22} & a_{23} \\ a_{31} & a_{32} & a_{33} \end{vmatrix}$$

$$+a_{31}\begin{vmatrix} a_{11} & a_{12} & a_{13} \\ a_{21} & a_{22} & a_{23} \\ a_{31} & a_{32} & a_{33} \end{vmatrix}$$

$$= a_{11}\begin{vmatrix} a_{22} & a_{23} \\ a_{32} & a_{33} \end{vmatrix} - a_{21}\begin{vmatrix} a_{12} & a_{13} \\ a_{32} & a_{33} \end{vmatrix} + a_{31}\begin{vmatrix} a_{12} & a_{13} \\ a_{22} & a_{23} \end{vmatrix}.$$

一般に，正方行列 A から第 i 行と第 1 列をとり除いてできる行列を A_{i1} とかくことにすると，上の定義式は，

$$|A| = a_{11}|A_{11}| - a_{21}|A_{21}| + a_{31}|A_{31}|$$

あるいは，

$$|A| = (A\text{ の }(1,1)\text{ 成分})|A_{11}| - (A\text{ の }(2,1)\text{ 成分})|A_{21}| + (A\text{ の }(3,1)\text{ 成分})|A_{31}|$$

とかける．

(3)　4 次行列 $A = [\,a_{ij}\,]$ に対しては，次のように計算する．

$$|A| = a_{11}|A_{11}| - a_{21}|A_{21}| + a_{31}|A_{31}| - a_{41}|A_{41}|$$

あるいは，

$$|A| = (A\text{ の }(1,1)\text{ 成分})|A_{11}| - (A\text{ の }(2,1)\text{ 成分})|A_{21}| + (A\text{ の }(3,1)\text{ 成分})|A_{31}| - (A\text{ の }(4,1)\text{ 成分})|A_{41}|$$

具体的にかいてみると，

$$\begin{vmatrix} a_{11} & a_{12} & a_{13} & a_{14} \\ a_{21} & a_{22} & a_{23} & a_{24} \\ a_{31} & a_{32} & a_{33} & a_{34} \\ a_{41} & a_{42} & a_{43} & a_{44} \end{vmatrix}$$

$$= a_{11}\begin{vmatrix} a_{11} & a_{12} & a_{13} & a_{14} \\ a_{21} & a_{22} & a_{23} & a_{24} \\ a_{31} & a_{32} & a_{33} & a_{34} \\ a_{41} & a_{42} & a_{43} & a_{44} \end{vmatrix} - a_{21}\begin{vmatrix} a_{11} & a_{12} & a_{13} & a_{14} \\ a_{21} & a_{22} & a_{23} & a_{24} \\ a_{31} & a_{32} & a_{33} & a_{34} \\ a_{41} & a_{42} & a_{43} & a_{44} \end{vmatrix}$$

$$+ a_{31}\begin{vmatrix} a_{11} & a_{12} & a_{13} & a_{14} \\ a_{21} & a_{22} & a_{23} & a_{24} \\ a_{31} & a_{32} & a_{33} & a_{34} \\ a_{41} & a_{42} & a_{43} & a_{44} \end{vmatrix} - a_{41}\begin{vmatrix} a_{11} & a_{12} & a_{13} & a_{14} \\ a_{21} & a_{22} & a_{23} & a_{24} \\ a_{31} & a_{32} & a_{33} & a_{34} \\ a_{41} & a_{42} & a_{43} & a_{44} \end{vmatrix}.$$

これを一般化して，$A=[\,a_{ij}\,]$ が n 次行列のとき，A の行列式を次の漸化式によって定める：

$$|A|=a_{11}|A_{11}|-a_{21}|A_{21}|+\cdots+(-1)^{n+1}a_{n1}|A_{n1}|$$

A が n 次の行列なら，$A_{11}, A_{21}, \cdots, A_{n1}$ は $(n-1)$ 次の行列であることに注意．また，上の式は $\sum$ 記号を使うと

$$|A|=\sum_{i=1}^{n}(-1)^{i+1}a_{i1}|A_{i1}|$$

あるいは

$$|A|=\sum_{i=1}^{n}(-1)^{i+1}(A\text{ の }(i,1)\text{ 成分})|A_{i1}|$$

ともかける．

例

$$\begin{vmatrix} 2 & 1 & 0 \\ 3 & 1 & 1 \\ -1 & 2 & 0 \end{vmatrix} = 2\times\begin{vmatrix} 2 & 1 & 0 \\ 3 & 1 & 1 \\ -1 & 2 & 0 \end{vmatrix} - 3\times\begin{vmatrix} 2 & 1 & 0 \\ 3 & 1 & 1 \\ -1 & 2 & 0 \end{vmatrix} + (-1)\times\begin{vmatrix} 2 & 1 & 0 \\ 3 & 1 & 1 \\ -1 & 2 & 0 \end{vmatrix}$$

$$=2\times(-2)-3\times 0+(-1)\times 1=-5.$$

問　次の行列式の値を求めよ．(答えはすべて 0 です．)

(1) $\begin{vmatrix} 3 & 2 & 1 \\ 2 & 0 & 3 \\ 3 & 2 & 1 \end{vmatrix}$　(2) $\begin{vmatrix} 2 & 1 & 1 \\ 0 & 0 & 0 \\ 1 & 2 & 3 \end{vmatrix}$　(3) $\begin{vmatrix} 2 & 0 & 1 \\ 1 & 0 & 2 \\ 1 & 0 & 3 \end{vmatrix}$

§2 ◆ 基本定理

◆ 定理 2.1 ◆

n 次行列 A, A', B が次の (i) と (ii) をみたすとする．

(i)　A, A', B は，第 k 行を除くと，まったく同じ行列である．

(ii)　B の第 k 行の各成分は，A, A' の対応する成分の和の形である．

このとき，$|B|=|A|+|A'|$ が成り立つ．

$n=3$, $k=2$ の場合，つまり「3次」の行列で，「2行目が和の形」の場合を具体的にかくと，次のような式になります．

$$(2.1)\quad \begin{vmatrix} a_1 & b_1 & c_1 \\ a_2+a_2' & b_2+b_2' & c_2+c_2' \\ a_3 & b_3 & c_3 \end{vmatrix} = \begin{vmatrix} a_1 & b_1 & c_1 \\ a_2 & b_2 & c_2 \\ a_3 & b_3 & c_3 \end{vmatrix} + \begin{vmatrix} a_1 & b_1 & c_1 \\ a_2' & b_2' & c_2' \\ a_3 & b_3 & c_3 \end{vmatrix}.$$

一般の場合の証明は，この章の最後に考えることにして，ここでは(2.1)の証明をやります．

(2.1)の証明　次のようにおく．

$$A=\begin{bmatrix} a_1 & b_1 & c_1 \\ a_2 & b_2 & c_2 \\ a_3 & b_3 & c_3 \end{bmatrix},\quad A'=\begin{bmatrix} a_1 & b_1 & c_1 \\ a_2' & b_2' & c_2' \\ a_3 & b_3 & c_3 \end{bmatrix},$$

$$B=\begin{bmatrix} a_1 & b_1 & c_1 \\ a_2+a_2' & b_2+b_2' & c_2+c_2' \\ a_3 & b_3 & c_3 \end{bmatrix}.$$

そうすると，行列式の定義1.1より

$$(1)\quad |A| = a_1\begin{vmatrix} b_2 & c_2 \\ b_3 & c_3 \end{vmatrix} - a_2\begin{vmatrix} b_1 & c_1 \\ b_3 & c_3 \end{vmatrix} + a_3\begin{vmatrix} b_1 & c_1 \\ b_2 & c_2 \end{vmatrix},$$

$$(2)\quad |A'| = a_1\begin{vmatrix} b_2' & c_2' \\ b_3 & c_3 \end{vmatrix} - a_2'\begin{vmatrix} b_1 & c_1 \\ b_3 & c_3 \end{vmatrix} + a_3\begin{vmatrix} b_1 & c_1 \\ b_2' & c_2' \end{vmatrix},$$

$$(3)\quad |B| = a_1\begin{vmatrix} b_2+b_2' & c_2+c_2' \\ b_3 & c_3 \end{vmatrix} - (a_2+a_2')\begin{vmatrix} b_1 & c_1 \\ b_3 & c_3 \end{vmatrix} + a_3\begin{vmatrix} b_1 & c_1 \\ b_2+b_2' & c_2+c_2' \end{vmatrix}.$$

(1)と(2)より

$$(4)\quad |A|+|A'| = a_1\left(\begin{vmatrix} b_2 & c_2 \\ b_3 & c_3 \end{vmatrix} + \begin{vmatrix} b_2' & c_2' \\ b_3 & c_3 \end{vmatrix}\right) - (a_2+a_2')\begin{vmatrix} b_1 & c_1 \\ b_3 & c_3 \end{vmatrix}$$
$$+ a_3\left(\begin{vmatrix} b_1 & c_1 \\ b_2 & c_2 \end{vmatrix} + \begin{vmatrix} b_1 & c_1 \\ b_2' & c_2' \end{vmatrix}\right).$$

第1章の定理5.1の(1)と(1′)を使うと，

$$\begin{vmatrix} b_2 & c_2 \\ b_3 & c_3 \end{vmatrix} + \begin{vmatrix} b_2' & c_2' \\ b_3 & c_3 \end{vmatrix} \overset{(1)}{=} \begin{vmatrix} b_2+b_2' & c_2+c_2' \\ b_3 & c_3 \end{vmatrix},$$

$$\begin{vmatrix} b_1 & c_1 \\ b_2 & c_2 \end{vmatrix} + \begin{vmatrix} b_1 & c_1 \\ b_2' & c_2' \end{vmatrix} \overset{(1')}{=} \begin{vmatrix} b_1 & c_1 \\ b_2+b_2' & c_2+c_2' \end{vmatrix}.$$

これを(4)に代入すると

$$|A|+|A'|=a_1\begin{vmatrix} b_2+b_2' & c_2+c_2' \\ b_3 & c_3 \end{vmatrix}-(a_2+a_2')\begin{vmatrix} b_1 & c_1 \\ b_3 & c_3 \end{vmatrix}$$
$$+a_3\begin{vmatrix} b_1 & c_1 \\ b_2+b_2' & c_2+c_2' \end{vmatrix}.$$

右辺は，(3)より，$|B|$に等しい．よって，$|A|+|A'|=|B|$. □

問1　定理2.1の $n=3$, $k=1$ の場合について，(2.1)に対応する式をかき，証明をかいてみよ．

◆ 定理 2.2 ◆

ある行を t 倍すると，行列式の値は t 倍になる．くわしくいうと：

A を n 次行列とする．A の第 k 行のすべての成分を t 倍し，そのほかの成分はもとのままにして得られる行列を B とする．このとき，B の行列式は A の行列式の t 倍になる：$|B|=t|A|$.

$n=3$, $k=1$ の場合，つまり「3次」の行列で，「1行目を t 倍」の場合を具体的にかくと，次のような式になります．

$$(2.2)\quad \begin{vmatrix} ta_1 & tb_1 & tc_1 \\ a_2 & b_2 & c_2 \\ a_3 & b_3 & c_3 \end{vmatrix}=t\begin{vmatrix} a_1 & b_1 & c_1 \\ a_2 & b_2 & c_2 \\ a_3 & b_3 & c_3 \end{vmatrix}.$$

(2.2)の証明　(2.2)の左辺を D とおく．行列式の定義1.1より

$$D=(ta_1)\begin{vmatrix} b_2 & c_2 \\ b_3 & c_3 \end{vmatrix}-a_2\begin{vmatrix} tb_1 & tc_1 \\ b_3 & c_3 \end{vmatrix}+a_3\begin{vmatrix} tb_1 & tc_1 \\ b_2 & c_2 \end{vmatrix}.$$

第1章の定理5.1の(2)より

$$\begin{vmatrix} tb_1 & tc_1 \\ b_3 & c_3 \end{vmatrix}=t\begin{vmatrix} b_1 & c_1 \\ b_3 & c_3 \end{vmatrix},\quad \begin{vmatrix} tb_1 & tc_1 \\ b_2 & c_2 \end{vmatrix}=t\begin{vmatrix} b_1 & c_1 \\ b_2 & c_2 \end{vmatrix}.$$

よって

$$D=t\left(a_1\begin{vmatrix} b_2 & c_2 \\ b_3 & c_3 \end{vmatrix}-a_2\begin{vmatrix} b_1 & c_1 \\ b_3 & c_3 \end{vmatrix}+a_3\begin{vmatrix} b_1 & c_1 \\ b_2 & c_2 \end{vmatrix}\right)=t\begin{vmatrix} a_1 & b_1 & c_1 \\ a_2 & b_2 & c_2 \\ a_3 & b_3 & c_3 \end{vmatrix}.$$ □

問 2　定理 2.2 の $n=3$, $k=2$ の場合について, (2.2) に対応する式をかき, 証明をかいてみよ.

◆ **定理 2.3** ◆

となりあう 2 つの行を入れかえると, 行列式は符号をかえる. くわしくいうと：

n 次行列 A において, 第 k 行と第 $(k+1)$ 行を入れかえてえられる行列を B とする. このとき, $|B|=-|A|$ が成り立つ.

$n=3$, $k=1$ の場合, つまり「3 次」の行列で「1 行目と 2 行目を入れかえ」の場合を具体的にかくと, 次のような式になります.

$$(2.3)\qquad \begin{vmatrix} a_2 & b_2 & c_2 \\ a_1 & b_1 & c_1 \\ a_3 & b_3 & c_3 \end{vmatrix} = -\begin{vmatrix} a_1 & b_1 & c_1 \\ a_2 & b_2 & c_2 \\ a_3 & b_3 & c_3 \end{vmatrix}.$$

(2.3) の証明　(2.3) の左辺を D とおく. 行列式の定義 1.1 より

$$D = a_2\begin{vmatrix} b_1 & c_1 \\ b_3 & c_3 \end{vmatrix} - a_1\begin{vmatrix} b_2 & c_2 \\ b_3 & c_3 \end{vmatrix} + a_3\begin{vmatrix} b_2 & c_2 \\ b_1 & c_1 \end{vmatrix}.$$

右辺の第 3 項について, 第 1 章の定理 5.1 の (3) より

$$\begin{vmatrix} b_2 & c_2 \\ b_1 & c_1 \end{vmatrix} = -\begin{vmatrix} b_1 & c_1 \\ b_2 & c_2 \end{vmatrix}. \qquad \text{(上下の入れかえ)}$$

よって

$$D = -\left(a_1\begin{vmatrix} b_2 & c_2 \\ b_3 & c_3 \end{vmatrix} - a_2\begin{vmatrix} b_1 & c_1 \\ b_3 & c_3 \end{vmatrix} + a_3\begin{vmatrix} b_1 & c_1 \\ b_2 & c_2 \end{vmatrix}\right) = -\begin{vmatrix} a_1 & b_1 & c_1 \\ a_2 & b_2 & c_2 \\ a_3 & b_3 & c_3 \end{vmatrix}. \qquad \square$$

問 3　定理 2.3 の $n=3$, $k=2$ の場合について, (2.3) に対応する式をかき, 証明をかいてみよ.

§3◆基本定理からみちびかれる性質

§2の基本定理から形式的にみちびかれる行列式の性質を説明します．

◆ 定理 3.1 ◆

2つの行(となりあっていなくてよい)を入れかえると，行列式は符号をかえる．

証明　Aにおいて，第k行と第ℓ行を入れかえてえられる行列をBとする．Bは，Aから出発して「となりあう行の入れかえ」を奇数回おこなうことによってえられる．よって，定理2.3を奇数回適用して，$|B|=-|A|$がわかる．

□

例　1行目と4行目を入れかえるには，たとえば，次のように(2+1+2)回「となりの入れかえ」をおこなえばよい：

$$\begin{pmatrix}1\\2\\3\\4\end{pmatrix}\to\begin{pmatrix}2\\1\\3\\4\end{pmatrix}\to\begin{pmatrix}2\\3\\1\\4\end{pmatrix}\to\begin{pmatrix}2\\3\\4\\1\end{pmatrix}\to\begin{pmatrix}2\\4\\3\\1\end{pmatrix}\to\begin{pmatrix}4\\2\\3\\1\end{pmatrix}.$$

◆ 定理 3.2 ◆

2つの行が同じであるような行列の行列式は0である．

例　この定理によれば，計算するまでもなく $\begin{vmatrix}3&2&1\\2&4&6\\3&2&1\end{vmatrix}=0.$

証明　Aの第k行と第ℓ行が同じであるとする．Aにおいて，第k行と第ℓ行を入れかえてえられる行列をBとする．Aのk行とℓ行が同じであることから，$B=A$．他方，定理3.1より，$|B|=-|A|$．よって$|A|=-|A|$．よって$|A|=0$．

□

◆ **定理 3.3** ◆

ある行のすべての成分が 0 ならば，行列式の値は 0 である．

例　この定理によれば，計算するまでもなく $\begin{vmatrix} 3 & 2 & 1 \\ 2 & 4 & 6 \\ 0 & 0 & 0 \end{vmatrix} = 0.$

証明　A の第 k 行の成分がすべて 0 であるとする．A において，第 k 行の成分を 2 倍し，そのほかの成分はもとのままにしてえられる行列を B とすると，$B = A$．他方，定理 2.2 より，$|B| = 2|A|$．よって，$|A| = 2|A|$．よって $|A| = 0$．　□

◆ **定理 3.4** ◆

1 つの行に，ほかの行の何倍かを加えてえられる行列の行列式の値は，もとの行列式の値に等しい．

「3 次」の行列で「第 2 行に第 3 行の t 倍を加える」場合を具体的にかくと，次のような式になります．

$$\begin{vmatrix} a_1 & b_1 & c_1 \\ a_2 + ta_3 & b_2 + tb_3 & c_2 + tc_3 \\ a_3 & b_3 & c_3 \end{vmatrix} = \begin{vmatrix} a_1 & b_1 & c_1 \\ a_2 & b_2 & c_2 \\ a_3 & b_3 & c_3 \end{vmatrix}. \tag{3.1}$$

(3.1)の証明　(3.1)の左辺を D，右辺を F とおく．そうすると

$$\begin{aligned} D &= \begin{vmatrix} a_1 & b_1 & c_1 \\ a_2 & b_2 & c_2 \\ a_3 & b_3 & c_3 \end{vmatrix} + \begin{vmatrix} a_1 & b_1 & c_1 \\ ta_3 & tb_3 & tc_3 \\ a_3 & b_3 & c_3 \end{vmatrix} && \text{(定理 2.1 より)} \\ &= F + t \begin{vmatrix} a_1 & b_1 & c_1 \\ a_3 & b_3 & c_3 \\ a_3 & b_3 & c_3 \end{vmatrix} && \text{(定理 2.2 より)} \\ &= F + t \times 0 && \text{(定理 3.2 より)} \\ &= F. \end{aligned}$$

□

問　定理3.4の「3次」の行列で「1行目の t 倍を3行目に加える」の場合について，(3.1)に対応する式をかき，証明をかいてみよ．

例　（定理3.4を利用する計算の例です．）

$$\begin{vmatrix} 2 & 1 & 1 \\ 4 & 5 & 4 \\ 6 & 4 & 8 \end{vmatrix} \overset{\mathrm{a}}{=} \begin{vmatrix} 2 & 1 & 1 \\ 0 & 3 & 2 \\ 6 & 4 & 8 \end{vmatrix} \overset{\mathrm{b}}{=} \begin{vmatrix} 2 & 1 & 1 \\ 0 & 3 & 2 \\ 0 & 1 & 5 \end{vmatrix} = 2\times\begin{vmatrix} 3 & 2 \\ 1 & 5 \end{vmatrix} = 26.$$

a：② − ①×2.　b：③ − ①×3.

§4 ◆ 行列式と行基本変形・正則性

定理2.2, 3.1, 3.4は，正方行列に対して行基本変形(第3章定義4.1)をおこなうとき，行列式の値がどのように変化するかを教えてくれます．このことの応用として，たとえば，次の定理がえられます．

◆ 定理4.1 ◆

正方行列 A に行基本変形をおこなって B がえられたとする．このとき次のことが成り立つ．

(i)　$|A| \neq 0 \Longleftrightarrow |B| \neq 0$,

(ii)　$|A| = 0 \Longleftrightarrow |B| = 0$.

証明　定理3.1より，行基本変形の(2)をおこなっても，行列式は符号がかわるだけである．定理3.4より，行基本変形の(3)をおこなっても，行列式の値はかわらない．そして，定理2.2より，行基本変形の(1)をおこなうと，行列式の値は c 倍(ただし $c \neq 0$)になる．以上のことより，行基本変形をいくらやっても，0でないものが0になることはないし，0のものは0のままである．よって(i), (ii)が成り立つ．　□

この定理を使うと次のことがわかります．

◆ 定理 4.2 ◆

正方行列 A について次のことが成り立つ.

$$A \text{ は正則である} \Longleftrightarrow |A| \neq 0.$$

証明 A の階段化を R とする(第 3 章定義 9.1).

A が正則であるとする. そうすると, 第 3 章の定理 10.3 より, $R=E$. よって, $|R|=|E|=1\neq 0$. よって, 定理 4.1 の(i)より, $|A|\neq 0$. 逆に, $|A|\neq 0$ とする. そうすると, 定理 4.1 の(i)より, $|R|\neq 0$. 仮に, $R\neq E$ であるとすると, R の一番下の行の成分は, すべて 0 である. よって, 定理 3.3 より, $|R|=0$. これは $|R|\neq 0$ に反する. よって $R=E$. したがって, 第 3 章の定理 10.3 より, A は正則である. □

◆ 定理 4.3 ◆

A を n 次正方行列とし, 方程式 $A\boldsymbol{x}=\boldsymbol{0}$ を考える. このとき次の(i)と(ii)は同値である.

(i) $A\boldsymbol{x}=\boldsymbol{0}$ は, $\boldsymbol{x}\neq\boldsymbol{0}$ をみたす解をもつ.

(ii) $|A|=0$.

証明 定理 4.2 より, 次がわかる.

(ア) A は正則でない $\Longleftrightarrow |A|=0$.

また, 第 3 章の定理 10.2 より

$$A \text{ は正則である} \Longleftrightarrow A\boldsymbol{x}=\boldsymbol{0} \text{ の解は, } \boldsymbol{x}=\boldsymbol{0} \text{ だけである.}$$

よって

(イ) A は正則でない $\Longleftrightarrow A\boldsymbol{x}=\boldsymbol{0}$ は, $\boldsymbol{x}\neq\boldsymbol{0}$ をみたす解をもつ.

(ア)と(イ)より, (i)と(ii)は同値である. □

§5 ◆ 正方行列の固有ベクトルと特性値

第 1 章の§9 において 2 次の行列の特性値と固有ベクトルを定義しました. ここでは, 一般の正方行列の固有ベクトルを, 先に定義します.

定義 5.1　n 次正方行列 $A=[\,a_{ij}\,]$ に対して，次の(1)と(2)をみたすような n 項列ベクトルのことを，A の**固有ベクトル**という．

(1)　$\boldsymbol{u} \neq \boldsymbol{0}$,

(2)　$A\boldsymbol{u}$ は $\boldsymbol{u}$ の実数倍である(0 倍でもよい)．

このあとの定理の証明にでてくる計算を，レンマとしてかいておきます．

◆ レンマ ◆

$A=[\,a_{ij}\,]$ を n 次正方行列，$\boldsymbol{x}=\begin{bmatrix} x_1 \\ \vdots \\ x_n \end{bmatrix}$ を n 項列ベクトル，α を実数とする．このとき，次の 2 つの方程式は同値である．

(ア)　$A\boldsymbol{x}=\alpha\boldsymbol{x}$　つまり　$\begin{bmatrix} a_{11} & a_{12} & \cdots & a_{1n} \\ a_{21} & a_{22} & \cdots & a_{2n} \\ \vdots & \vdots & \ddots & \vdots \\ a_{n1} & a_{n2} & \cdots & a_{nn} \end{bmatrix}\boldsymbol{x}=\alpha\boldsymbol{x}.$

(イ)　$\begin{bmatrix} a_{11}-\alpha & a_{12} & \cdots & a_{1n} \\ a_{21} & a_{22}-\alpha & \cdots & a_{2n} \\ \vdots & \vdots & \ddots & \vdots \\ a_{n1} & a_{n2} & \cdots & a_{nn}-\alpha \end{bmatrix}\boldsymbol{x}=\boldsymbol{0}.$

証明　一般の n の場合も同じことなので，$n=3$ のときを考える．

$$\begin{bmatrix} a_{11} & a_{12} & a_{13} \\ a_{21} & a_{22} & a_{23} \\ a_{31} & a_{32} & a_{33} \end{bmatrix}\boldsymbol{x}=\alpha\boldsymbol{x} \Longleftrightarrow \begin{bmatrix} a_{11} & a_{12} & a_{13} \\ a_{21} & a_{22} & a_{23} \\ a_{31} & a_{32} & a_{33} \end{bmatrix}\begin{bmatrix} x_1 \\ x_2 \\ x_3 \end{bmatrix}=\alpha\begin{bmatrix} x_1 \\ x_2 \\ x_3 \end{bmatrix}$$

$$\Longleftrightarrow \begin{cases} a_{11}x_1+a_{12}x_2+a_{13}x_3=\alpha x_1 \\ a_{21}x_1+a_{22}x_2+a_{23}x_3=\alpha x_2 \\ a_{31}x_1+a_{32}x_2+a_{33}x_3=\alpha x_3 \end{cases}$$

$$\Longleftrightarrow \begin{cases} (a_{11}-\alpha)x_1+a_{12}x_2+a_{13}x_3=0 \\ a_{21}x_1+(a_{22}-\alpha)x_2+a_{23}x_3=0 \\ a_{31}x_1+a_{32}x_2+(a_{33}-\alpha)x_3=0 \end{cases}$$

$$\Longleftrightarrow \begin{bmatrix} a_{11}-\alpha & a_{12} & a_{13} \\ a_{21} & a_{22}-\alpha & a_{23} \\ a_{31} & a_{32} & a_{33}-\alpha \end{bmatrix} \begin{bmatrix} x_1 \\ x_2 \\ x_3 \end{bmatrix} = \begin{bmatrix} 0 \\ 0 \\ 0 \end{bmatrix}$$

$$\Longleftrightarrow \begin{bmatrix} a_{11}-\alpha & a_{12} & a_{13} \\ a_{21} & a_{22}-\alpha & a_{23} \\ a_{31} & a_{32} & a_{33}-\alpha \end{bmatrix} \boldsymbol{x} = \boldsymbol{0}. \qquad \square$$

◆ **定理 5.1** ◆

n 項列ベクトル $\boldsymbol{u}$ が n 次正方行列 $A=[\,a_{ij}\,]$ の固有ベクトルであるとする．そうすると，固有ベクトルの定義 5.1 より，$A\boldsymbol{u}=\alpha\boldsymbol{u}$ をみたすような実数 α が定まる．このとき，α は次の式をみたす．

$$(5.1) \quad \begin{vmatrix} a_{11}-\alpha & a_{12} & \cdots & a_{1n} \\ a_{21} & a_{22}-\alpha & \cdots & a_{2n} \\ \vdots & \vdots & \ddots & \vdots \\ a_{n1} & a_{n2} & \cdots & a_{nn}-\alpha \end{vmatrix} = 0.$$

証明　方程式 $A\boldsymbol{x}=\alpha\boldsymbol{x}$ について考える．上のレンマより，$A\boldsymbol{x}=\alpha\boldsymbol{x}$ は次の方程式と同値である：

$$(5.2) \quad \begin{bmatrix} a_{11}-\alpha & a_{12} & \cdots & a_{1n} \\ a_{21} & a_{22}-\alpha & \cdots & a_{2n} \\ \vdots & \vdots & \ddots & \vdots \\ a_{n1} & a_{n2} & \cdots & a_{nn}-\alpha \end{bmatrix} \boldsymbol{x} = \boldsymbol{0}.$$

定理の前提より，方程式 $A\boldsymbol{x}=\alpha\boldsymbol{x}$ は，$\boldsymbol{x}\neq\boldsymbol{0}$ をみたすような解をもつ(たしかに $\boldsymbol{x}=\boldsymbol{u}$ は，そのような解である)．よって，同値な方程式(5.2)も，$\boldsymbol{x}\neq\boldsymbol{0}$ をみたす解をもつ．よって，定理 4.3 より，(5.1)が成り立つ．　□

◆ **定理 5.2** ◆

$A=[\,a_{ij}\,]$ が n 次正方行列であるとする．そして実数 α が次の (∗) をみたすとする．

$$
(*)\quad \begin{vmatrix} a_{11}-\alpha & a_{12} & \cdots & a_{1n} \\ a_{21} & a_{22}-\alpha & \cdots & a_{2n} \\ \vdots & \vdots & \ddots & \vdots \\ a_{n1} & a_{n2} & \cdots & a_{nn}-\alpha \end{vmatrix} = 0. \qquad ((5.1)\text{と同じ式です})
$$

このとき，次の条件をみたすような n 項列ベクトル $\boldsymbol{u}$ がある．

（ア） $\boldsymbol{u}$ は A の固有ベクトルである．

（イ） $A\boldsymbol{u} = \alpha\boldsymbol{u}$.

証明 次の方程式を考える．

$$
(\sharp)\quad \begin{bmatrix} a_{11}-\alpha & a_{12} & \cdots & a_{1n} \\ a_{21} & a_{22}-\alpha & \cdots & a_{2n} \\ \vdots & \vdots & \ddots & \vdots \\ a_{n1} & a_{n2} & \cdots & a_{nn}-\alpha \end{bmatrix} \boldsymbol{x} = \boldsymbol{0}. \qquad ((5.2)\text{と同じ式です})
$$

実数 α が $(*)$ をみたすことより，方程式 $(\sharp)$ は，$\boldsymbol{x} \neq \boldsymbol{0}$ をみたすような解をもつ(定理 4.3)．この解を $\boldsymbol{x} = \boldsymbol{u}$ とする．上のレンマより，方程式 $(\sharp)$ と方程式 $A\boldsymbol{x} = \alpha\boldsymbol{x}$ は同値である．よって $\boldsymbol{x} = \boldsymbol{u}$ は，$A\boldsymbol{x} = \alpha\boldsymbol{x}$ の，$\boldsymbol{x} \neq \boldsymbol{0}$ をみたすような解である．したがって次が成り立つ：

$$
\boldsymbol{u} \neq \boldsymbol{0}, \quad A\boldsymbol{u} = \alpha\boldsymbol{u}.
$$

よって，$\boldsymbol{u}$ は(ア)と(イ)をみたす． □

正方行列の特性値

(5.1)式の左辺の行列式を計算して，α について整理した式を $F(\alpha)$ とおきます．そうすると $F(\alpha)$ は，α に関する n 次式です．

たとえば，$n=2$ の場合をやってみると

$$
\begin{aligned}
\begin{vmatrix} a_{11}-\alpha & a_{12} \\ a_{21} & a_{22}-\alpha \end{vmatrix} &= (a_{11}-\alpha)(a_{22}-\alpha) - a_{12}a_{21} \\
&= \alpha^2 - (a_{11}+a_{12})\alpha + (a_{11}a_{22} - a_{12}a_{21}) \\
&= F(\alpha).
\end{aligned}
$$

たしかに，α の 2 次式の形をしています．

そこで，$F(\alpha)$ において α を新しい文字 t にかえてえられる「t に関する方程式」$F(t)=0$ のことを，次のように表わします：

$$\begin{vmatrix} a_{11}-t & a_{12} & \cdots & a_{1n} \\ a_{21} & a_{22}-t & \cdots & a_{2n} \\ \vdots & \vdots & \ddots & \vdots \\ a_{n1} & a_{n2} & \cdots & a_{nn}-t \end{vmatrix}=0. \tag{5.3}$$

(5.3)は，t に関する n 次方程式です．

そこで，次のように定義します．

定義 5.2　方程式(5.3)の解のことを，行列 A の**特性値**とよぶ．

例　$A=\begin{bmatrix} 2 & 0 & 0 \\ 0 & 0 & 1 \\ 0 & -1 & 0 \end{bmatrix}$ とします．この A に対して，方程式(5.3)をかくと，

$$\begin{vmatrix} 2-t & 0 & 0 \\ 0 & -t & 1 \\ 0 & -1 & -t \end{vmatrix}=0.$$

$$(\text{左辺})=(2-t)\times\begin{vmatrix} -t & 1 \\ -1 & -t \end{vmatrix}=(2-t)(t^2+1).$$

よって，上の方程式の解は，$t=2, i, -i$ の3つです．つまり，行列 A の特性値は，$2, i, -i$ の3つです．

定理5.2によれば，$\alpha=2$ に対しては固有ベクトルがあるはずです．実際，$\boldsymbol{u}=\begin{bmatrix} 1 \\ 0 \\ 0 \end{bmatrix}$ とすれば，$A\boldsymbol{u}=2\boldsymbol{u}$ が成り立ちます：

$$A\boldsymbol{u}=\begin{bmatrix} 2 & 0 & 0 \\ 0 & 0 & 1 \\ 0 & -1 & 0 \end{bmatrix}\begin{bmatrix} 1 \\ 0 \\ 0 \end{bmatrix}=\begin{bmatrix} 2 \\ 0 \\ 0 \end{bmatrix}=2\boldsymbol{u}.$$

§6 ◆ 行に関する展開・転置

次の公式を「第1行に関する展開式」といいます．

◆ **定理 6.1** ◆

$A=[\,a_{ij}\,]$ を n 次正方行列とするとき，次の式が成り立つ．

$$|A|=a_{11}|A_{11}|-a_{12}|A_{12}|+\cdots+(-1)^{1+n}a_{1n}|A_{1n}| = \sum_{j=1}^{n}(-1)^{1+j}a_{1j}|A_{1j}|.$$

ただし，$A_{1j}\,(j=1,\cdots,n)$ は，A から第 1 行と第 j 列をとり除いて得られる行列を表わす．

$n=3$ の場合を具体的にかくと，次のような式になります．

$$(6.1)\quad \begin{vmatrix} a_1 & b_1 & c_1 \\ a_2 & b_2 & c_2 \\ a_3 & b_3 & c_3 \end{vmatrix} = a_1\begin{vmatrix} a_1 & b_1 & c_1 \\ a_2 & b_2 & c_2 \\ a_3 & b_3 & c_3 \end{vmatrix} - b_1\begin{vmatrix} a_1 & b_1 & c_1 \\ a_2 & b_2 & c_2 \\ a_3 & b_3 & c_3 \end{vmatrix} + c_1\begin{vmatrix} a_1 & b_1 & c_1 \\ a_2 & b_2 & c_2 \\ a_3 & b_3 & c_3 \end{vmatrix}$$

$$= a_1\begin{vmatrix} b_2 & c_2 \\ b_3 & c_3 \end{vmatrix} - b_1\begin{vmatrix} a_2 & c_2 \\ a_3 & c_3 \end{vmatrix} + c_1\begin{vmatrix} a_2 & b_2 \\ a_3 & b_3 \end{vmatrix}.$$

(6.1)の証明　定理 2.1 より

$$(1)\quad \begin{vmatrix} a_1 & b_1 & c_1 \\ a_2 & b_2 & c_2 \\ a_3 & b_3 & c_3 \end{vmatrix} = \begin{vmatrix} a_1 & 0 & 0 \\ a_2 & b_2 & c_2 \\ a_3 & b_3 & c_3 \end{vmatrix} + \begin{vmatrix} 0 & b_1 & 0 \\ a_2 & b_2 & c_2 \\ a_3 & b_3 & c_3 \end{vmatrix} + \begin{vmatrix} 0 & 0 & c_1 \\ a_2 & b_2 & c_2 \\ a_3 & b_3 & c_3 \end{vmatrix}.$$

行列式の定義 1.1 と定理 3.3 より

$$(2)\quad \begin{vmatrix} a_1 & 0 & 0 \\ a_2 & b_2 & c_2 \\ a_3 & b_3 & c_3 \end{vmatrix} = a_1\begin{vmatrix} b_2 & c_2 \\ b_3 & c_3 \end{vmatrix} - a_2\begin{vmatrix} 0 & 0 \\ b_3 & c_3 \end{vmatrix} + a_3\begin{vmatrix} 0 & 0 \\ b_2 & c_2 \end{vmatrix} = a_1\begin{vmatrix} b_2 & c_2 \\ b_3 & c_3 \end{vmatrix}.$$

また，行列式の定義より

$$(3)\quad \begin{vmatrix} 0 & b_1 & 0 \\ a_2 & b_2 & c_2 \\ a_3 & b_3 & c_3 \end{vmatrix} = 0\cdot\begin{vmatrix} b_1 & 0 \\ b_2 & c_2 \end{vmatrix} - a_2\begin{vmatrix} b_1 & 0 \\ b_3 & c_3 \end{vmatrix} + a_3\begin{vmatrix} b_1 & 0 \\ b_2 & c_2 \end{vmatrix}$$

$$= -a_2\cdot b_1c_3 + a_3\cdot b_1c_2$$

$$= (-b_1)(a_2c_3 - c_2a_3)$$

$$= -b_1\begin{vmatrix} a_2 & c_2 \\ a_3 & c_3 \end{vmatrix}.$$

(3) と同様にして

(4) $\begin{vmatrix} 0 & 0 & c_1 \\ a_2 & b_2 & c_2 \\ a_3 & b_3 & c_3 \end{vmatrix} = c_1 \begin{vmatrix} a_2 & b_2 \\ a_3 & b_3 \end{vmatrix}.$

(2), (3), (4)を(1)に代入すると(6.1)になる. □

◆ 定理 6.2 ◆

転置しても行列式の値はかわらない. くわしくいうと：

A を n 次正方行列, ${}^tA$ を A の転置行列とする(第2章の定義3.7). このとき, $|{}^tA| = |A|$ が成り立つ.

$n=3$ の場合の証明 $A = \begin{bmatrix} a_1 & b_1 & c_1 \\ a_2 & b_2 & c_2 \\ a_3 & b_3 & c_3 \end{bmatrix}$ とすると, ${}^tA = \begin{bmatrix} a_1 & a_2 & a_3 \\ b_1 & b_2 & b_3 \\ c_1 & c_2 & c_3 \end{bmatrix}$.

定理6.1より

(1) $|{}^tA| = a_1 \begin{vmatrix} b_2 & b_3 \\ c_2 & c_3 \end{vmatrix} - a_2 \begin{vmatrix} b_1 & b_3 \\ c_1 & c_3 \end{vmatrix} + a_3 \begin{vmatrix} b_1 & b_2 \\ c_1 & c_2 \end{vmatrix}.$

行列式の定義1.1より

(2) $|A| = a_1 \begin{vmatrix} b_2 & c_2 \\ b_3 & c_3 \end{vmatrix} - a_2 \begin{vmatrix} b_1 & c_1 \\ b_3 & c_3 \end{vmatrix} + a_3 \begin{vmatrix} b_1 & c_1 \\ b_2 & c_2 \end{vmatrix}.$

第1章の定理5.1の(4)より

$$\begin{vmatrix} b_2 & b_3 \\ c_2 & c_3 \end{vmatrix} = \begin{vmatrix} b_2 & c_2 \\ b_3 & c_3 \end{vmatrix}, \quad \begin{vmatrix} b_1 & b_3 \\ c_1 & c_3 \end{vmatrix} = \begin{vmatrix} b_1 & c_1 \\ b_3 & c_3 \end{vmatrix}, \quad \begin{vmatrix} b_1 & b_2 \\ c_1 & c_2 \end{vmatrix} = \begin{vmatrix} b_1 & c_1 \\ b_2 & c_2 \end{vmatrix}.$$

よって, (1)と(2)の右辺は等しい. ということで $|{}^tA| = |A|$. □

§7 ◆ 行列式と体積

3次の行列式と平行6面体の体積の関係を説明します.

(ア) はじめに, 2次の行列式と平行4辺形の面積の関係を説明します.

座標平面の原点Oと, 2点 $\mathrm{Q} = (a_1, a_2)$, $\mathrm{R} = (b_1, b_2)$ について, 3点O, Q, Rは同一直線上にないとします(図1, 169ページ). そこで, $\overrightarrow{\mathrm{OQ}}$ と $\overrightarrow{\mathrm{OR}}$ の定め

る平行4辺形OQMRの面積をSとすると，次の式が成り立ちます．

$$(7.1)\quad S=\left|\det\begin{bmatrix} a_1 & b_1 \\ a_2 & b_2 \end{bmatrix}\right|. \qquad \text{（右辺のたて線は絶対値を表わす）}$$

証明　$a_1 \neq 0$の場合を考える．

第1段階　点Rを通り，$\overrightarrow{\mathrm{OQ}}$に平行な直線のベクトル方程式は，この直線上の一般の点を$\mathrm{X}=(x, y)$とすると，次のようになる．

$$\overrightarrow{\mathrm{OX}}=\overrightarrow{\mathrm{OR}}+t\overrightarrow{\mathrm{OQ}}.$$

成分でかくと

$$(7.2)\quad \begin{bmatrix} x \\ y \end{bmatrix}=\begin{bmatrix} b_1 \\ b_2 \end{bmatrix}+t\begin{bmatrix} a_1 \\ a_2 \end{bmatrix} \Longleftrightarrow \begin{cases} x=b_1+ta_1, \\ y=b_2+ta_2. \end{cases}$$

この直線はy軸と交わり，交点を$\mathrm{P}=(0, y)$とすると，yは次の式で求まる．

$$(7.3)\quad y=\frac{1}{a_1}\det\begin{bmatrix} a_1 & b_1 \\ a_2 & b_2 \end{bmatrix}.$$

なぜならば：(7.2)式において，$x=0$とおくと，$b_1+ta_1=0$．$a_1 \neq 0$なので$t=-\dfrac{b_1}{a_1}$．これを$y=b_2+ta_2$に代入すると

$$y=b_2+\left(-\frac{b_1}{a_1}\right)a_2=\frac{1}{a_1}(a_1b_2-b_1a_2)=\frac{1}{a_1}\det\begin{bmatrix} a_1 & b_1 \\ a_2 & b_2 \end{bmatrix}.$$

第2段階　はじめの平行4辺形OQMRの面積は，$\overrightarrow{\mathrm{OQ}}$と$\overrightarrow{\mathrm{OP}}$の定める平行4辺形OQNPの面積に等しい（図1→図2）．さらに，点$\mathrm{Q}=(a_1, a_2)$をx軸上に正射影した点をQ_*とする：$\mathrm{Q}_*=(a_1, 0)$．

そうすると，平行4辺形OQNPの面積は，$\overrightarrow{\mathrm{OQ}_*}$と$\overrightarrow{\mathrm{OP}}$の定める長方形の面積に等しい（図2→図3）．よって

$$S=|a_1|\times|y|\overset{(7.3)}{=}|a_1|\times\left|\frac{1}{a_1}\det\begin{bmatrix} a_1 & b_1 \\ a_2 & b_2 \end{bmatrix}\right|=\left|\det\begin{bmatrix} a_1 & b_1 \\ a_2 & b_2 \end{bmatrix}\right|. \qquad \square$$

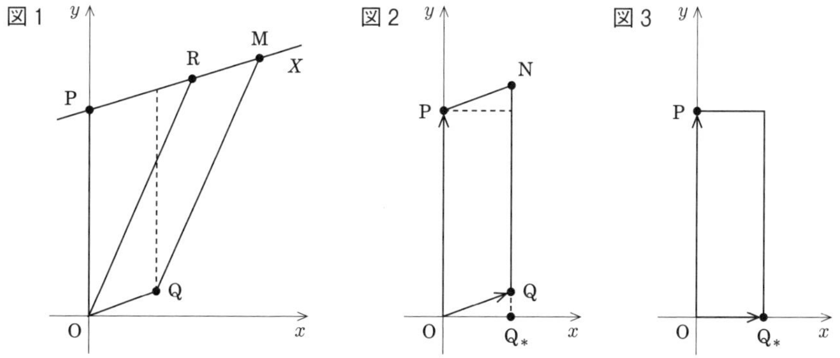

(イ)　公式(7.1)は，xyz 空間内の平行 4 辺形の面積の計算にも使えます．たとえば，xy 座標平面(平面 $z=0$ のこと)の 2 点を $A_*=(a_1, a_2, 0)$，$B_*=(b_1, b_2, 0)$ とします．そうすると，$\overrightarrow{OA_*}$ と $\overrightarrow{OB_*}$ の定める平行 4 辺形の面積は，(7.1)より，$\left|\det\begin{bmatrix} a_1 & b_1 \\ a_2 & b_2 \end{bmatrix}\right|$.

(ウ)　次に 3 次の行列式と平行 6 面体の体積について説明します．

xyz 空間の原点 O と，3 点 $A=(a_1, a_2, a_3)$，$B=(b_1, b_2, b_3)$，$C=(c_1, c_2, c_3)$ について，4 点 O, A, B, C は同一平面上にないとします．そこで，$\overrightarrow{OA}, \overrightarrow{OB}, \overrightarrow{OC}$ の定める平行 6 面体の体積を V とすると，次の式が成り立ちます(図 4，171 ページ)．

$$(7.4)\quad V=\left|\det\begin{bmatrix} a_1 & b_1 & c_1 \\ a_2 & b_2 & c_2 \\ a_3 & b_3 & c_3 \end{bmatrix}\right|.$$

証明　$D=\det\begin{bmatrix} a_1 & b_1 \\ a_2 & b_2 \end{bmatrix}=\begin{vmatrix} a_1 & b_1 \\ a_2 & b_2 \end{vmatrix}\neq 0$ の場合を考える．

第 1 段階　点 C を通り，平面 OAB に平行な平面のベクトル方程式は，この平面上の一般の点を $X=(x, y, z)$ とすると，次のようになる．

$$\overrightarrow{OX}=\overrightarrow{OC}+s\overrightarrow{OA}+t\overrightarrow{OB}.$$

成分でかくと

$$(7.5)\quad \begin{bmatrix} x \\ y \\ z \end{bmatrix} = \begin{bmatrix} c_1 \\ c_2 \\ c_3 \end{bmatrix} + s\begin{bmatrix} a_1 \\ a_2 \\ a_3 \end{bmatrix} + t\begin{bmatrix} b_1 \\ b_2 \\ b_3 \end{bmatrix}.$$

この平面は z 軸と交わり，交点を $\mathrm{P}=(0,0,z)$ とすると z は次の式で求まる．

$$(7.6)\quad z = \frac{1}{D}\det\begin{bmatrix} a_1 & b_1 & c_1 \\ a_2 & b_2 & c_2 \\ a_3 & b_3 & c_3 \end{bmatrix}. \quad \left(D = \begin{vmatrix} a_1 & b_1 \\ a_2 & b_2 \end{vmatrix}\right)$$

なぜならば：(7.5)式で $x=0$，$y=0$ とおくと

$$\begin{cases} c_1 + sa_1 + tb_1 = 0 \\ c_2 + sa_2 + tb_2 = 0 \end{cases} \Longrightarrow \begin{cases} a_1 s + b_1 t = -c_1, \\ a_2 s + b_2 t = -c_2. \end{cases}$$

$D = \begin{vmatrix} a_1 & b_1 \\ a_2 & b_2 \end{vmatrix} \neq 0$ だから，第1章§5の公式(5.2)が使えて，

$$s = \frac{\begin{vmatrix} -c_1 & b_1 \\ -c_2 & b_2 \end{vmatrix}}{D} = \frac{1}{D}\begin{vmatrix} b_1 & c_1 \\ b_2 & c_2 \end{vmatrix}, \quad t = \frac{\begin{vmatrix} a_1 & -c_1 \\ a_2 & -c_2 \end{vmatrix}}{D} = -\frac{1}{D}\begin{vmatrix} a_1 & c_1 \\ a_2 & c_2 \end{vmatrix}.$$

これを $z = c_3 + sa_3 + tb_3$ に代入すると，

$$\begin{aligned} z &= c_3 + \frac{a_3}{D}\begin{vmatrix} b_1 & c_1 \\ b_2 & c_2 \end{vmatrix} - \frac{b_3}{D}\begin{vmatrix} a_1 & c_1 \\ a_2 & c_2 \end{vmatrix} \\ &= \frac{1}{D}\left(a_3\begin{vmatrix} b_1 & c_1 \\ b_2 & c_2 \end{vmatrix} - b_3\begin{vmatrix} a_1 & c_1 \\ a_2 & c_2 \end{vmatrix} + c_3\begin{vmatrix} a_1 & b_1 \\ a_2 & b_2 \end{vmatrix}\right) \quad \left(D = \begin{vmatrix} a_1 & b_1 \\ a_2 & b_2 \end{vmatrix}\right) \\ &= \frac{1}{D}\det\begin{bmatrix} a_3 & b_3 & c_3 \\ a_1 & b_1 & c_1 \\ a_2 & b_2 & c_2 \end{bmatrix} \quad \text{（第1行に関する展開式(6.1)を使った）} \\ &= \frac{1}{D}\det\begin{bmatrix} a_1 & b_1 & c_1 \\ a_2 & b_2 & c_2 \\ a_3 & b_3 & c_3 \end{bmatrix}. \quad \text{（行の入れかえを2回おこなった）} \end{aligned}$$

第2段階　はじめの平行6面体の体積は，$\overrightarrow{\mathrm{OA}}, \overrightarrow{\mathrm{OB}}, \overrightarrow{\mathrm{OP}}$ の定める平行6面体の体積に等しい(図4 → 図5)．

次に，点 $\mathrm{A}=(a_1, a_2, a_3)$ と $\mathrm{B}=(b_1, b_2, b_3)$ を xy 座標平面上に正射影した点を $\mathrm{A}_*, \mathrm{B}_*$ とする：

$$\mathrm{A}_* = (a_1, a_2, 0), \qquad \mathrm{B}_* = (b_1, b_2, 0).$$

そうすると，2 番目の平行 6 面体，つまり $\overrightarrow{\mathrm{OA}}, \overrightarrow{\mathrm{OB}}, \overrightarrow{\mathrm{OP}}$ の定める平行 6 面体の体積は，$\overrightarrow{\mathrm{OA}_*}, \overrightarrow{\mathrm{OB}_*}, \overrightarrow{\mathrm{OP}}$ の定める平行 6 面体の体積に等しい(図 6 → 図 7).

そして，$\overrightarrow{\mathrm{OA}_*}$ と $\overrightarrow{\mathrm{OB}_*}$ の定める平行 4 辺形の面積は，上の(イ)より

$$D = \begin{vmatrix} a_1 & b_1 \\ a_2 & b_2 \end{vmatrix} = \det \begin{bmatrix} a_1 & b_1 \\ a_2 & b_2 \end{bmatrix}$$

の絶対値に等しい．よって，求める体積 V は

$$V = |D| \times |z| \overset{(7.6)}{=} |D| \times \left| \frac{1}{D} \det \begin{bmatrix} a_1 & b_1 & c_1 \\ a_2 & b_2 & c_2 \\ a_3 & b_3 & c_3 \end{bmatrix} \right|$$

$$= \left| \det \begin{bmatrix} a_1 & b_1 & c_1 \\ a_2 & b_2 & c_2 \\ a_3 & b_3 & c_3 \end{bmatrix} \right|.$$

□

図 4

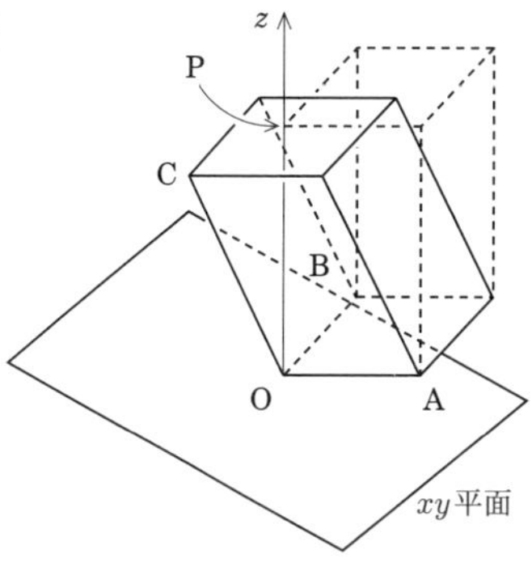

図 5

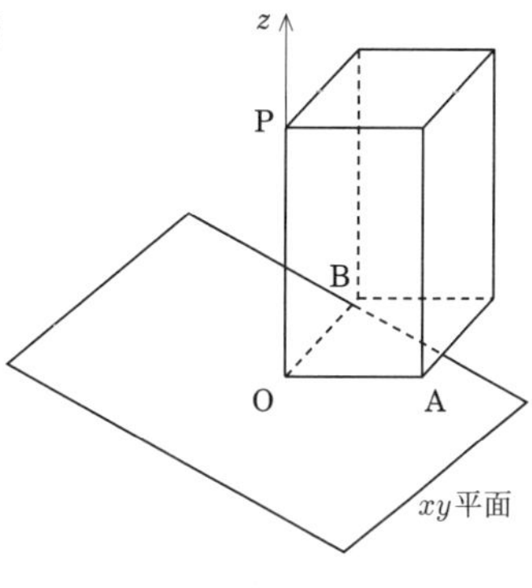

図 6

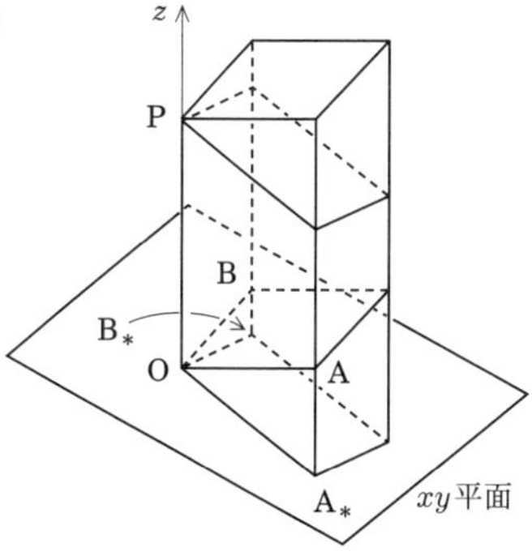

図 7

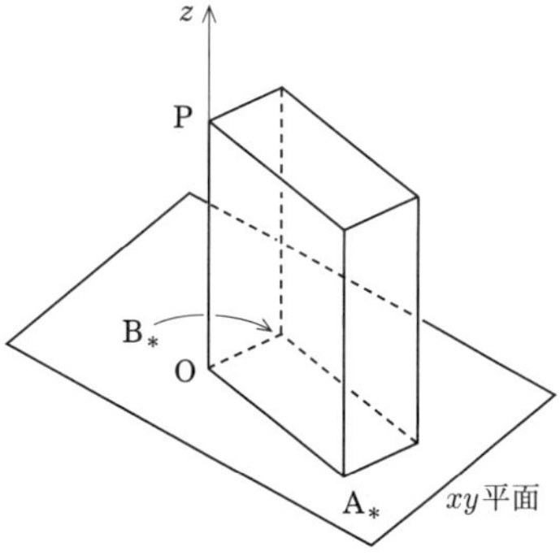

§8 ◆ 列に関する性質

ここまで説明してきた行列式の性質は，ほとんどが「行」に関係する性質でした．定理6.2 ($|{}^t\!A|=|A|$)を利用すると，行に関する性質から「列」に関する類似の性質がえられます．証明についてはどれも同じ考え方なので，定理8.2と8.3だけ証明し，あとは練習問題とします．

◆ 定理8.1 ◆

n 次行列 A, A', B が次の(i)と(ii)をみたすとする．

(i) A, A', B は，第 k 列を除くと，まったく同じ行列である．

(ii) B の第 k 列の各成分は，A, A' の対応する成分の和の形である．

このとき，$|B|=|A|+|A'|$ が成り立つ．

$n=3$，$k=1$ の場合，つまり「3次」の行列で，「第1列が和の形」の場合を具体的にかくと，次のような式になります．

$$(8.1)\quad \begin{vmatrix} a_1+a_1' & b_1 & c_1 \\ a_2+a_2' & b_2 & c_2 \\ a_3+a_3' & b_3 & c_3 \end{vmatrix} = \begin{vmatrix} a_1 & b_1 & c_1 \\ a_2 & b_2 & c_2 \\ a_3 & b_3 & c_3 \end{vmatrix} + \begin{vmatrix} a_1' & b_1 & c_1 \\ a_2' & b_2 & c_2 \\ a_3' & b_3 & c_3 \end{vmatrix}.$$

◆ 定理8.2 ◆

ある列を t 倍すると，行列式の値は t 倍になる．

「3次」の行列で，「1列目を t 倍」の場合を具体的にかくと，次のような式になります．

$$(8.2)\quad \begin{vmatrix} ta_1 & b_1 & c_1 \\ ta_2 & b_2 & c_2 \\ ta_3 & b_3 & c_3 \end{vmatrix} = t\begin{vmatrix} a_1 & b_1 & c_1 \\ a_2 & b_2 & c_2 \\ a_3 & b_3 & c_3 \end{vmatrix}.$$

(8.2)の証明　定理6.2，定理2.2，そしてもういちど定理6.2より

$$\begin{vmatrix} ta_1 & b_1 & c_1 \\ ta_2 & b_2 & c_2 \\ ta_3 & b_3 & c_3 \end{vmatrix} = \begin{vmatrix} ta_1 & ta_2 & ta_3 \\ b_1 & b_2 & b_3 \\ c_1 & c_2 & c_3 \end{vmatrix} = t\begin{vmatrix} a_1 & a_2 & a_3 \\ b_1 & b_2 & b_3 \\ c_1 & c_2 & c_3 \end{vmatrix} = t\begin{vmatrix} a_1 & b_1 & c_1 \\ a_2 & b_2 & c_2 \\ a_3 & b_3 & c_3 \end{vmatrix}. \qquad \square$$

ここで，新しい記号を導入します．

定義 8.1　A を n 次正方行列，$A=[\,\boldsymbol{a}_1 \ \cdots \ \boldsymbol{a}_n\,]$ を A の列ベクトル表示とする（第 2 章定義 2.4）．このとき，A の行列式を $|\,\boldsymbol{a}_1 \ \cdots \ \boldsymbol{a}_n\,|$ という記号で表わす：

$$|A| = |\,\boldsymbol{a}_1 \ \cdots \ \boldsymbol{a}_n\,|.$$

この記号を使って，定理 8.1 と 8.2 を表わすとどうなるか．まず $n=3$ の場合の(8.1)と(8.2)を，この記号でかいてみます．そのために

$$\boldsymbol{a}_1 = \begin{bmatrix} a_1 \\ a_2 \\ a_3 \end{bmatrix}, \quad \boldsymbol{a}_1' = \begin{bmatrix} a_1' \\ a_2' \\ a_3' \end{bmatrix}, \quad \boldsymbol{a}_2 = \begin{bmatrix} b_1 \\ b_2 \\ b_3 \end{bmatrix}, \quad \boldsymbol{a}_3 = \begin{bmatrix} c_1 \\ c_2 \\ c_3 \end{bmatrix}$$

とおくと，

$$\boldsymbol{a}_1 + \boldsymbol{a}_1' = \begin{bmatrix} a_1 + a_1' \\ a_2 + a_2' \\ a_3 + a_3' \end{bmatrix}, \quad t\boldsymbol{a}_1 = \begin{bmatrix} ta_1 \\ ta_2 \\ ta_3 \end{bmatrix}.$$

だから，(8.1)は下の(8.3)に，(8.2)は(8.4)になります：

(8.3)　$|\,\boldsymbol{a}_1 + \boldsymbol{a}_1' \ \ \boldsymbol{a}_2 \ \ \boldsymbol{a}_3\,| = |\,\boldsymbol{a}_1 \ \ \boldsymbol{a}_2 \ \ \boldsymbol{a}_3\,| + |\,\boldsymbol{a}_1' \ \ \boldsymbol{a}_2 \ \ \boldsymbol{a}_3\,|.$

(8.4)　$|\,t\boldsymbol{a}_1 \ \ \boldsymbol{a}_2 \ \ \boldsymbol{a}_3\,| = t\,|\,\boldsymbol{a}_1 \ \ \boldsymbol{a}_2 \ \ \boldsymbol{a}_3\,|.$

一般の n の場合は，次のようになります．

◆ **定理 8.1** ◆（第 i 列が和の形）

(8.5)　$|\,\boldsymbol{a}_1 \ \cdots \ \boldsymbol{a}_i + \boldsymbol{a}_i' \ \cdots \ \boldsymbol{a}_n\,|$

$\qquad = |\,\boldsymbol{a}_1 \ \cdots \ \boldsymbol{a}_i \ \cdots \ \boldsymbol{a}_n\,| + |\,\boldsymbol{a}_1 \ \cdots \ \boldsymbol{a}_i' \ \cdots \ \boldsymbol{a}_n\,|.$

◆ **定理 8.2** ◆(第 i 列を t 倍)

(8.6)　$|\boldsymbol{a}_1 \quad \cdots \quad t\boldsymbol{a}_i \quad \cdots \quad \boldsymbol{a}_n| = t|\boldsymbol{a}_1 \quad \cdots \quad \boldsymbol{a}_i \quad \cdots \quad \boldsymbol{a}_n|$.

◆ **定理 8.3** ◆

2つの列(となりあっていなくてよい)を入れかえると，行列式は符号をかえる．くわしくいうと：

n 次行列 A において，第 k 列と第 ℓ 列を入れかえてえられる行列を B とすると，$|B| = -|A|$ が成り立つ．

証明　転置すると行と列が入れかわるので，${}^tA$ において第 k 行と第 ℓ 行を入れかえると ${}^tB$ になる．よって，定理 3.1 より，$|{}^tB| = -|{}^tA|$．他方，$|{}^tB| = |B|$，$|{}^tA| = |A|$．よって，$|B| = -|A|$．　□

◆ **定理 8.4** ◆

2つの列が同じであるような行列の行列式の値は 0 である．

◆ **定理 8.5** ◆

ある列のすべての成分が 0 ならば，行列式の値は 0 である．

◆ **定理 8.6** ◆

1つの列に，他の列の何倍かを加えてえられる行列の行列式の値は，もとの行列の行列式の値に等しい．

§9 ◆ クラーメルの公式

2次の行列式に関連して，次のような公式を示しました(第1章§5の(5.1))．

$ax+by=m$, $cx+dy=n$ ならば，次の式が成り立つ．

$$x\begin{vmatrix} a & b \\ c & d \end{vmatrix} = \begin{vmatrix} m & b \\ n & d \end{vmatrix}, \quad y\begin{vmatrix} a & b \\ c & d \end{vmatrix} = \begin{vmatrix} a & m \\ c & n \end{vmatrix}.$$

この公式は，次のように一般化されます．

◆ 定理 9.1 ◆

A を n 次正方行列とし，$A=[\,\boldsymbol{a}_1 \ \cdots \ \boldsymbol{a}_n\,]$ を列ベクトル表示，そして，$\boldsymbol{x}=\begin{bmatrix} x_1 \\ \vdots \\ x_n \end{bmatrix}$，$\boldsymbol{b}=\begin{bmatrix} b_1 \\ \vdots \\ b_n \end{bmatrix}$ とする．このとき，$A\boldsymbol{x}=\boldsymbol{b}$ であるならば，次の式が成り立つ．

$$x_i|A| = |\,\boldsymbol{a}_1 \ \cdots \ \boldsymbol{a}_{i-1} \ \ \boldsymbol{b} \ \ \boldsymbol{a}_{i+1} \ \cdots \ \boldsymbol{a}_n\,|.$$

$n=3$ の場合を具体的にかくと，次のようになります：

A を 3 次正方行列とし，$A=[\,\boldsymbol{a}_1 \ \ \boldsymbol{a}_2 \ \ \boldsymbol{a}_3\,]$ を列ベクトル表示，そして，$\boldsymbol{x}=\begin{bmatrix} x_1 \\ x_2 \\ x_3 \end{bmatrix}$，$\boldsymbol{b}=\begin{bmatrix} b_1 \\ b_2 \\ b_3 \end{bmatrix}$ とする．このとき，$A\boldsymbol{x}=\boldsymbol{b}$ であるならば，次の式が成り立つ．

$$(9.1) \quad \begin{cases} x_1|A| = |\,\boldsymbol{b} \ \ \boldsymbol{a}_2 \ \ \boldsymbol{a}_3\,|, \\ x_2|A| = |\,\boldsymbol{a}_1 \ \ \boldsymbol{b} \ \ \boldsymbol{a}_3\,|, \\ x_3|A| = |\,\boldsymbol{a}_1 \ \ \boldsymbol{a}_2 \ \ \boldsymbol{b}\,|. \end{cases}$$

(9.1) の証明 第 3 章定理 1.1 より，$A\boldsymbol{x}=\boldsymbol{b}$ を列ベクトルを使ってかくと，次の式になる．

$$x_1\boldsymbol{a}_1 + x_2\boldsymbol{a}_2 + x_3\boldsymbol{a}_3 = \boldsymbol{b}.$$

これより

$$|\,\boldsymbol{b} \ \ \boldsymbol{a}_2 \ \ \boldsymbol{a}_3\,| = |\,x_1\boldsymbol{a}_1 + x_2\boldsymbol{a}_2 + x_3\boldsymbol{a}_3 \ \ \boldsymbol{a}_2 \ \ \boldsymbol{a}_3\,|.$$

(8.3) と (8.4) を使って右辺を変形すると

$$\begin{aligned} &|\,x_1\boldsymbol{a}_1 + x_2\boldsymbol{a}_2 + x_3\boldsymbol{a}_3 \ \ \boldsymbol{a}_2 \ \ \boldsymbol{a}_3\,| \\ &\quad = |\,x_1\boldsymbol{a}_1 \ \ \boldsymbol{a}_2 \ \ \boldsymbol{a}_3\,| + |\,x_2\boldsymbol{a}_2 \ \ \boldsymbol{a}_2 \ \ \boldsymbol{a}_3\,| + |\,x_3\boldsymbol{a}_3 \ \ \boldsymbol{a}_2 \ \ \boldsymbol{a}_3\,| \end{aligned}$$

$$= x_1|\boldsymbol{a}_1\ \ \boldsymbol{a}_2\ \ \boldsymbol{a}_3| + x_2|\boldsymbol{a}_2\ \ \boldsymbol{a}_2\ \ \boldsymbol{a}_3| + x_3|\boldsymbol{a}_3\ \ \boldsymbol{a}_2\ \ \boldsymbol{a}_3|.$$

ここで，定理8.4より，

$$|\boldsymbol{a}_2\ \ \boldsymbol{a}_2\ \ \boldsymbol{a}_3| = 0, \qquad (1\text{列と}2\text{列が同じ})$$
$$|\boldsymbol{a}_3\ \ \boldsymbol{a}_2\ \ \boldsymbol{a}_3| = 0. \qquad (1\text{列と}3\text{列が同じ})$$

よって，

$$|\,\boldsymbol{b}\ \ \boldsymbol{a}_2\ \ \boldsymbol{a}_3\,| = x_1|\boldsymbol{a}_1\ \ \boldsymbol{a}_2\ \ \boldsymbol{a}_3| = x_1|A|.$$

(9.1)の残りの2つの式も同様に示される(**問**：やってみよ)． □

一般の n の場合の証明をかいておきます．

定理9.1の証明　第3章定理1.1より，$A\boldsymbol{x} = \boldsymbol{b}$ を列ベクトルを使ってかくと，$x_1\boldsymbol{a}_1 + \cdots + x_n\boldsymbol{a}_n = \boldsymbol{b}$. $\sum$ 記号を使うと，

$$\sum_{j=1}^{n} x_j\boldsymbol{a}_j = \boldsymbol{b}.$$

これより，

$$\begin{aligned}
&|\boldsymbol{a}_1\ \cdots\ \boldsymbol{a}_{i-1}\ \ \boldsymbol{b}\ \ \boldsymbol{a}_{i+1}\ \cdots\ \boldsymbol{a}_n| \\
&\quad = |\boldsymbol{a}_1\ \cdots\ \boldsymbol{a}_{i-1}\ \ \sum_{j=1}^{n} x_j\boldsymbol{a}_j\ \ \boldsymbol{a}_{i+1}\ \cdots\ \boldsymbol{a}_n| \\
&\quad = \sum_{j=1}^{n} |\boldsymbol{a}_1\ \cdots\ \boldsymbol{a}_{i-1}\ \ x_j\boldsymbol{a}_j\ \ \boldsymbol{a}_{i+1}\ \cdots\ \boldsymbol{a}_n| \qquad (\text{式}(8.5)\text{より}) \\
&\quad = \sum_{j=1}^{n} x_j|\boldsymbol{a}_1\ \cdots\ \boldsymbol{a}_{i-1}\ \ \boldsymbol{a}_j\ \ \boldsymbol{a}_{i+1}\ \cdots\ \boldsymbol{a}_n|. \qquad (\text{式}(8.6)\text{より})
\end{aligned}$$

ここで，$j \neq i$ のとき，$\boldsymbol{a}_j$ は $\boldsymbol{a}_1, \cdots, \boldsymbol{a}_{i-1}, \boldsymbol{a}_{i+1}, \cdots, \boldsymbol{a}_n$ のどれかであるから，

$$j \neq i\text{ のとき，}|\boldsymbol{a}_1\ \cdots\ \boldsymbol{a}_{i-1}\ \ \boldsymbol{a}_j\ \ \boldsymbol{a}_{i+1}\ \cdots\ \boldsymbol{a}_n| = 0.$$

よって，

$$\begin{aligned}
&|\boldsymbol{a}_1\ \cdots\ \boldsymbol{a}_{i-1}\ \ \boldsymbol{b}\ \ \boldsymbol{a}_{i+1}\ \cdots\ \boldsymbol{a}_n| \\
&\quad = x_i|\boldsymbol{a}_1\ \cdots\ \boldsymbol{a}_{i-1}\ \ \boldsymbol{a}_i\ \ \boldsymbol{a}_{i+1}\ \cdots\ \boldsymbol{a}_n| = x_i|A|.
\end{aligned}$$
□

定理9.1から，ただちに，次の公式がえられます．

クラーメルの公式

$x_1, \cdots, x_n$ を未知数とする連立1次方程式

$$\begin{cases} a_{11}x_1 + \cdots + a_{1n}x_n = b_1 \\ \qquad\qquad \vdots \\ a_{n1}x_1 + \cdots + a_{nn}x_n = b_n \end{cases}$$

の係数行列を A とし，$A = [\,\boldsymbol{a}_1 \quad \cdots \quad \boldsymbol{a}_n\,]$ を列ベクトル表示とする．そして，$\boldsymbol{b} = \begin{bmatrix} b_1 \\ \vdots \\ b_n \end{bmatrix}$ とおく．このとき，$|A| = |\boldsymbol{a}_1 \quad \cdots \quad \boldsymbol{a}_n| \neq 0$ ならば，上の方程式の解は，次の式で求まる：

$$x_i = \frac{|\boldsymbol{a}_1 \quad \cdots \quad \boldsymbol{a}_{i-1} \quad \boldsymbol{b} \quad \boldsymbol{a}_{i+1} \quad \cdots \quad \boldsymbol{a}_n|}{|A|}. \qquad (i = 1, \cdots, n)$$

注意　この公式の $n=2$ の場合が，第1章の§5の公式(5.2)です．

§10 ◆ 定理2.1の正式な証明

◆ **定理 2.1** ◆ (154 ページ)

n 次行列 A, A', B が次の(i)と(ii)をみたすとする．

(i)　A, A', B は，第 k 行を除くと，まったく同じ行列である．

(ii)　B の第 k 行の各成分は，A, A' の対応する成分の和の形である．

このとき，$|B| = |A| + |A'|$ が成り立つ．

上の定理で n と k は任意であることに注意してください．そして，以下の証明は，(2.1)の証明と対比しながら読んでほしいと思います．

証明　(n に関する帰納法による．)

$n=2$ のときは，第1章定理5.1の(1)，(1′)より成り立つ．

$n \geqq 3$ として，$(n-1)$ 次の行列について，定理の主張が成り立つとする(帰納法の仮定)．

まず，(i)と(ii)より，A, A', B は次のようにおける．

(♯) $A=\begin{bmatrix} a_{11} & \cdots & a_{1n} \\ \vdots & \ddots & \vdots \\ a_{k1} & \cdots & a_{kn} \\ \vdots & \ddots & \vdots \\ a_{n1} & \cdots & a_{nn} \end{bmatrix}$, $A'=\begin{bmatrix} a_{11} & \cdots & a_{1n} \\ \vdots & \ddots & \vdots \\ a'_{k1} & \cdots & a'_{kn} \\ \vdots & \ddots & \vdots \\ a_{n1} & \cdots & a_{nn} \end{bmatrix}$,

$$B=\begin{bmatrix} a_{11} & \cdots & a_{1n} \\ \vdots & \ddots & \vdots \\ a_{k1}+a'_{k1} & \cdots & a_{kn}+a'_{kn} \\ \vdots & \ddots & \vdots \\ a_{n1} & \cdots & a_{nn} \end{bmatrix}.$$

これより，以下の(1)～(7)がわかる．

(1) $|A|=\sum_{i=1}^{k-1}(-1)^{i+1}a_{i1}|A_{i1}|+(-1)^{k+1}a_{k1}|A_{k1}|+\sum_{i=k+1}^{n}(-1)^{i+1}a_{i1}|A_{i1}|$,

(2) $|A'|=\sum_{i=1}^{k-1}(-1)^{i+1}a_{i1}|A'_{i1}|+(-1)^{k+1}a'_{k1}|A'_{k1}|+\sum_{i=k+1}^{n}(-1)^{i+1}a_{i1}|A'_{i1}|$,

(3) $|B|=\sum_{i=1}^{k-1}(-1)^{i+1}a_{i1}|B_{i1}|$
$+(-1)^{k+1}(a_{k1}+a'_{k1})|B_{k1}|+\sum_{i=k+1}^{n}(-1)^{i+1}a_{i1}|B_{i1}|$.

(1)と(2)より

(4) $|A|+|A'|=\sum_{i=1}^{k-1}(-1)^{i+1}a_{i1}(|A_{i1}|+|A'_{i1}|)+(-1)^{k+1}(a_{k1}|A_{k1}|+a'_{k1}|A'_{k1}|)$
$+\sum_{i=k+1}^{n}(-1)^{i+1}a_{i1}(|A_{i1}|+|A'_{i1}|)$.

次に，(♯)より，$A_{k1}=A'_{k1}=B_{k1}$ である．よって

(5) $a_{k1}|A_{k1}|+a'_{k1}|A'_{k1}|=(a_{k1}+a'_{k1})|B_{k1}|$.

そして，$1\leqq i\leqq k-1$ のとき，(♯)より

（ア） A_{i1}, A'_{i1}, B_{i1} は，第 $(k-1)$ 行を除くと，まったく同じ行列である．

（イ） B_{i1} の第 $(k-1)$ 行の各成分は，A_{i1}, A'_{i1} の対応する成分の和の形である．

よって，帰納法の仮定より

(6) $1\leqq i\leqq k-1$ のとき，$|A_{i1}|+|A'_{i1}|=|B_{i1}|$.

また，$k+1\leqq i\leqq n$ のとき，(♯)より

（ウ） A_{i1}, A'_{i1}, B_{i1} は，第 k 行を除くと，まったく同じ行列である．

（エ） B_{i1} の第 k 行の各成分は，A_{i1}, A'_{i1} の対応する成分の和の形である．

よって，帰納法の仮定より

(7)　$k+1 \leqq i \leqq n$ のとき，$|A_{i1}|+|A'_{i1}|=|B_{i1}|$.

(6), (5), (7) を (4) へ代入すると，(3) より，$|A|+|A'|=|B|$.

こうして，n 次の行列についても定理の主張が成り立つことが示されたので，帰納法が完成しました．　□

課題　以上のことを参考にして，定理 2.2 と 2.3 について帰納法による正式な証明を考えてみてください．

第8章 内積

V^n のベクトルの「内積」を定義します．そうすると，V^n のベクトルについても，「長さ」とか「直交」とかのことばが使えるようになります．

§1 ◆ V^n の内積

◆ 定理 1.1 ◆

V^n のベクトル $\boldsymbol{x}, \boldsymbol{y}$ に対して，次のように $(\boldsymbol{x}, \boldsymbol{y})$ を定める：

$$(\boldsymbol{x}, \boldsymbol{y}) = x_1y_1 + \cdots + x_ny_n = \sum_{i=1}^{n} x_iy_i, \quad \boldsymbol{x} = \begin{bmatrix} x_1 \\ \vdots \\ x_n \end{bmatrix}, \ \boldsymbol{y} = \begin{bmatrix} y_1 \\ \vdots \\ y_n \end{bmatrix}.$$

そうすると，以下のことが成り立つ．

(1) $(\boldsymbol{x}, \boldsymbol{y}) = (\boldsymbol{y}, \boldsymbol{x})$

(2) $(\boldsymbol{x}+\boldsymbol{y}, \boldsymbol{u}) = (\boldsymbol{x}, \boldsymbol{u}) + (\boldsymbol{y}, \boldsymbol{u}), \quad (\boldsymbol{u}, \boldsymbol{x}+\boldsymbol{y}) = (\boldsymbol{u}, \boldsymbol{x}) + (\boldsymbol{u}, \boldsymbol{y})$

(3) $(c\boldsymbol{x}, \boldsymbol{y}) = c(\boldsymbol{x}, \boldsymbol{y}), \quad (\boldsymbol{x}, c\boldsymbol{y}) = c(\boldsymbol{x}, \boldsymbol{y})$

(4) $(\boldsymbol{x}, \boldsymbol{x}) \geqq 0$ で，$(\boldsymbol{x}, \boldsymbol{x}) = 0 \Longleftrightarrow \boldsymbol{x} = \boldsymbol{0}$

(5) $(\boldsymbol{x}, \boldsymbol{0}) = 0, \quad (\boldsymbol{0}, \boldsymbol{x}) = 0$

証明 (1) $(\boldsymbol{x}, \boldsymbol{y}) = x_1y_1 + \cdots + x_ny_n, \quad (\boldsymbol{y}, \boldsymbol{x}) = y_1x_1 + \cdots + y_nx_n.$

$x_1, \cdots, x_n, y_1, \cdots, y_n$ は実数だから $x_1y_1 = y_1x_1, \ \cdots, \ x_ny_n = y_nx_n$. よって，右辺は等しい．ということで $(\boldsymbol{x}, \boldsymbol{y}) = (\boldsymbol{y}, \boldsymbol{x})$.

(2) $\begin{cases} (\boldsymbol{x}, \boldsymbol{u}) = x_1u_1 + \cdots + x_nu_n, \\ (\boldsymbol{y}, \boldsymbol{u}) = y_1u_1 + \cdots + y_nu_n \end{cases} \quad \left(\boldsymbol{u} = \begin{bmatrix} u_1 \\ \vdots \\ u_n \end{bmatrix} \text{とおいた} \right)$

よって

$$(\boldsymbol{x},\boldsymbol{u})+(\boldsymbol{y},\boldsymbol{u})=(x_1+y_1)u_1+\cdots+(x_n+y_n)u_n=(\boldsymbol{x}+\boldsymbol{y},\boldsymbol{u}),$$

$$(\boldsymbol{u},\boldsymbol{x}+\boldsymbol{y})\overset{(1)}{=}(\boldsymbol{x}+\boldsymbol{y},\boldsymbol{u})=(\boldsymbol{x},\boldsymbol{u})+(\boldsymbol{y},\boldsymbol{u})\overset{(1)}{=}(\boldsymbol{u},\boldsymbol{x})+(\boldsymbol{u},\boldsymbol{y}).$$

(3) $(c\boldsymbol{x},\boldsymbol{y})=(cx_1)y_1+\cdots+(cx_n)y_n=c(x_1y_1+\cdots+x_ny_n)=c(\boldsymbol{x},\boldsymbol{y}).$

$$(\boldsymbol{x},c\boldsymbol{y})\overset{(1)}{=}(c\boldsymbol{y},\boldsymbol{x})=c(\boldsymbol{y},\boldsymbol{x})\overset{(1)}{=}c(\boldsymbol{x},\boldsymbol{y}).$$

(4) $(\boldsymbol{x},\boldsymbol{x})=x_1^2+\cdots+x_n^2\geqq 0.$ ($x_1,\cdots,x_n$ は実数だから)

$$(\boldsymbol{x},\boldsymbol{x})=0\iff x_1^2+\cdots+x_n^2=0\iff x_1=0,\ \cdots,\ x_n=0\iff \boldsymbol{x}=\boldsymbol{0}.$$

(5) $(\boldsymbol{x},\boldsymbol{0})=(\boldsymbol{0},\boldsymbol{x})=0\cdot x_1+\cdots+0\cdot x_n=0.$ □

定義 1.1 定理 1.1 の (,) を V^n の**内積**とよぶ．そして，$\sqrt{(\boldsymbol{x},\boldsymbol{x})}$ をベクトル $\boldsymbol{x}$ の**長さ**とよび，$\|\boldsymbol{x}\|$ で表わす：

$$\|\boldsymbol{x}\|=\sqrt{(\boldsymbol{x},\boldsymbol{x})}=\sqrt{x_1^2+\cdots+x_n^2}. \qquad (\|\boldsymbol{x}\|^2=(\boldsymbol{x},\boldsymbol{x}))$$

また，$(\boldsymbol{x},\boldsymbol{y})=0$ のとき，$\boldsymbol{x}$ と $\boldsymbol{y}$ は**直交している**といい，$\boldsymbol{x}\perp\boldsymbol{y}$ とも表わす．

注意 $\|\boldsymbol{x}\|^2=(\boldsymbol{x},\boldsymbol{x})$ より

$$\|\boldsymbol{a}\|=1\iff\|\boldsymbol{a}\|^2=1\iff(\boldsymbol{a},\boldsymbol{a})=1.$$

定義 1.2 V^n の部分空間 W とベクトル $\boldsymbol{x}$ について，$\boldsymbol{x}\perp W$ とは，

W に属する任意の $\boldsymbol{u}$ について，$(\boldsymbol{x},\boldsymbol{u})=0$．($\boldsymbol{u}\in W\Longrightarrow(\boldsymbol{x},\boldsymbol{u})=0$)

が成り立つときをいう．

◆ 定理 1.2 ◆

V^n のベクトル $\boldsymbol{a}_1,\cdots,\boldsymbol{a}_k,\boldsymbol{x}$ について，次の(i)と(ii)は同値．

(i) $\boldsymbol{x}\perp\langle\boldsymbol{a}_1,\cdots,\boldsymbol{a}_k\rangle$ ($\boldsymbol{u}\in\langle\boldsymbol{a}_1,\cdots,\boldsymbol{a}_k\rangle\Longrightarrow(\boldsymbol{x},\boldsymbol{u})=0$)

(ii) $(\boldsymbol{x},\boldsymbol{a}_1)=0,\ \cdots,\ (\boldsymbol{x},\boldsymbol{a}_k)=0$ (すべての $\boldsymbol{a}_i$ について，$\boldsymbol{x}\perp\boldsymbol{a}_i$)

証明 (i) ⇒ (ii)：$\boldsymbol{a}_i\in\langle\boldsymbol{a}_1,\cdots,\boldsymbol{a}_k\rangle$ だから $(\boldsymbol{x},\boldsymbol{a}_i)=0$．

(ii) ⇒ (i)：$\boldsymbol{u}\in\langle\boldsymbol{a}_1,\cdots,\boldsymbol{a}_k\rangle$ とすると，$\boldsymbol{u}=c_1\boldsymbol{a}_1+\cdots+c_k\boldsymbol{a}_k$ とおけるので，

$$\begin{aligned}(\boldsymbol{x},\boldsymbol{u})&=(\boldsymbol{x},c_1\boldsymbol{a}_1+\cdots+c_k\boldsymbol{a}_k)=c_1(\boldsymbol{x},\boldsymbol{a}_1)+\cdots+c_k(\boldsymbol{x},\boldsymbol{a}_k)\\&=c_1\cdot 0+\cdots+c_k\cdot 0=0.\end{aligned}$$ □

§2 ◆ 正規直交システムと正規直交ベース

はじめに，「$\|\boldsymbol{a}\|=1 \Longleftrightarrow (\boldsymbol{a}, \boldsymbol{a})=1$」を思いだしておきます．

定義 2.1　V^n のベクトル $\boldsymbol{a}_1, \cdots, \boldsymbol{a}_k$ が**正規直交システム**であるとは，どのベクトルも長さが 1 であり，しかも，どの 2 つも直交しているときをいう．つまり，次をみたすときをいう：

$$\text{すべての } i \text{ と } j \text{ について，} (\boldsymbol{a}_i, \boldsymbol{a}_j)=\begin{cases} 1, & (i=j) \\ 0. & (i \neq j) \end{cases}$$

◆ **定理 2.1** ◆

$\boldsymbol{a}_1, \cdots, \boldsymbol{a}_k$ が正規直交システムならば，1 次独立である．

証明　$c_1\boldsymbol{a}_1+c_2\boldsymbol{a}_2+\cdots+c_k\boldsymbol{a}_k=\boldsymbol{0}$ とする．この式と $\boldsymbol{a}_1$ の内積をとると

$$(c_1\boldsymbol{a}_1+c_2\boldsymbol{a}_2+\cdots+c_k\boldsymbol{a}_k, \boldsymbol{a}_1)=(\boldsymbol{0}, \boldsymbol{a}_1),$$

$$c_1(\boldsymbol{a}_1, \boldsymbol{a}_1)+c_2(\boldsymbol{a}_2, \boldsymbol{a}_1)+\cdots+c_k(\boldsymbol{a}_k, \boldsymbol{a}_1)=0.$$

「正規直交」だから，$(\boldsymbol{a}_1, \boldsymbol{a}_1)=1$，$(\boldsymbol{a}_2, \boldsymbol{a}_1)=0$，$\cdots$，$(\boldsymbol{a}_k, \boldsymbol{a}_1)=0$．よって，$c_1=0$．同様にして，$c_2=0$，$\cdots$，$c_k=0$．（**問**：$c_2=0$ を示してみよ．）　□

定義 2.2　**正規直交ベース**というのは，正規直交システムになっているようなベースのことである．

例　V^n のナチュラルベース $\{\boldsymbol{e}_1, \cdots, \boldsymbol{e}_n\}$ は，V^n の正規直交ベースです．

◆ **定理 2.2** ◆

V^n のちょうど n 個のベクトル $\boldsymbol{a}_1, \cdots, \boldsymbol{a}_n$ が正規直交システムならば，$\{\boldsymbol{a}_1, \cdots, \boldsymbol{a}_n\}$ は，V^n の正規直交ベースである．

証明　定理 2.1 より，$\boldsymbol{a}_1, \cdots, \boldsymbol{a}_n$ は 1 次独立である．よって，$\{\boldsymbol{a}_1, \cdots, \boldsymbol{a}_n\}$ は V^n のベースである（第 4 章定理 6.3）．　□

◆ 定理 2.3 ◆

$\{\boldsymbol{a}_1, \cdots, \boldsymbol{a}_n\}$ が V^n の正規直交ベースであるとする．このとき，

$$\boldsymbol{x} = c_1\boldsymbol{a}_1 + \cdots + c_n\boldsymbol{a}_n, \quad \boldsymbol{y} = d_1\boldsymbol{a}_1 + \cdots + d_n\boldsymbol{a}_n$$

ならば，

$$(\boldsymbol{x}, \boldsymbol{y}) = c_1d_1 + \cdots + c_nd_n.$$

証明　$(\boldsymbol{a}_1, \boldsymbol{a}_1) = 1$，$(\boldsymbol{a}_2, \boldsymbol{a}_1) = 0$，$\cdots$，$(\boldsymbol{a}_n, \boldsymbol{a}_1) = 0$ だから

$$\begin{aligned}(\boldsymbol{x}, \boldsymbol{a}_1) &= (c_1\boldsymbol{a}_1 + c_2\boldsymbol{a}_2 + \cdots + c_n\boldsymbol{a}_n, \boldsymbol{a}_1)\\ &= c_1(\boldsymbol{a}_1, \boldsymbol{a}_1) + c_2(\boldsymbol{a}_2, \boldsymbol{a}_1) + \cdots + c_n(\boldsymbol{a}_n, \boldsymbol{a}_1) = c_1.\end{aligned}$$

同様に，$(\boldsymbol{x}, \boldsymbol{a}_2) = c_2$，$\cdots$，$(\boldsymbol{x}, \boldsymbol{a}_n) = c_n$．よって，

$$\begin{aligned}(\boldsymbol{x}, \boldsymbol{y}) &= (\boldsymbol{x}, d_1\boldsymbol{a}_1 + \cdots + d_n\boldsymbol{a}_n)\\ &= d_1(\boldsymbol{x}, \boldsymbol{a}_1) + \cdots + d_n(\boldsymbol{x}, \boldsymbol{a}_n)\\ &= d_1c_1 + \cdots + d_nc_n.\end{aligned}$$

□

§3 ◆ グラム-シュミットの直交化法

ウォームアップとして，問題を 2 つ考えてみます．

(ア)（図 1）　V^n のベクトル $\boldsymbol{a}_1$ の長さが 1 である，つまり $\|\boldsymbol{a}_1\| = 1$ であるとき，ベクトル $\boldsymbol{b}$ に対して，次のような $\boldsymbol{x}, \boldsymbol{y}$ を求めてみます．

(1)　$\boldsymbol{b} = \boldsymbol{x} + \boldsymbol{y}$　　(2)　$\boldsymbol{x} \in \langle \boldsymbol{a}_1 \rangle$　　(3)　$\boldsymbol{y} \perp \langle \boldsymbol{a}_1 \rangle$

まず，(2)より，$\boldsymbol{x} = c_1\boldsymbol{a}_1$ とおけます．(1)と $\boldsymbol{a}_1$ の内積をとると

$$\begin{aligned}(\boldsymbol{b}, \boldsymbol{a}_1) &= (\boldsymbol{x} + \boldsymbol{y}, \boldsymbol{a}_1) = (\boldsymbol{x}, \boldsymbol{a}_1) + (\boldsymbol{y}, \boldsymbol{a}_1) = (\boldsymbol{x}, \boldsymbol{a}_1) \qquad ((3)\text{より})\\ &= (c_1\boldsymbol{a}_1, \boldsymbol{a}_1) = c_1(\boldsymbol{a}_1, \boldsymbol{a}_1) = c_1. \qquad ((\boldsymbol{a}_1, \boldsymbol{a}_1) = \|\boldsymbol{a}_1\|^2 = 1)\end{aligned}$$

したがって，$\boldsymbol{x} = (\boldsymbol{b}, \boldsymbol{a}_1)\boldsymbol{a}_1$，$\boldsymbol{y} = \boldsymbol{b} - (\boldsymbol{b}, \boldsymbol{a}_1)\boldsymbol{a}_1$．

図 1

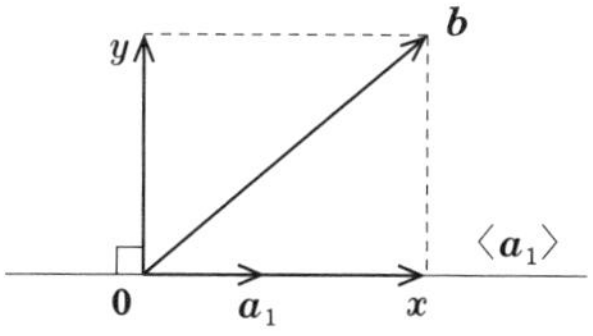

(イ)（図 2） V^n のベクトル $\boldsymbol{a}_1, \boldsymbol{a}_2$ が正規直交システムのとき，ベクトル $\boldsymbol{b}$ に対して，次のような $\boldsymbol{x}, \boldsymbol{y}$ を求めてみます．

(1)　$\boldsymbol{b} = \boldsymbol{x} + \boldsymbol{y}$　　(2)　$\boldsymbol{x} \in \langle \boldsymbol{a}_1, \boldsymbol{a}_2 \rangle$　　(3)　$\boldsymbol{y} \perp \langle \boldsymbol{a}_1, \boldsymbol{a}_2 \rangle$

(2) より，$\boldsymbol{x} = c_1\boldsymbol{a}_1 + c_2\boldsymbol{a}_2$ とおけます．(1) と $\boldsymbol{a}_1$ の内積をとると

$$(\boldsymbol{b}, \boldsymbol{a}_1) = (\boldsymbol{x}+\boldsymbol{y}, \boldsymbol{a}_1) = (\boldsymbol{x}, \boldsymbol{a}_1) + (\boldsymbol{y}, \boldsymbol{a}_1) = (\boldsymbol{x}, \boldsymbol{a}_1) \qquad ((3)\text{より})$$
$$= (c_1\boldsymbol{a}_1 + c_2\boldsymbol{a}_2, \boldsymbol{a}_1) = c_1(\boldsymbol{a}_1, \boldsymbol{a}_1) + c_2(\boldsymbol{a}_2, \boldsymbol{a}_1)$$
$$= c_1. \qquad ((\boldsymbol{a}_1, \boldsymbol{a}_1) = 1,\ (\boldsymbol{a}_2, \boldsymbol{a}_1) = 0)$$

同様にして，$(\boldsymbol{b}, \boldsymbol{a}_2) = c_2$（**問 1**：各自やってみよ）．したがって，

$$\boldsymbol{x} = (\boldsymbol{b}, \boldsymbol{a}_1)\boldsymbol{a}_1 + (\boldsymbol{b}, \boldsymbol{a}_2)\boldsymbol{a}_2,\quad \boldsymbol{y} = \boldsymbol{b} - \{(\boldsymbol{b}, \boldsymbol{a}_1)\boldsymbol{a}_1 + (\boldsymbol{b}, \boldsymbol{a}_2)\boldsymbol{a}_2\}.$$

図 2

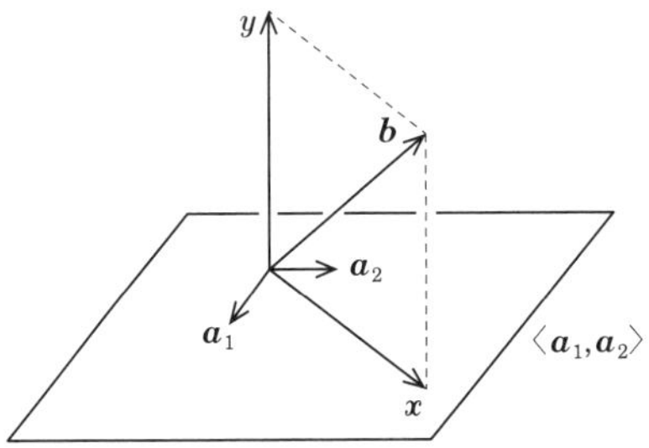

◆ **定理 3.1** ◆

V^n のベクトル $\boldsymbol{a}_1, \cdots, \boldsymbol{a}_k, \boldsymbol{b}$ が，次の (1) と (2) をみたすとする．

(1)　$\boldsymbol{a}_1, \cdots, \boldsymbol{a}_k$ は正規直交システムである．

(2)　$\boldsymbol{b} \notin \langle \boldsymbol{a}_1, \cdots, \boldsymbol{a}_k \rangle$.

このとき，

$$\boldsymbol{y} = \boldsymbol{b} - \{(\boldsymbol{b}, \boldsymbol{a}_1)\boldsymbol{a}_1 + \cdots + (\boldsymbol{b}, \boldsymbol{a}_k)\boldsymbol{a}_k\}$$

とおくと，次が成り立つ．

$$\boldsymbol{y} \neq \boldsymbol{0},\quad \boldsymbol{y} \perp \langle \boldsymbol{a}_1, \cdots, \boldsymbol{a}_k \rangle.$$

したがって，$\boldsymbol{a}_{k+1} = \boldsymbol{y}/\|\boldsymbol{y}\|$ とおくと，$\boldsymbol{a}_1, \cdots, \boldsymbol{a}_{k+1}$ は正規直交システムである．

証明　仮に，$\boldsymbol{y} = \boldsymbol{0}$ とすると，

$$\boldsymbol{b} = (\boldsymbol{b}, \boldsymbol{a}_1)\boldsymbol{a}_1 + \cdots + (\boldsymbol{b}, \boldsymbol{a}_k)\boldsymbol{a}_k \in \langle \boldsymbol{a}_1, \cdots, \boldsymbol{a}_k \rangle.$$

これは，(2)に反する．よって，$\boldsymbol{y} \neq \boldsymbol{0}$．次に，

$$
\begin{aligned}
(\boldsymbol{y}, \boldsymbol{a}_1) &= (\boldsymbol{b} - \{(\boldsymbol{b}, \boldsymbol{a}_1)\boldsymbol{a}_1 + \cdots + (\boldsymbol{b}, \boldsymbol{a}_k)\boldsymbol{a}_k\}, \boldsymbol{a}_1) \\
&= (\boldsymbol{b}, \boldsymbol{a}_1) - \{(\boldsymbol{b}, \boldsymbol{a}_1)(\boldsymbol{a}_1, \boldsymbol{a}_1) + \cdots + (\boldsymbol{b}, \boldsymbol{a}_k)(\boldsymbol{a}_k, \boldsymbol{a}_1)\} \\
&= (\boldsymbol{b}, \boldsymbol{a}_1) - (\boldsymbol{b}, \boldsymbol{a}_1) \qquad (\text{(1)より}) \\
&= 0.
\end{aligned}
$$

同様にして，$(\boldsymbol{y}, \boldsymbol{a}_2) = 0$，…，$(\boldsymbol{y}, \boldsymbol{a}_k) = 0$．よって，$\boldsymbol{y} \perp \langle \boldsymbol{a}_1, \cdots, \boldsymbol{a}_k \rangle$（定理 1.2）．
（**問 2**：$(\boldsymbol{y}, \boldsymbol{a}_2) = 0$ をたしかめよ．） □

直交化の方法

V^n のベクトル $\boldsymbol{b}_1, \cdots, \boldsymbol{b}_m$ が 1 次独立であるとき，以下のように $\boldsymbol{a}_1, \cdots, \boldsymbol{a}_m$ をつくる：

まず，$\boldsymbol{a}_1 = \boldsymbol{b}_1 / \| \boldsymbol{b}_1 \|$ とする．次に，定理 3.1 の手順で $\boldsymbol{a}_1, \boldsymbol{b}_2$ から $\boldsymbol{a}_2$ をつくる．同様に，$\boldsymbol{a}_1, \boldsymbol{a}_2, \boldsymbol{b}_3$ から $\boldsymbol{a}_3$ をつくる．これをくり返して，正規直交システム $\boldsymbol{a}_1, \cdots, \boldsymbol{a}_m$ をつくる．

このようにして，1 次独立な $\boldsymbol{b}_1, \cdots, \boldsymbol{b}_m$ から正規直交システム $\boldsymbol{a}_1, \cdots, \boldsymbol{a}_m$ をつくる手続きを，**グラム-シュミットの直交化法**といいます．

問 3　$\boldsymbol{b}_1 = \begin{bmatrix} 1 \\ 1 \end{bmatrix}$，$\boldsymbol{b}_2 = \begin{bmatrix} 1 \\ 2 \end{bmatrix}$ を，上のやり方で直交化せよ．

◆ 定理 3.2 ◆

V^n の部分空間 W は，正規直交ベースをもつ．

証明　$\dim W = k$ とする．W のベース $\{\boldsymbol{b}_1, \cdots, \boldsymbol{b}_k\}$ をとり，それをグラム-シュミットの方法で直交化してえられる $\{\boldsymbol{a}_1, \cdots, \boldsymbol{a}_k\}$ は，W の正規直交ベースである． □

◆ **定理 3.3** ◆

V^n のベクトル $\boldsymbol{a}_1, \cdots, \boldsymbol{a}_k\ (k<n)$ が正規直交システムのとき，$(n-k)$ 個のベクトル $\boldsymbol{a}_{k+1}, \cdots, \boldsymbol{a}_n$ をつけ加えて，$\{\boldsymbol{a}_1, \cdots, \boldsymbol{a}_n\}$ が V^n の正規直交ベースとなるようにできる．

証明 $\boldsymbol{a}_1, \cdots, \boldsymbol{a}_k$ に $\boldsymbol{b}_{k+1}, \cdots, \boldsymbol{b}_n$ をつけ加えて，$\{\boldsymbol{a}_1, \cdots, \boldsymbol{a}_k, \boldsymbol{b}_{k+1}, \cdots, \boldsymbol{b}_n\}$ が V^n のベースとなるようにする．これを，上のやり方で直交化してえられる $\{\boldsymbol{a}_1, \cdots, \boldsymbol{a}_k, \boldsymbol{a}_{k+1}, \cdots, \boldsymbol{a}_n\}$ は V^n の正規直交ベースである． □

◆ **定理 3.4** ◆

W が V^n の k 次元の部分空間のとき，V^n の正規直交ベース $\{\boldsymbol{a}_1, \cdots, \boldsymbol{a}_n\}$ で，$\{\boldsymbol{a}_1, \cdots, \boldsymbol{a}_k\}$ が W の正規直交ベースとなっているようなものがとれる．

証明 W の正規直交ベースをとり（定理 3.2），$\boldsymbol{a}_{k+1}, \cdots, \boldsymbol{a}_n$ をつけ加えて，V^n の正規直交ベースをつくる（定理 3.3）． □

§4 ◆ 直交補空間 $W^{\perp}$

◆ **定理 4.1** ◆

V^n の部分空間 W に対して，$W^{\perp}$ を次のように定める：

$$W^{\perp} = \{\boldsymbol{x} \in V^n \mid \boldsymbol{x} \perp W\}.$$

$$(\boldsymbol{x} \in W^{\perp} \Longleftrightarrow W \text{ に属する任意の } \boldsymbol{u} \text{ について，} (\boldsymbol{x}, \boldsymbol{u}) = 0)$$

そうすると，$W^{\perp}$ は V^n の部分空間である．$W^{\perp}$ を**直交補空間**とよぶ．

証明 (1) 任意の $\boldsymbol{u}$ について，$(\boldsymbol{0}, \boldsymbol{u}) = 0$ だから，$\boldsymbol{0} \in W^{\perp}$.

(2) $\boldsymbol{x}, \boldsymbol{y} \in W^{\perp} \Longrightarrow W$ の任意の $\boldsymbol{u}$ について，$(\boldsymbol{x}, \boldsymbol{u}) = 0$，$(\boldsymbol{y}, \boldsymbol{u}) = 0$

$$\Longrightarrow (\boldsymbol{x}+\boldsymbol{y}, \boldsymbol{u}) = (\boldsymbol{x}, \boldsymbol{u}) + (\boldsymbol{y}, \boldsymbol{u}) = 0$$

$$\Longrightarrow \boldsymbol{x}+\boldsymbol{y} \in W^{\perp}.$$

(3) 「$\boldsymbol{x} \in W^{\perp}$, $c \in \mathbb{R} \Longrightarrow c\boldsymbol{x} \in W^{\perp}$」は，**問**とします． □

◆ **定理 4.2** ◆

$\{\boldsymbol{a}_1, \cdots, \boldsymbol{a}_n\}$ が V^n の正規直交ベースで，$\{\boldsymbol{a}_1, \cdots, \boldsymbol{a}_k\}$ が部分空間 W のベースになっているとする．このとき，$\{\boldsymbol{a}_{k+1}, \cdots, \boldsymbol{a}_n\}$ は $W^{\perp}$ のベースである．（したがって，正規直交ベースである．）

証明 仮定より，$\boldsymbol{a}_{k+1}, \cdots, \boldsymbol{a}_n$ は $\langle \boldsymbol{a}_1, \cdots, \boldsymbol{a}_k \rangle = W$ に直交している．よって，$\boldsymbol{a}_{k+1}, \cdots, \boldsymbol{a}_n \in W^{\perp}$．よって，$\langle \boldsymbol{a}_{k+1}, \cdots, \boldsymbol{a}_n \rangle \subset W^{\perp}$．

逆に，$\boldsymbol{y} \in W^{\perp}$ とする．とりあえず $\boldsymbol{y}$ は，次のようにおける：

$$\boldsymbol{y} = c_1\boldsymbol{a}_1 + \cdots + c_n\boldsymbol{a}_n.$$

そうすると，$(\boldsymbol{y}, \boldsymbol{a}_1) = c_1$，$\cdots$，$(\boldsymbol{y}, \boldsymbol{a}_k) = c_k$．

他方，「$\boldsymbol{y} \in W^{\perp}$，$\boldsymbol{a}_1, \cdots, \boldsymbol{a}_k \in W$」より，$(\boldsymbol{y}, \boldsymbol{a}_1) = 0$，$\cdots$，$(\boldsymbol{y}, \boldsymbol{a}_k) = 0$．よって，$c_1 = 0$，$\cdots$，$c_k = 0$．もとの $\boldsymbol{y}$ の式に代入すると

$$\boldsymbol{y} = c_{k+1}\boldsymbol{a}_{k+1} + \cdots + c_n\boldsymbol{a}_n \in \langle \boldsymbol{a}_{k+1}, \cdots, \boldsymbol{a}_n \rangle.$$

こうして，「$\boldsymbol{y} \in W^{\perp} \Longrightarrow \boldsymbol{y} \in \langle \boldsymbol{a}_{k+1}, \cdots, \boldsymbol{a}_n \rangle$」がいえたので，$W^{\perp} \subset \langle \boldsymbol{a}_{k+1}, \cdots, \boldsymbol{a}_n \rangle$．

以上により，$W^{\perp} = \langle \boldsymbol{a}_{k+1}, \cdots, \boldsymbol{a}_n \rangle$．$\boldsymbol{a}_{k+1}, \cdots, \boldsymbol{a}_n$ は1次独立であるから，$\{\boldsymbol{a}_{k+1}, \cdots, \boldsymbol{a}_n\}$ は $W^{\perp}$ のベースである． □

§5 ◆ 直交行列とベースの変換

定義 5.1 n 次正方行列 P が**直交行列**であるとは，${}^tPP = E_n$ をみたすときをいう．

例 $R = \begin{bmatrix} \cos\theta & -\sin\theta & 0 \\ \sin\theta & \cos\theta & 0 \\ 0 & 0 & 1 \end{bmatrix}$ は，直交行列です．（**問**：たしかめよ．）

◆ **定理 5.1** ◆

$P = [\ p_{ij}\ ]$ が n 次正方行列で，$P = [\ \boldsymbol{p}_1 \ \ \cdots \ \ \boldsymbol{p}_n\ ]$ が列ベクトル表示であるとする．このとき，次の(i)と(ii)は同値である．

(i)　P は直交行列である．

(ii)　$\{\boldsymbol{p}_1, \cdots, \boldsymbol{p}_n\}$ は，V^n の正規直交ベースである．

証明　$$({}^tPP)_{(i,j)} = \sum_{k=1}^{n} ({}^tP)_{(i,k)}(P)_{(k,j)} = \sum_{k=1}^{n} (P)_{(k,i)}(P)_{(k,j)} = \sum_{k=1}^{n} p_{ki}p_{kj} = (\boldsymbol{p}_i, \boldsymbol{p}_j).$$

よって，

$$ {}^tPP = E_n \Longleftrightarrow ({}^tPP)_{(i,j)} = \begin{cases} 1, & (i=j) \\ 0. & (i \neq j) \end{cases} \Longleftrightarrow (\boldsymbol{p}_i, \boldsymbol{p}_j) = \begin{cases} 1, & (i=j) \\ 0. & (i \neq j) \end{cases} $$

□

◆ **定理 5.2** ◆

任意の n 次正方行列 A と，任意の $\boldsymbol{x}, \boldsymbol{y}$ について次が成り立つ．

$$(A\boldsymbol{x}, \boldsymbol{y}) = (\boldsymbol{x}, {}^tA\boldsymbol{y}).$$

証明　$A = [\, a_{ij} \,]$，$\boldsymbol{x} = \begin{bmatrix} x_1 \\ \vdots \\ x_n \end{bmatrix}$，$\boldsymbol{y} = \begin{bmatrix} y_1 \\ \vdots \\ y_n \end{bmatrix}$ とすると，$(A\boldsymbol{x})_i = \sum_{j=1}^{n} a_{ij}x_j$ だから，

$$(A\boldsymbol{x}, \boldsymbol{y}) = \sum_{i=1}^{n} (A\boldsymbol{x})_i(\boldsymbol{y})_i = \sum_{i=1}^{n} \left(\sum_{j=1}^{n} a_{ij}x_j \right) y_i = \sum_{i=1}^{n}\sum_{j=1}^{n} a_{ij}x_jy_i.$$

同様に，

$$(\boldsymbol{x}, {}^tA\boldsymbol{y}) = \sum_{j=1}^{n} (\boldsymbol{x})_j({}^tA\boldsymbol{y})_j = \sum_{j=1}^{n}\sum_{i=1}^{n} a_{ij}x_jy_i.$$

よって成り立つ．　□

◆ **定理 5.3** ◆

P が直交行列のとき，任意の $\boldsymbol{x}, \boldsymbol{y}$ について次が成り立つ．

$$(P\boldsymbol{x}, P\boldsymbol{y}) = (\boldsymbol{x}, \boldsymbol{y}).$$

証明　定理5.2，${}^tPP=E_n$，$E_n\boldsymbol{y}=\boldsymbol{y}$ より

$$(P\boldsymbol{x},P\boldsymbol{y})=(\boldsymbol{x},{}^tPP\boldsymbol{y})=(\boldsymbol{x},E_n\boldsymbol{y})=(\boldsymbol{x},\boldsymbol{y}).$$

□

ベースの変換

直交行列は，いろいろの役割をもっています．そのうちのひとつを説明します．

定義 5.2　$\{\boldsymbol{u}_1,\cdots,\boldsymbol{u}_n\},\{\boldsymbol{u}_1',\cdots,\boldsymbol{u}_n'\}$ を V^n の2つのベースとする．このとき，各 $\boldsymbol{u}_j'$ を $\boldsymbol{u}_1,\cdots,\boldsymbol{u}_n$ で表わす式が定まる：

$$(5.1)\quad \boldsymbol{u}_j'=p_{1j}\boldsymbol{u}_1+p_{2j}\boldsymbol{u}_2+\cdots+p_{nj}\boldsymbol{u}_n=\sum_{i=1}^{n}p_{ij}\boldsymbol{u}_i.\qquad(j=1,\cdots,n)$$

これにより，$n\times n$ 個の数 $p_{ij}\,(i=1,\cdots,n\,;\,j=1,\cdots,n)$ が定まる．そこで，n 次正方行列 P を，「P の (i,j) 成分 $=p_{ij}$」によって定める：

$$P=\begin{bmatrix} p_{11} & \cdots & p_{1j} & \cdots & p_{1n} \\ p_{21} & \cdots & p_{2j} & \cdots & p_{2n} \\ \vdots & \ddots & \vdots & \ddots & \vdots \\ p_{n1} & \cdots & p_{nj} & \cdots & p_{nn} \end{bmatrix}$$

↑

（P の第 j 列は，$\boldsymbol{u}_j'$ の係数をタテに並べたもの）

この行列 $P=[\,p_{ij}\,]$ のことを，（ベース）$\{\boldsymbol{u}_1,\cdots,\boldsymbol{u}_n\}$ から（ベース）$\{\boldsymbol{u}_1',\cdots,\boldsymbol{u}_n'\}$ への**ベース変換の行列**とよぶ．

例　$\{\boldsymbol{u}_1,\boldsymbol{u}_2\},\{\boldsymbol{u}_1',\boldsymbol{u}_2'\}$ が V^2 のベースで，$\boldsymbol{u}_1'=-2\boldsymbol{u}_2$，$\boldsymbol{u}_2'=\boldsymbol{u}_1+2\boldsymbol{u}_2$ のとき，$\{\boldsymbol{u}_1,\boldsymbol{u}_2\}$ から $\{\boldsymbol{u}_1',\boldsymbol{u}_2'\}$ へ変換の行列は，$P=\begin{bmatrix} 0 & 1 \\ -2 & 2 \end{bmatrix}$.

◆ 定理 5.4 ◆

正規直交ベースのあいだのベース変換の行列は直交行列である．くわしくいうと：

$\{\boldsymbol{u}_1,\cdots,\boldsymbol{u}_n\}$ と $\{\boldsymbol{u}_1',\cdots,\boldsymbol{u}_n'\}$ が，どちらも正規直交ベースであるとき，定義5.2の P は直交行列である．

証明　定理 5.1 の証明でやったように，

$$({}^tPP)_{(i,j)} = \sum_{k=1}^{n} p_{ki}p_{kj} = p_{1i}p_{1j} + \cdots + p_{ni}p_{nj}.$$

他方，(5.1) より，

$$\boldsymbol{u}_i' = p_{1i}\boldsymbol{u}_1 + \cdots + p_{ni}\boldsymbol{u}_n, \quad \boldsymbol{u}_j' = p_{1j}\boldsymbol{u}_1 + \cdots + p_{nj}\boldsymbol{u}_n.$$

よって，定理 2.3 より

$$(\boldsymbol{u}_i', \boldsymbol{u}_j') = p_{1i}p_{1j} + \cdots + p_{ni}p_{nj}.$$

よって，

$$({}^tPP)_{(i,j)} = (\boldsymbol{u}_i', \boldsymbol{u}_j') = \begin{cases} 1, & (i = j) \\ 0. & (i \neq j) \end{cases}$$

(2 番目の等号は，$\{\boldsymbol{u}_1', \cdots, \boldsymbol{u}_n'\}$ が正規直交ベースだから)

よって，${}^tPP = E_n$.　□

§6 ◆ 対称行列

定義 6.1　n 次正方行列 $A = [\,a_{ij}\,]$ が**対称行列**であるとは，${}^tA = A$ をみたすとき，つまり，すべての i, j について $a_{ij} = a_{ji}$ が成り立つときをいう．

例　3 次対称行列の一般形は $\begin{bmatrix} a & d & e \\ d & b & f \\ e & f & c \end{bmatrix}$ $(a, b, c, d, e, f$ は任意$)$.

◆ 定理 6.1 ◆

A が対称行列のとき，任意の $\boldsymbol{x}, \boldsymbol{y}$ について次が成り立つ．

$$(A\boldsymbol{x}, \boldsymbol{y}) = (\boldsymbol{x}, A\boldsymbol{y}).$$

証明　定理 5.2 と ${}^tA = A$ より

$$(A\boldsymbol{x}, \boldsymbol{y}) = (\boldsymbol{x}, {}^tA\boldsymbol{y}) = (\boldsymbol{x}, A\boldsymbol{y}).$$　□

対称行列はいろいろの応用をもっています．最後に，対称行列の基本性質を，証明なしに説明します．($n=2$ の場合は，第1章で証明してあります．)

対称行列の基本性質

A を n 次対称行列とする．そうすると，以下のことが成り立つ．

(1) A の特性値は，どれも実数である．

(2) A の異なる特性値に対応する固有ベクトルは，直交している．つまり，
$\alpha \neq \beta$，$A\boldsymbol{x}=\alpha\boldsymbol{x}$，$A\boldsymbol{y}=\beta\boldsymbol{y} \Longrightarrow (\boldsymbol{x},\boldsymbol{y})=0$．

(3) V^n の正規直交ベースとして，A の固有ベクトルだけからなるものがとれる．つまり，次の(＊)をみたすような V^n の正規直交ベース $\{\boldsymbol{u}_1,\cdots,\boldsymbol{u}_n\}$ がある：

(＊) $\boldsymbol{u}_1,\cdots,\boldsymbol{u}_n$ は，どれも A の固有ベクトルである．

(4) $\{\boldsymbol{u}_1,\cdots,\boldsymbol{u}_n\}$ を(3)の正規直交ベースとする．そうすると，
$A\boldsymbol{u}_1=\alpha_1\boldsymbol{u}_1$，$\cdots$，$A\boldsymbol{u}_n=\alpha_n\boldsymbol{u}_n$
をみたす実数 $\alpha_1,\cdots,\alpha_n$ が定まる．そこで，$P=[\,\boldsymbol{u}_1 \ \cdots \ \boldsymbol{u}_n\,]$ とおくと，$AP=P\begin{bmatrix}\alpha_1 & & 0\\ & \ddots & \\ 0 & & \alpha_n\end{bmatrix}$ が成り立つ．ただし，$\begin{bmatrix}\alpha_1 & & 0\\ & \ddots & \\ 0 & & \alpha_n\end{bmatrix}$ は，対角成分が $\alpha_1,\cdots,\alpha_n$ の対角行列を表わす．たとえば，$n=3$ のときは，$\begin{bmatrix}\alpha_1 & 0 & 0\\ 0 & \alpha_2 & 0\\ 0 & 0 & \alpha_3\end{bmatrix}$．それから，$P$ は直交行列である(定理5.1)．

補足　第4章定理8.1の証明

定理8.1の主張　$m\times n$ 行列 $A=[\,\boldsymbol{a}_1 \;\cdots\; \boldsymbol{a}_n\,]$ について，$\dim\langle \boldsymbol{a}_1,\cdots,\boldsymbol{a}_n\rangle = r(A)$ が成り立つ．

証明　n に関する帰納法で示そう．

$m\times 1$ 行列 $A=[\,\boldsymbol{a}_1\,]$ については，次のようにして主張は正しい．

$$\begin{cases} \boldsymbol{a}_1=\boldsymbol{0} \text{ のとき，} \dim\langle \boldsymbol{a}_1\rangle = 0,\ r(A)=0, \\ \boldsymbol{a}_1\neq\boldsymbol{0} \text{ のとき，} \dim\langle \boldsymbol{a}_1\rangle = 1,\ r(A)=1. \end{cases}$$

以下，$n\geqq 1$ として，$m\times n$ 行列については，主張が正しいとする(帰納法の仮定)．そこで，$[\,A\ \boldsymbol{b}\,]=[\,\boldsymbol{a}_1 \;\cdots\; \boldsymbol{a}_n \;\; \boldsymbol{b}\,]$ を $m\times(n+1)$ 行列とする．

帰納法の仮定より

(1)　$\dim\langle \boldsymbol{a}_1,\cdots,\boldsymbol{a}_n\rangle = r(A)$.

そこで，方程式 $A\boldsymbol{x}=\boldsymbol{b}$ について考える．第3章の定理1.1より

$$A\boldsymbol{x}=\boldsymbol{b} \Longleftrightarrow x_1\boldsymbol{a}_1+\cdots+x_n\boldsymbol{a}_n=\boldsymbol{b}.$$

これより

(＊)　$\boldsymbol{b}\in\langle \boldsymbol{a}_1,\cdots,\boldsymbol{a}_n\rangle \Longleftrightarrow A\boldsymbol{x}=\boldsymbol{b}$ が解をもつ．

(ア)　$A\boldsymbol{x}=\boldsymbol{b}$ が解をもつ場合，次の(2)と(3)が成り立つ．

(2)　$\boldsymbol{b}\in\langle \boldsymbol{a}_1,\cdots,\boldsymbol{a}_n\rangle$,　　((＊)より)

(3)　$r([\,A\ \boldsymbol{b}\,])=r(A)$.　　(第3章定理9.2(1))．

(2)と(1)と(3)より

$$\dim\langle \boldsymbol{a}_1,\cdots,\boldsymbol{a}_n,\boldsymbol{b}\rangle = \dim\langle \boldsymbol{a}_1,\cdots,\boldsymbol{a}_n\rangle = r(A) = r([\,A\ \boldsymbol{b}\,]).$$

(イ)　$A\boldsymbol{x}=\boldsymbol{b}$ が解をもたない場合，次の(4)と(5)が成り立つ．

(4)　$\boldsymbol{b}\notin\langle \boldsymbol{a}_1,\cdots,\boldsymbol{a}_n\rangle$,　　((＊)より)

(5)　$r([\,A\ \boldsymbol{b}\,])=r(A)+1$.　　(第3章定理9.2(2))．

(4)と(1)と(5)より，

$$\dim\langle \boldsymbol{a}_1,\cdots,\boldsymbol{a}_n,\boldsymbol{b}\rangle = \dim\langle \boldsymbol{a}_1,\cdots,\boldsymbol{a}_n\rangle+1 = r(A)+1 = r([\,A\ \boldsymbol{b}\,]).$$

(ア)と(イ)より，$m\times(n+1)$ 行列についても主張が正しいことがいえた．□

問の答・ヒント・略解

第 1 章

§3 ◆ 問

(1) $\begin{bmatrix} 3 \\ 7 \end{bmatrix}$ (2) $\begin{bmatrix} x+3y \\ y \end{bmatrix}$ (3) $\begin{bmatrix} y \\ x \end{bmatrix}$ (4) $\begin{bmatrix} x \\ 3y \end{bmatrix}$ (5) $\begin{bmatrix} a \\ c \end{bmatrix}$

(6) $\begin{bmatrix} b \\ d \end{bmatrix}$ (7) $\begin{bmatrix} ad-bc \\ 0 \end{bmatrix}$

§4 ◆ 問 1

(1) $AB=\begin{bmatrix} 1 & 4 \\ 3 & 8 \end{bmatrix}$, $BA=\begin{bmatrix} 1 & 2 \\ 6 & 8 \end{bmatrix}$ (2) $AB=BA=\begin{bmatrix} 0 & 0 \\ 0 & 0 \end{bmatrix}$

(3) $AB=BA=\begin{bmatrix} 5 & 0 \\ 0 & 5 \end{bmatrix}$

§7 ◆ 問 1

(1) $\begin{bmatrix} x' \\ y' \end{bmatrix}=\begin{bmatrix} 1 & 0 \\ 0 & -1 \end{bmatrix}\begin{bmatrix} x \\ y \end{bmatrix}$ (2) $\begin{bmatrix} x' \\ y' \end{bmatrix}=\begin{bmatrix} -1 & 0 \\ 0 & -1 \end{bmatrix}\begin{bmatrix} x \\ y \end{bmatrix}$

問 2

S, T, Q, R の像点を S′, T′, Q′, R′ とすると

$$\mathrm{S}'=(2,6),\quad \mathrm{T}'=(1,3),\quad \mathrm{Q}'=(3,9),\quad \mathrm{R}'=(0,0).$$

4 つの像点は，すべて直線 $y=3x$ 上にあることに注意.

問 3

(1) 1 点図形 (2) 直線

§8 ◆ 問

$R(60°)=\begin{bmatrix} \frac{1}{2} & -\frac{\sqrt{3}}{2} \\ \frac{\sqrt{3}}{2} & \frac{1}{2} \end{bmatrix}$, (a,b) の像点は $\left(\frac{1}{2}a-\frac{\sqrt{3}}{2}b,\ \frac{\sqrt{3}}{2}a+\frac{1}{2}b\right)$.

$R(90°)=\begin{bmatrix} 0 & -1 \\ 1 & 0 \end{bmatrix}$, (a,b) の像点は $(-b,a)$.

第2章

§1◆問2

(1) $\begin{bmatrix} x-y \\ 2x+3y \\ 3x+5y \end{bmatrix}$　(2) $\begin{bmatrix} 3 \\ 5 \\ -2 \end{bmatrix}$

§3◆問1

(1) $\begin{bmatrix} 2 \\ 5 \end{bmatrix}$　(2) $\begin{bmatrix} a_{11}x_1+a_{12}x_2 \\ a_{21}x_1+a_{22}x_2 \\ a_{31}x_1+a_{32}x_2 \end{bmatrix}$　(3) $\begin{bmatrix} a_{11}x_1+a_{12}x_2+a_{13}x_3 \\ a_{21}x_1+a_{22}x_2+a_{23}x_3 \end{bmatrix}$

問2

(1) $\begin{bmatrix} 3 & 0 \\ 3 & 6 \end{bmatrix}$　(2) $\begin{bmatrix} a_{11} & a_{12} \\ a_{21} & a_{22} \\ a_{31} & a_{32} \end{bmatrix}$　(3) $\begin{bmatrix} ap & 0 & 0 \\ 0 & bq & 0 \\ 0 & 0 & cr \end{bmatrix}$

問4

「最初の n」と「最後の n」を p にかえればよい.

問5

(ひとつのやり方)　$\mathrm{A}=\begin{bmatrix} a_{11} & a_{12} & a_{13} \\ a_{21} & a_{22} & a_{23} \\ a_{31} & a_{32} & a_{33} \end{bmatrix}$ とおいて両辺を計算する.

問6

(1)　$({}^t({}^tA))_{(i,j)}=({}^tA)_{(j,i)}=(A)_{(i,j)}$

(2)　$({}^t(AB))_{(i,j)}=(AB)_{(j,i)}=\sum_{k=1}^{n}(A)_{(j,k)}(B)_{(k,i)}$,

$$({}^tB{}^tA)_{(i,j)}=\sum_{k=1}^{n}({}^tB)_{(i,k)}({}^tA)_{(k,j)}=\sum_{k=1}^{n}(B)_{(k,i)}(A)_{(j,k)}.$$

よって $({}^t(AB))_{(i,j)}=({}^tB{}^tA)_{(i,j)}$.

§5◆問2

(ヒント)　求められているのは (j,k) 成分.

$$((AB)(CD))_{(j,k)}=\sum_{\square=1}^{n}(AB)_{(j,\square)}(CD)_{(\square,k)}$$

問 3

（ヒント）　(1)　$((AB)\boldsymbol{x})_i = \sum_{\square=1}^{n} (AB)_{(i,\square)}(\boldsymbol{x})_\square$

(2)　$C = [\,\boldsymbol{c}_1 \ \cdots \ \boldsymbol{c}_n\,]$ とおいて，$(AB)C$ と $A(BC)$ を計算する．

$$(AB)C = (AB)[\,\boldsymbol{c}_1 \ \cdots \ \boldsymbol{c}_n\,] = [\,(AB)\boldsymbol{c}_1 \ \cdots \ (AB)\boldsymbol{c}_n\,]$$

第 3 章

§1 ◆ 問 1

（ア）$\begin{array}{c} \begin{matrix} \boldsymbol{x}_1 & \boldsymbol{x}_2 & \boldsymbol{x}_3 & \end{matrix} \\ \left[\begin{array}{ccc|c} 0 & 1 & -3 & 2 \\ 1 & 5 & 0 & 3 \end{array}\right] \end{array}$, $\begin{bmatrix} 0 & 1 & -3 \\ 1 & 5 & 0 \end{bmatrix}\begin{bmatrix} x_1 \\ x_2 \\ x_3 \end{bmatrix} = \begin{bmatrix} 2 \\ 3 \end{bmatrix}$

（イ）$\begin{array}{c} \begin{matrix} \boldsymbol{x}_1 & \boldsymbol{x}_2 & \boldsymbol{x}_3 & \end{matrix} \\ \left[\begin{array}{ccc|c} 0 & 1 & 1 & 1 \\ 1 & 0 & 1 & 2 \\ 1 & 1 & 0 & 3 \end{array}\right] \end{array}$, $\begin{bmatrix} 0 & 1 & 1 \\ 1 & 0 & 1 \\ 1 & 1 & 0 \end{bmatrix}\begin{bmatrix} x_1 \\ x_2 \\ x_3 \end{bmatrix} = \begin{bmatrix} 1 \\ 2 \\ 3 \end{bmatrix}$

問 2

（ア）$x_1\begin{bmatrix} 0 \\ 1 \end{bmatrix} + x_2\begin{bmatrix} 1 \\ 5 \end{bmatrix} + x_3\begin{bmatrix} -3 \\ 0 \end{bmatrix} = \begin{bmatrix} 2 \\ 3 \end{bmatrix}$

（イ）$x_1\begin{bmatrix} 0 \\ 1 \\ 1 \end{bmatrix} + x_2\begin{bmatrix} 1 \\ 0 \\ 1 \end{bmatrix} + x_3\begin{bmatrix} 1 \\ 1 \\ 0 \end{bmatrix} = \begin{bmatrix} 1 \\ 2 \\ 3 \end{bmatrix}$

§3 ◆ 問 3

$a, b, c, \cdots$ は任意とする．

(1)　$\begin{bmatrix} 1 & a & 0 & 0 & b & e \\ 0 & 0 & 1 & 0 & c & f \\ 0 & 0 & 0 & 1 & d & g \\ 0 & 0 & 0 & 0 & 0 & 0 \end{bmatrix}$　　(2)　$\begin{bmatrix} 0 & 1 & 0 & a \\ 0 & 0 & 1 & b \\ 0 & 0 & 0 & 0 \\ 0 & 0 & 0 & 0 \end{bmatrix}$

問 4

$$\begin{bmatrix} 1 & 0 & 0 \\ 0 & 1 & 0 \\ 0 & 0 & 1 \\ 0 & 0 & 0 \\ 0 & 0 & 0 \end{bmatrix}$$

§4◆問1

(1) $\begin{bmatrix} 1 & 2 & 0 \\ 0 & 0 & 1 \\ 0 & 0 & 0 \end{bmatrix}$ (2) $\begin{bmatrix} 1 & 0 & 2 & 0 \\ 0 & 1 & 3 & 0 \\ 0 & 0 & 0 & 1 \end{bmatrix}$ (3) $\begin{bmatrix} 1 & 2 & 0 & 1 \\ 0 & 0 & 1 & 1 \\ 0 & 0 & 0 & 0 \end{bmatrix}$

$p=2$, (1, 3)　　$p=3$, (1, 2, 4)　　$p=2$, (1, 3)

問2

$A : \begin{bmatrix} 1 & 0 & 0 \\ 0 & 1 & 0 \\ 0 & 0 & 1 \end{bmatrix}$ $B : \begin{bmatrix} 1 & 0 & 1 & 0 \\ 0 & 1 & 0 & 0 \\ 0 & 0 & 0 & 1 \end{bmatrix}$ $C : \begin{bmatrix} 1 & 0 & 1 \\ 0 & 1 & 2 \\ 0 & 0 & 0 \\ 0 & 0 & 0 \end{bmatrix}$

§5◆問

(1) $\left[\begin{array}{ccc|c} 1 & 0 & 1 & 0 \\ 0 & 1 & 1 & 0 \\ 0 & 0 & 0 & 1 \end{array}\right]$, 解なし

(2) $\left[\begin{array}{cccc|c} 1 & 0 & 1 & 2 & 1 \\ 0 & 1 & 1 & 1 & 0 \\ 0 & 0 & 0 & 0 & 0 \end{array}\right]$, $\begin{bmatrix} x_1 \\ x_2 \\ x_3 \\ x_4 \end{bmatrix} = \begin{bmatrix} 1 \\ 0 \\ 0 \\ 0 \end{bmatrix} + c_1 \begin{bmatrix} -1 \\ -1 \\ 1 \\ 0 \end{bmatrix} + c_2 \begin{bmatrix} -2 \\ -1 \\ 0 \\ 1 \end{bmatrix}$ （c_1, c_2 は任意）

(3) $\left[\begin{array}{ccc|c} 1 & 0 & -1 & 0 \\ 0 & 1 & 2 & 0 \\ 0 & 0 & 0 & 0 \end{array}\right]$, $\begin{bmatrix} x_1 \\ x_2 \\ x_3 \end{bmatrix} = c \begin{bmatrix} 1 \\ -2 \\ 1 \end{bmatrix}$ （c は任意）

(4) $\left[\begin{array}{cccc|c} 1 & 0 & -1 & -2 & 0 \\ 0 & 1 & 0 & 3 & 0 \end{array}\right]$, $\begin{bmatrix} x_1 \\ x_2 \\ x_3 \\ x_4 \end{bmatrix} = c_1 \begin{bmatrix} 1 \\ -1 \\ 1 \\ 0 \end{bmatrix} + c_2 \begin{bmatrix} 2 \\ -3 \\ 0 \\ 1 \end{bmatrix}$ （c_1, c_2 は任意）

第4章

§3◆問4

(1) 独立である　(2) 独立でない

§4◆問1

$\alpha = -1$

§7◆問

(1) $\left\{\begin{bmatrix}4\\-5\\1\\0\end{bmatrix},\begin{bmatrix}-2\\3\\0\\1\end{bmatrix}\right\}, 2$　(2) $\left\{\begin{bmatrix}-2\\1\\0\end{bmatrix}\right\}, 1$　(3) $\left\{\begin{bmatrix}1\\0\\0\end{bmatrix},\begin{bmatrix}0\\3\\1\end{bmatrix}\right\}, 2$

§8◆問1

$\{\boldsymbol{a}_1, \boldsymbol{a}_3\}$　$(\boldsymbol{a}_1 \neq \boldsymbol{0},\ \boldsymbol{a}_2 = 2\boldsymbol{a}_1,\ \boldsymbol{a}_3 \notin \langle \boldsymbol{a}_1 \rangle,\ \boldsymbol{a}_4 = \boldsymbol{a}_1 - \boldsymbol{a}_3)$

問2

$\{\boldsymbol{a}_1\}$　$(\boldsymbol{a}_2 = -2\boldsymbol{a}_1,\ \boldsymbol{a}_3 = -3\boldsymbol{a}_1)$

第6章

§4◆問

(1) $A = \begin{bmatrix}1 & 2 & 3\\2 & 4 & 6\end{bmatrix} = [\,\boldsymbol{a}_1 \quad \boldsymbol{a}_2 \quad \boldsymbol{a}_3\,]$ とおく．$T_A : V^3 \longrightarrow V^2$ について $\boldsymbol{u}_1 = \begin{bmatrix}-2\\1\\0\end{bmatrix}$, $\boldsymbol{u}_2 = \begin{bmatrix}-3\\0\\1\end{bmatrix}$ とおくと，$\{\boldsymbol{u}_1, \boldsymbol{u}_2\}$ は $T_A^{-1}(\boldsymbol{0})$ のベースで，$\dim T_A^{-1}(\boldsymbol{0}) = 2$.

$$\boldsymbol{a}_1 \neq \boldsymbol{0},\quad \boldsymbol{a}_2 = 2\boldsymbol{a}_1,\quad \boldsymbol{a}_3 = 3\boldsymbol{a}_1$$

より，$\{\boldsymbol{a}_1\}$ は $T_A(V^3)$ のベースで，$\dim T_A(V^3) = 1$.

“原点を通る平面”$T_A^{-1}(\boldsymbol{0})$ は，V^2 の“原点”$\boldsymbol{0}$ につぶれ，“$T_A^{-1}(\boldsymbol{0})$ に平行な平面”は，それぞれ“直線”$\langle \boldsymbol{a}_1 \rangle$ 上のどこかの“1点”につぶれる．

(2) $A = \begin{bmatrix}1 & 0 & 2\\2 & 1 & 7\\3 & 1 & 9\end{bmatrix} = [\,\boldsymbol{a}_1 \quad \boldsymbol{a}_2 \quad \boldsymbol{a}_3\,]$ とおく．$T_A : V^3 \longrightarrow V^3$ について $\boldsymbol{u} = \begin{bmatrix}-2\\-3\\0\end{bmatrix}$ とおくと，$\{\boldsymbol{u}\}$ は $T_A^{-1}(\boldsymbol{0})$ のベースで，$\dim T_A^{-1}(\boldsymbol{0}) = 1$.

$$\boldsymbol{a}_1 \neq \boldsymbol{0},\quad \boldsymbol{a}_2 \notin \langle \boldsymbol{a}_1 \rangle,\quad \boldsymbol{a}_3 = 2\boldsymbol{a}_1 + 3\boldsymbol{a}_2$$

より，$\{\boldsymbol{a}_1, \boldsymbol{a}_2\}$ は $T_A(V^3)$ のベースで，$\dim T_A(V^3) = 2$.

“原点を通る直線”$T_A^{-1}(\boldsymbol{0})$ は，V^3 の“原点”$\boldsymbol{0}$ につぶれ，“$T_A^{-1}(\boldsymbol{0})$ に平行な直線”は，それぞれ“平面”$\langle \boldsymbol{a}_1, \boldsymbol{a}_2 \rangle$ 上のどこかの“1点”につぶれる．

(3) $A = \begin{bmatrix}1 & -1 & 2\\2 & -2 & 4\\1 & -1 & 2\end{bmatrix} = [\,\boldsymbol{a}_1 \quad \boldsymbol{a}_2 \quad \boldsymbol{a}_3\,]$ とおく．$T_A : V^3 \longrightarrow V^3$ について $\boldsymbol{u}_1 = \begin{bmatrix}1\\1\\0\end{bmatrix}$,

$\boldsymbol{u}_2 = \begin{bmatrix} -2 \\ 0 \\ 1 \end{bmatrix}$ とおくと，$\{\boldsymbol{u}_1, \boldsymbol{u}_2\}$ は $T_A^{-1}(\mathbf{0})$ のベースで，$\dim T_A^{-1}(\mathbf{0}) = 2$.

$$\boldsymbol{a}_1 \neq \mathbf{0}, \quad \boldsymbol{a}_2 = -\boldsymbol{a}_1, \quad \boldsymbol{a}_3 = 2\boldsymbol{a}_1$$

より，$\{\boldsymbol{a}_1\}$ は $T_A(V^3)$ のベースで，$\dim T_A(V^3) = 1$.

“原点を通る平面” $T_A^{-1}(\mathbf{0})$ は，V^3 の“原点” $\mathbf{0}$ につぶれ，“$T_A^{-1}(\mathbf{0})$ に平行な平面”は，それぞれ“直線” $\langle \boldsymbol{a}_1 \rangle$ 上のどこかの“1 点”につぶれる.

(4)　$A = \begin{bmatrix} 1 & 0 \\ 2 & 1 \\ 1 & 1 \end{bmatrix} = [\,\boldsymbol{a}_1 \quad \boldsymbol{a}_2\,]$ とおく．$T_A : V^2 \longrightarrow V^3$ について $T_A^{-1}(\mathbf{0}) = \{\mathbf{0}\}$ で，$\dim T_A^{-1}(\mathbf{0}) = 0$.

$$\boldsymbol{a}_1 \neq \mathbf{0}, \quad \boldsymbol{a}_2 \notin \langle \boldsymbol{a}_1 \rangle$$

より，$\{\boldsymbol{a}_1, \boldsymbol{a}_2\}$ は $T_A(V^2)$ のベースで，$\dim T_A(V^2) = 2$.

一般に，次の条件をみたす写像 f のことを「単射」という.

$$x \neq y \Longrightarrow f(x) \neq f(y).$$

今考えている A の場合，『$A\boldsymbol{u} = \mathbf{0} \Longrightarrow \boldsymbol{u} = \mathbf{0}$』である．このことから，$T_A$ が単射であることが，以下のようにしてわかる.

$\boldsymbol{x} \neq \boldsymbol{y}$ とする．そこで，仮に，$T_A(\boldsymbol{x}) = T_A(\boldsymbol{y})$ であるとする.

$$\begin{aligned} T_A(\boldsymbol{x}) = T_A(\boldsymbol{y}) &\Longrightarrow A\boldsymbol{x} = A\boldsymbol{y} \\ &\Longrightarrow A(\boldsymbol{x} - \boldsymbol{y}) = \mathbf{0} \\ &\Longrightarrow \boldsymbol{x} - \boldsymbol{y} = \mathbf{0}. \qquad (\text{上のことより}) \end{aligned}$$

これは，$\boldsymbol{x} \neq \boldsymbol{y}$ に反する．このように「$\boldsymbol{x} \neq \boldsymbol{y} \Longrightarrow T_A(\boldsymbol{x}) \neq T_A(\boldsymbol{y})$」が成り立つので，$T_A$ は単射である.

「単射」のことを「埋め込み」ともいう．こちらのいい方をすると，次のようにいえる：

　　T_A は，“平面” V^2 を V^3 に「埋め込む」写像である.

◆索引

酒井 健（さかい・つよし）

略歴

1952年　広島県尾道市生まれ．

1976年　京都大学理学部卒業（71年入学）．

1978年　神戸大学大学院理学研究科修士課程修了．

1984年　北海道大学大学院理学研究科後期博士課程単位取得退学．

現　在　日本大学文理学部数学科非常勤講師．

著書

『線形代数――大学数学入門』（日本評論社）

『じっくり微積分』（共著，日本評論社）

『ガロアに出会う』（共著，数学書房）

計算で惑わされない　図形分野を通して学ぶ　線形代数入門

2019年3月25日　第1版第1刷発行

著　者――――――酒井 健

発行所――――――株式会社日本評論社

〒170-8474 東京都豊島区南大塚3-12-4

電話03-3987-8621［販売］

03-3987-8599［編集］

印刷所――――――精文堂印刷株式会社

製本所――――――井上製本所

装　丁――――――銀山宏子

ISBN 978-4-535-78895-4